자기 연구의 원리를 반성해보지 못한 과학자는 그 학문에 대해 성숙한 태도를 가질 수 없다. 다시 말해서, 자신의 과학을 철학적으로 반성해보지 못한 과학자는 결코 조수나 모방자를 벗어날 수 없다. 반면에 특정 경험을 해보지 못한 철학자가 그것에 대해 올바로 반성할 수는 없다. 즉, 특정 분야의 자연과학에 종사해보지 못한 철학자는 결코 어리석은 철학에서 벗어날 수 없다.

_ 콜링우드

A man who has never reflected on the principles of his work has not achieved a grown-up man's attitude towards it; a scientist who has never philosophized about his science can never be more than a second-hand, imitative, journeyman scientist. A man who has never enjoyed a certain type of experience cannot reflect upon it; a philosopher who has never studied and worked at natural science cannot philosophize about it without making a fool of himself.

_ R. G. Collingwood(*The Idea of Nature*, 1945, pp.2-3)

철학하는 과학

과학하는 철학

4권 뇌와 인공지능의 철학

1. 인용 및 참고 : 미번역 저서 제목은《 》, 원문 페이지는 'p.12'로, 그리고 번역 저서 제목은『 』, 번역서 페이지는 '12쪽' 등으로 표시하였다.
2. ( )의 사용 : 독해를 돕기 위해 수식어 구를 괄호로 묶었다.
3. [ ]의 사용 : 이해를 돕기 위해 인용문에서 저자가 첨가하는 말을 괄호로 표시하였다.
4. 이러한 기호의 사용이 독서에 다소 방해가 될 수 있으며, 오히려 저자의 의견이 첨부된다는 염려가 있었지만, 문장의 애매함을 줄이고 명확한 이해가 더욱 중요하다는 고려가 우선하였다.

철학하는 과학
과학하는 철학

뇌와 인공지능의 철학

박제윤 지음

철학과현실사

차 례

서 문

　이 책의 제목, 『철학하는 과학, 과학하는 철학』이 아마도 대부분 한국의 독자들에게 어색해 보일 수 있을 것이다. 그것은 서로 어울리지 않아 보이는 '과학'과 '철학'을 억지로 관련시킨다고 보이기 때문일 것이다. 몇 해 전 어느 지역 문화원에서 강연 부탁을 받았다. 그날 강연 제목은 '과학과 철학 사이에'였다. 강의 장소는 주민센터로 결정되었다. 조금 일찍 도착하니, 그곳에서 일을 보시던 분이 무슨 일로 왔냐고 물었다. 강의하러 온 사람이라고 인사하자, 친절히 자리를 안내하며 믹스커피 한 잔을 대접해주었다. 그러고는 강연 제목에 관해 말을 걸어왔다. "좀 전에 우리끼리 이야기했었는데요, 과학과 철학 사이에 무엇이 있을지 생각해보았어요. 그리고 결론을 내렸지요. 글자, '과'가 있다고요."

　과학과 철학의 연관성을 이해하지 못하는 대부분 독자는 아마도 이렇게 질문할 것 같다. 과학자가 철학을 공부해야 할 이유가 있을까? 도대체 과학에 철학이 쓸모 있을까? 반대로, 철학자가 과학을 공부해야 할 이유가 있을까? 대표적 인문학인 철학 공부에 자연과학 공부가 무슨 도움이 될까? 이 책은 그러한 질문에 대답과 이해를 주려는 동기에서 쓰였으며, 나아가서 이 책의 진짜 목적은 한국의 과학 또는 학문의 발전을 위해 철학이 꼭 필요하다는 인식을 널리 확산시키려는 데에 있다. 그런 인식의 부족으로 최근 한국의 여러 대학에서 철학 학과가 폐지되는 중이다.

'과학자가 철학한다'는 것은 자신의 과학에 대해 철학적으로 반성할 줄 안다는 의미이다. 그런 과학자는 언제나 자기 연구의 문제가 무엇인지 비판적으로 의식하려 노력한다. 그런 비판적 의식은 자신의 연구를 창의적으로 탐색할 원동력이다. 반면, '철학자가 과학한다'는 것은 자기 탐구의 과학적 근거를 고려할 줄 안다는 의미이다. 그런 철학자는 언제나 자기 철학 연구가 새롭게 발전하는 과학과 일관성이 있을지를 고려한다. 그러한 고려는 자신의 탐구를 현실적으로 탐색할 자원이다. 철학은 과학을 반성하는 학문이기에, 철학자는 늘 최신 과학적 성과를 살펴보아야 한다.

그런 인식 전환을 위해 이 책 4권 전체는, 목차에서 알아볼 수 있듯이, 역사적으로 과학과 철학의 관계를 이야기한다. 과학을 공부하는 사람이 왜 그리고 어떻게 철학 연구자가 되었으며, 과학의 발전이 철학에 어떤 영향을 미쳤는지를 보여주려 하였다. 특히 철학을 공부하는 과학자가 과학의 발전에 어떻게 기여하였는지를 살펴보려 하였다. 그리고 마지막 책에서 뇌과학 및 인공신경망 인공지능의 연구에 근거해서, 철학적 사고를 하는 과학자의 뇌에 어떤 변화가 일어나는지를 주장하는 가설을 제안한다.

어느 분야의 학문을 연구하는 학자라도 철학을 공부할 필요가 있으며, 여기 이야기를 듣고 많은 한국 학자와 학생이 자신의 전문분야 연구 중에 철학도 함께 공부하는 계기가 되기를 바란다. 그런 계기로 그들이 앞으로 성숙한 학자로 성장하기를 기대한다. 특히 미래 이 사회의 주역이 될 학생이 이 책을 읽고 자신의 전공과목 외에 철학도 공부함으로써, 자신의 전문분야에 대해 비판적이고 합리적이며 창의적으로 사고할 수 있기를 기대한다.

따라서 이 책은 이과 학생 또는 과학기술에 종사하는 분들에게 철학을 이해시키려는 의도에서 나왔다. 그러므로 그런 분들이 이 책을 가장 먼저 읽었으면 좋겠다. 특히 여러 수준의 학교에서 과학을 가르치는 교사에게도 도움이 되기를 바란다. 이러한 분야에서 내가 만나본 분들은 철학에 관심이 적지 않았다. 그렇지만 그분들로부터 철학 공부는 너무 어렵다는 이야기를 듣는다.

* * *

나 역시 공대를 다니던 시절, 처음 서양 철학책을 펼쳐 보기 시작했을 때 경험했던 어려움을 지금도 기억한다. 철학과 대학원에 입학하여 본격적으로 철학 공부를 시작했을 때도 같은 곤란을 겪었다. 비교적 쉽게 이해할 수 있다고 기대했던 철학책을 찾아 펼쳐 보았지만, 그런 책에서 언제나 좌절감을 느꼈다. 책의 내용은 철학자들의 시대적 배경이나 그들의 저서로 무엇이 있는지 등에 대해서 성가실 정도로 자세하였지만, 정작 알고 싶었던 그들의 철학에 대해서는 빈약했다. 서양 철학자들이 구체적으로 어떤 생각을 했으며, 왜 하게 되었는지 알고 싶었지만, 그 점에 대해서는 너무 추상적인 요약으로 일관되어 있었다. 더구나 대부분 문장이 너무 압축적이어서 글을 이해하려면 한두 문장을 읽고 생각하느라 천장을 올려보곤 했다. 그런 곤혹스러움은 거의 모든 페이지를 넘길 때마다 겪어야 했으며, 책장 한 장을 넘기는 일이 여간 어려운 일이 아니었다. 그러니 마침내 끝까지 읽지 못하고 중도하차하기도 다반사였다. 그때마다 느꼈던 답답함이 아직도 느껴질 정도이다.

반면에 처음부터 대중적으로 철학을 소개할 의도에서 쓰인 책들은 거의 예외 없이 철학자들이 고심했던 생각과는 거리가 먼 내용을 다루었다. 그런 책을 읽고 나면 어김없이 시간만 낭비했다는 허무함이 남았다. 특히 철학을 공부하는 의미가 개인의 행복한 삶이라고 이야기하는 책들이 그러했다. 그런 책들은 소크라테스가 국가의 장래를 걱정하여 옳은 말을 하다가 사형 판결을 받았다는 사건을 외면한다. 이제 철학자가 되어 요즘 나오는 그런 책들을 다시 보면, 상당히 철학을 오해 및 왜곡시킨다는 생각에 책을 내려놓게 된다.

현재에도 여전히 철학을 소개받고 싶어 하는 많은 독자가 있으며, 그들도 대체로 비슷한 경험을 할 것이라 예상해본다. 그래서 스스로 많이 부족하다는 것을 잘 알면서도 이 책을 써야겠다고 마음먹었다. 위에서 말한 것처럼, 독자들이 답답해하거나 허무함을 느끼지 않도록 하겠다는 취지를 가장 우선으로 두었다. 그저 이 책의 이야기를 부담 없이 읽으면서도 쉽게 이해되어야 하며, 소설책을 읽는 속도는 아니더라도 거의 그 정도로 쉽게 읽히며, 어려운 대목에서 책장을 넘기지 못하여 천장을 쳐다보는 일이 없도록 해야 한다고 생각했다. 그러면서도 서양 철학자들이 구체적으로 어떤 생각을 했는지를 비교적 소상히 이해할 수 있도록 해야 한다. 그 목적이 잘 달성되지 않았다면, 이 책의 철학 이야기는 실패이다.

독자의 쉬운 이해가 우선인지라, 철학 원전의 내용을 거리낌 없이 수정하거나 보완하였다. 심지어 인용된 글조차 엄밀히 옮기지 않았으며, 또한 여러 인용에 대해 정확한 출처를 밝히지 않은 부분도 있다. 한마디로 이 책은 학술적으로 엄밀성을 갖는 책은 아니다.

차라리 글쓴이의 이해 수준에서 꾸며내고 지어냈다고 하는 편이 나을 것이다. 그렇지만 그 대가로 철학의 초보자도 난해해 보였던 내용에 쉽게 다가설 수 있을 것이다.

인간의 사고란 어느 정도 한계가 있다고 말할 수 있다. 그리고 인간의 사고 한계를 철학자들이 거의 보여주었다고 볼 수 있다. 또한 비판적 사고를 가장 잘 보여주는 사례가 바로 철학적 사고이며, 따라서 비판적 사고를 공부하려면 철학을 공부하는 것보다 더 좋은 방법은 없을 것이다. 다만 그것을 쉽게 공부할 수 있으면 좋을 것 같다.

* * *

이 책의 내용은 글쓴이가 1990년부터 약 10년간 인하대학에서 강의한 '과학철학의 이해'라는 과목의 강의 노트에서 출발한다. 강의실에서 학생들이 쉽고 재미있게 공부하는 것을 보면서, 그 강의 내용을 언젠가는 책으로 엮어볼 생각을 가졌다. 이후 같은 내용을 단국대 과학교육과에서 2년 반 동안 강의하였고, 지금은 인천대에서 8년 동안 강의하고 있다. 이 책의 내용은 앞서 『철학의 나무』 1권(2006), 2권(2007)으로 출판된 적이 있다. 이내 그 책의 미흡함을 알게 되었고, 더 공부가 필요하다는 인식에서 3권을 미루었다가, 이제 4권으로 확대하여 내놓는다.

이 책 내용을 읽고 조언해주신 많은 분이 있었다. 세월이 너무 지나서 그분들 이름을 모두 여기에서 다시 밝히지는 않겠다. 그렇지만 그분들 모두에게 깊이 감사드린다. 지금까지 강의를 열심히 들었던 학생들에게도 감사드린다. 그 누구보다도 오늘 이 책이 탄생하도록 가르쳐주신 모든 철학 교수님들, 그리고 그 외의 모든 선생님께도 깊이 감사드린다. 그리고 감사하게도 이 책에 사용된 많은 그림을 처칠랜드 부부가 쾌히 허락해주었으며, 일부 그림을 일찍이 연세대 이원택 교수님께서, 그리고 가천대 뇌센터 김영보 교수님께서도 허락해주셨다. 일부 그림을 둘째 아들 부부(조양, 현정)가 도와준 것에도 고마움을 표한다.

인천 송도에서, 박제윤

7부

뇌와 인공지능 연구에 왜 철학인가?

20세기의 과학기술 발달 중 특별히 철학적 사유와 관련되거나 철학적 사유가 필요했던 분야의 발달 및 발명은 무엇일까? 그것은 이전까지 없었거나 거의 존재감이 없었던 획기적인 분야여야 한다.

우선 생명의 신비를 밝히는 유전학 연구를 들 수 있다. 1859년 찰스 다윈이 『종의 기원』을 발표한 후, 생물학자들은 생명체의 유전정보가 무엇인지 밝혀야 하는 새로운 과제를 안게 되었다. 드디어 1953년 제임스 왓슨(James D. Watson, 1928-   )과 프랜시스 크릭(Francis Crick, 1919-2004)은 그것이 DNA, 즉 뉴클리오티드라는 단백질 분자의 나선형 구조임을 밝혔다. 그 연구에 따라서, 현재 생물학자들은 새로운 연구 과제를 안게 되었다. 그것은 바로 유전자의 어떤 부분이 어떤 정보인지를 밝히는 연구와 함께, 유전정보를 바꾸면 생물체에 어떤 특성을 갖게 하는지를 연구하는 과제이다. 이러한 연구는 유전적 질병에 대한 원인을 밝히고, 치료할 수 있는 길을 열어줄 것으로 기대되는 동시에, 인류의 생명을 연장할 수 있는 길을 밝혀줄 것으로도 기대되고 있다.

이러한 생물학의 발전은, 인간을 다른 동물보다 특별한 지위로 인식했던 전통 철학의 인식 및 가정을 바꿔놓는 확실한 계기가 되었다. 그리고 그 인식의 전환은, 아리스토텔레스 이래로 인정해오던 동물 종의 본질이 과연 있는지, 그리고 있다면 그것이 무엇인지 등에 관한 철학적 질문을 하도록 만든다. 나아가서 진화론의 관점에서 만약 동물 종이 원래부터 구분되는 자연종(natural kind)이 아니라면, 생물의 세계 외에 우리의 다른 과학 및 일상적 분류를 허락하는 범주(categories) 역시 고유하다고 말할 수 있을지 철학적으로 의심하게 되었다. 또한 유전학은 인간을 동물의 연장선에서 확실히 보게 만들었으며, 따라서 인간의 합리성, 도덕, 가치 등의 문제를 철학이 다시 정립해야 할 필요도 생겼다. 이러한 측면에서, 철학의 연구 방법에 대해서도 과학을 고려한 철학, 즉 '자연화된 철학'이 적절한 철학 연구 태도 및 방법이란 인식이 확대되고 있다. 이렇게 지금은 생물학의 주제를 비판적으로 다루는 '생물학의 철학(philosophy of biology)', 그리고 생물학에 기초하여 철학하는 '생물철학(bio-philosophy)'이 철학의 중요 주제로 떠오르고 있다.1)

한편, 1905년 아인슈타인의 상대성이론이 등장하였지만, 20세기에도 과학기술 분야는 상당 부분 뉴턴 패러다임 아래, 즉 뉴턴의 지식 체계 및 관점에 따라서 발전되고 발명되었다. 그러한 기술의 발전 및 발명에 힘입어, 비로소 인류는 고대 문명에서 온전히 벗어날 수 있었다. 인류는 모든 일상생활에서 마차를 버리고 기계 동력장치를 이용할 수 있었다. 그리고 그 운송 수단은 전용 도로를 고속으로 질주할 수 있도록 개선되었다. 1903년 미국의 라이트(Wright) 형제가 날개의 양력을 이용해서 사람이 하늘을 날 수 있는 조잡한 날틀을 만들자, 그것이 빠르게 개선되어 1914년 제1차 세계대전에서 전쟁의 승패를 가르는 위협적인 무기로 바뀌었다. 상업 비행은 1919년 독일에서 처음 시작되었고, 그 후 수십 년 내에 세계의 하늘 길은 빠르게 연결되었다. 그뿐만 아니라, 1969년 미국의 닐 암스트롱(Neil Armstrong) 일행은 로켓 비행선 아폴로 11호를 타고 인류 최초로 달에 착륙하고 지구로 귀환하였다. 이런 모든 과학기술은 뉴턴 역학의 패러다임 아래에서 진행되었다.

다른 한편, 아인슈타인 패러다임(그리고 양자역학의 패러다임) 아래에서도 여러 놀라운 기술들이 발전하고 발명되었다. 1945년 인류는 상대성이론의 물질·에너지 등가성 원리를 이용하여 원자폭탄을 만들어내었고, 1954년 원자 에너지를 전기 발전에 활용하기 시작했다. 그리고 빛과 에너지의 관계를 이해한 과학은 무선통신, 대중매체인 라디오와 TV 방송, 컴퓨터 등 기술 발전의 기반이 되었다. 상대성이론과 양자역학의 발전은 철학의 인식론과 방법론에 큰 영향을 미쳤고, 반대로 그 과학자들은 철학적 연구를 통해 자신의 학문에 정당성을 확신하였다. 이런 이야기를 앞의 3권 후반에서 다루었다.

위의 두 가지 패러다임은 상당히 대립적이며 모순적으로 보이지만, 실제 생활에서는 서로 교류하며, 상호 협력하는 모습을 보여주기도 한다. 대표적으로 컴퓨터와 의료 분야가 그러했다. 컴퓨터에서 활용되는 전자 장비들은 전통 전기역학에 양자역학을 접목한 것이며, 여러 의료 진단 장비와 관측 장비들 역시 전통적 장비에 현대 과학기술을 접목한 것들이다. 이렇게 서양에서 20세기 과학기술의 비약적 발전 및 발명은 21세기의 사람들이 보기에도 경이롭지 않을 수 없다. 그 과학기술의 발전 및 발명 목록은 너무 많아서, 여기에 모두 열거하기 어렵다.

새로운 연구 또는 학문을 탄생시키려면, 지금까지 없었던 새로운 아이디어가 등장해야 한다. 그리고 그런 아이디어 창안은 비판적 사고 1, 2, 즉 논리적 일관성을 묻고 궁극적인 질문을 던지는 철학적 사고와 깊게 관련된다. 지금 21세기에 그런 분야는 '인공지능'과 '신경과학'이다. 그 두 분야는 이전까지 없었거나, 적어도 존재감이 없었지만, 최근 제4차 산업혁명과 맞물려 현대 과학 문명을 주도하고, 인류사회를 혁명적으로 변화시키는 중이기 때문이다.

* * *

컴퓨터 발달사를 간략히 살펴보자. 찰스 배비지(Charles Babbage, 1791-1871)는 영국 케임브리지 대학 수학 교수였고, 철학자이자 발명가였으며, '컴퓨터의 아버지'로 불린다. 그는 사람들이 복잡한 계산에서 자주 오류를 일으키기 쉽다는 것을 주목하고, 아주 쉬우면서도 오류 없이 계산하는 방법을 찾았다. 그것은 바로 수학적 도표이다. 수학적 도표란 계산에 쉽게 활용하도록 미리 계산해서 만들어놓은 일종의 열람표이다. 자주 계산해야 하는 계산 결과치를 열람표로 만들어두면, 누구라도 오류를 범하지 않으면서도 빠르고 편리하게 이용할 수 있다.2) 배비지는 1822년 수학적 계산을 하는 기계식 계산기, 즉 '배지지 계산기'를 구상하고 제작하려 하였으나 완성하지는 못했고, 훗날 박물관에서 완성되었다.

독일의 콘라트 추제(Konrad Zuse, 1910-1995)는 독일 베를린 공과대학에서 공학 및 건축을 공부하였고, 나중에 비행기 설계사로 일했다. 그는 그런 설계에 필요한 많은 계산을 편리하게 해주는 계산기를 구상하였다. 1935년 그는 계산기를 제작하기 시작하여 1938년 'Z1'이란 기계식 계산기를 완성했다. 그 계산기는 천공카드를 이용하여 기호(0, 1)로 계산이 가능한 장치였다. 1949년 그가 만든

'Z4'는 세계 최초 상업용으로 판매된 컴퓨터였다.

천공카드를 이용한 계산기는 튜링과 폰 노이만도 생각했던 아이디어이다. 그리고 훗날 계전기가 발명되자, 컴퓨터 개발자들은 전기 스위치를 이용해 기호를 처리하는 장치를 생각했다. 나중에 그것은 진공관으로 작동하는 장치로 구현되었고, 이후 트랜지스터를 거쳐서, 마침내 반도체의 집적회로에 의해 구현되는 지금의 컴퓨터 소자까지 발전되었다.

1937년 미국의 물리학자이며 수학자이고 컴퓨터 개발자인 하워드 에이컨(Howard H. Aiken, 1900-1973)은 배비지 계산기를 모방하여 자동순서제어 연산기를 IBM에 제안했다. 그의 제안에 따라서 IBM의 지원을 받은 하버드 연구진이 1944년 ASCC(Automatic Sequence Controlled Calculator: Harvard Mark I)을 완성했다. 그 계산기의 첫 프로그램은 폰 노이만(John von Neumann, 1903-1957)에 의해 추진되었다. 수학자 폰 노이만은 원자폭탄을 개발하는 맨해튼 프로젝트(Manhattan Project)의 일원이었으며, 그 컴퓨터 '하버드 마크 I'은 제2차 세계대전 중 원자폭탄 설계에 활용되었다.

원자폭탄 제작에 활용된 다른 계산기가 있었다. 그것은 1946년 펜실베이니아 대학에서 완성된 전자식 계산기 '에니악(ENIAC)'이다. 원래 그 계산기는 고사포 사격을 위한 계산에 활용되기 위해서, 즉 풍속, 포탄의 종류, 점화 시간 등등을 빠르게 계산할 목적으로 설계되었다. 물론, 그런 계산을 빨리하는 방법으로 (배비지가 고안했듯이) 모든 계산 결과를 열람표로 만들어 활용하는 방식이 있다. 그렇지만 필요에 따라서 다양한 새로운 고사포가 개발되었고, 그때마다 새로운 계산을 해야 했으므로, 빠르고 오류 없는 계산기가 필요했다. 에니악은 최초 진공관이 적용된 계산기이며, 약 1만 8천 개의 진공관으로 구성되었다. 진공관 계산기의 심각한 문제는 진공관의 필라멘트가 쉽게 끊어질 수 있어서, 계산 중 진공관을 자주 교체해야 한다는 것이다. 에니악은 전쟁 후 1955년까지 우주선 개발이나 일기예보 등에도 활용되었다.

이러한 컴퓨터 과학기술 발달에 철학이 무슨 상관이 있는가? 컴퓨터 개발에 참여하는 수학자들은 어떤 수학 문제를 어떻게 사색하여, 컴퓨터 과학 문명을 열 수 있었는가? 그들은 자신들의 문제에 대해 어떤 철학적 사고, 즉 비판적 사고를 하였는가? 그들의 사고를 들여다보려는 이 책 4권에서 컴퓨터와 관련하여 주목되는 인물은 우선 튜링과 폰 노이만이다. 앞서 말했듯이, 튜링에 앞서 이미 계산기에 대한 고안이 있긴 했지만, 현대 컴퓨터의 이론은 1936년 앨런 튜링의 논문을 통해 처음 체계적으로 제안되었다. 그는 수식 계산에 대해 어떤 철학적 사고를 했는가?

18 장

컴퓨터와 철학, 그리고 뇌

내 정의에 따르면, 수는, 그 십진법이 기계에 의해서 받아 적어
질 수만 있다면, 계산될 수 있다. … 만약 기계가 전적으로 0과
1로 구성되는 기호만을 다루어 계산하는 것이라면, 그것을 계산
기(computing machine)라 부를 것이다.

_ 앨런 튜링

■ 지성의 계산기(튜링)

앨런 튜링(Alan M. Turing, 1912-1954)[3]은 수학자이며, 컴퓨터
과학자이고, 논리학자이며, 암호 해독 전문가이며, 철학자이고, 이
론생물학자이다. 그는 이론 컴퓨터학자로서 '알고리즘(algorithm)'
과 '컴퓨테이션(computation)'이란 개념을 처음 체계적으로 내놓았
다. 그가 논문에서 제안한 '튜링머신(Turing machines)'은 현대의
범용 컴퓨터(Universal Computer) 개념이었다. 이 말은 현대 컴퓨
터가 그의 이론적 컴퓨터와 같은 방식으로 만들어지고 작동한다는
뜻이다. 그러므로 그는 '이론 컴퓨터 과학' 및 '인공지능' 분야의
아버지로 불린다.

튜링은, 괴델이 불완전성 이론을 발표하던 해인 1931년 케임브리

지 대학에 입학했다. 그는 1936년 철학 전문학술지 《마인드(*Mind*)》에 실린 논문 「계산-가능한 수에 대하여, 결정문제에 적용하여(On Computable Numbers, with an Application to the Entscheidungs-problem)」에서 '튜링머신'의 기본 아이디어를 제안했다. 당시 그의 나이는 불과 24세였다. 이후 그는 미국 프린스턴 대학으로 유학하였고, 그곳에서 수학자 처치(Alonzo Church)와 폰 노이만 등과 함께 지냈다. 1년 후 폰 노이만이 튜링에게 자신의 조교로 프린스턴 연구소에 계속 남아달라고 제안했지만, 튜링은 영국으로 돌아갔다. 그는 영국에서 암호 해독학을 공부하던 중, 제2차 세계대전이 발발하자, 자신이 개발한 계산기를 이용하여 독일 해군 무선 메시지의 해독 작업에 몰두하였다. 당시 영국 해군은 독일 잠수함의 공격으로 궁지에 몰린 상황이었다. 그런 상황에서 튜링이 독일 무선 암호를 해독한 것은 영미 연합군 작전에 큰 도움이 되었다. 이런 이야기는 2014년 제작된 영화 《이미테이션 게임》에서 잘 묘사되었다. 또한 그는 1943년 미국에 비밀리 입국하여, 원자폭탄 제조에 관해 수학자로서 자문하고, 음성 해독 문제와 관련하여 벨 연구소에 도움을 주기도 했다.

1945년 제2차 세계대전 종료 후, 튜링은 영국 국립물리연구소(National Physical Laboratory)에서 영국 최초로 전자계산기 제작 부서를 창설하려 하면서, 맨체스터 대학에서 컴퓨터에 관한 연구를 계속했다. 그는 그 시기에 수리생물학에도 관심을 가졌다. 당시 그는 자신이 고안한 튜링머신이 빈약한 컴퓨터이지만 복잡한 계산 및 논리적 추론을 수행할 수 있다고 확신했다. 그러나 그는 영국에서 그러한 컴퓨터를 완성하지는 못했다. 반면, 미국에서는 1946년에 에니악이 제작되었다. 추정컨대, 튜링은 연구자금 지원이 필요했다.

아마도 그는 자신이 고안하는 계산기가 인간 지성을 발휘할 수 있다는 획기적 전망으로 영국의 학계와 자금 결정권자들을 설득할 필요성을 느꼈을 것이다. 그의 후속 논문이 그것을 말해준다. 1950년 그는 철학 전문학술지 《마인드》에 논문 「계산기와 지능(Computing Machinery and Intelligent)」을 발표하였다. 제목이 말해주듯이, 그 논문은 기계가 어떻게 지적일 수 있을지를 주장하며, 그것에 반대하는 여러 논증을 하나씩 검토하고 반박하는 내용으로 구성되었다. 그 논문에서 우리는 그가 컴퓨터 철학자임을 명확히 볼 수 있다.

튜링이 논문을 발표했던 학술지는, 버트런드 러셀이 1905년 「지시에 대하여(On Denoting)」란 논문을 발표했던 동일 학술지이다. 2권 11장에서 밝혔듯이, 러셀은 그 논문에서 인간의 사고를 기호논리 즉 술어논리(Predicate Logic)로 표현할 수 있으며, 그것은 수학적으로 계산 가능하다는 것을 제시하였다. 추정컨대, 이러한 학문적 배경에서, 튜링은 자신의 논문 「계산기와 지능」에서 수학적 계산을 포함하여 우리의 사고를 계산하는 기계를 만드는 일이 원리적으로 가능하다는 생각을 자연스럽게 했을 것이다. 왜냐하면 기호의 논리적 추론이 이성적 사고의 계산이라면, 그 추론을 계산하는 기계는 이성적 지성을 가진다고 인정해야 하기 때문이다.

그런데 튜링은 1952년 동성애자라는 이유로 경찰에 체포되어 유죄판결을 받았다. 당시 영국에서 동성애는 불법이었다. 감옥에 가지 않기 위해 그는 약물 처방을 받아들여야 했고, 결국 1954년 돌연 독극물이 든 사과를 먹고 자살하였다. 당시 그의 나이는 32세였다. 그가 죽고 59년이 지난 2013년 영국 여왕은 법무부장관의 건의에 따라서 그의 동성애 죄를 사면하였다. (이 책의 뒤에서 우리는 동성애가 뇌과학의 측면에서 어떻게 새롭게 이해될 수 있을지를 알아볼 것이다. 그러한 현대적 이해의 측면에서 보면, 당시 빈약한 과학적 이해가 인류 복지에 더 공헌할 수 있는 유능한 젊은이의 앞길을 가로막은 것이 매우 안타깝다. 영국 정부는 그런 처벌법 자체가 잘못이었음을 명확히 선언해야 했다.) 이제 수학자 튜링의 철학적 생각이 무엇이었는지 살펴보자.

* * *

튜링은 1936년 논문 「계산-가능한 수에 대하여, 결정문제에 적용하여」에서 컴퓨터 이론, 즉 계산-가능성의 논리 이론 및 그런 장치의 구현 방법을 제시했다. 그 논문에서 그가 함께 고려했던 문제 즉 '결정문제(Entscheidungsproblem)'는 독일의 수학자 힐베르트에 의해서 1928년 제안되었다. 그 문제는 이러하다. "어떤 기호 형식 체계 내에서 특정 명제가 주어질 경우, 그 명제가 그 체계 내에서 증명 가능한지를 결정해줄 기계적 절차를 발견할 수 있을까?" 당시 힐베르트와 수학자들 대부분은 그런 기계적 절차가 가능하다고 가정하고 있었다.

그렇지만 괴델의 1930년 논문과 처치(Alonzo Church)의 관점에서, 그러한 기계적 절차는 논리적으로 불가능하다. 3권 14장에서 살펴보았듯이, 괴델의 불완전성 이론에 따르면, 어느 공리적 수식 체계도 그 체계 내에서 그 체계가 옳다고 증명될 수 없기 때문이다. 튜링은 그러한 내용을 자신의 논문 첫머리에서 명확히 밝힌다.

'계산-가능한(computable)' 수란, 십진수가 유한한 방법으로 연산-가능한(calculable), 실수라고 간략히 묘사될 수 있다. 비록 이 논문의 주제가 계산-가능한 수(numbers)를 명시적으로 다루고 있긴 하지

26

만, 통합 변수, 혹은 실(혹은 계산-가능한)변수, 계산-가능한 술어 등
등에 대한 계산-가능한 함수(functions) 또한 쉽게 규정하고 탐구한
다. 그런데 … 나는 계산-가능한 수를, 적어도 부담스러운 기술을 포
함하는 명시적 처리 방법(explicit treatment)을 위해 선택했다. …

여기에서 설명은, 계산-가능한 수로 표현되는 실변수 함수이론의
발달을 포함한다. 내 정의에 따르면, 수란, 그 십진법이 기계에 의해
서 받아 적어질 수만 있다면, 계산-가능하다. …

[나의] 결론은 괴델의 결론과 겉으로 보기에 유사하다. … 11절에
서 힐베르트의 결정문제는 답이 없다는 것을 보여준다. … 최근 논
문에서 처치(Alonzo Church)는 '효과적 연산-가능성(effective calcu-
lability)'이란 개념을 내놓았는데, 그것은 나의 '계산-가능성(com-
putability)'에 대등하지만, 아주 다르게 정의된다. 처치는 또한 결정
문제에 관해 유사한 결론에 도달한다. (pp.230-231)

위의 인용문에서 튜링머신의 핵심 아이디어가 무엇인지, 그 의미
는 잠시 뒤에서 알아보기로 하고, 튜링의 논문을 좀 더 읽어보자.
그는 힐베르트의 결정문제 제안에 반대하는 이유를 이렇게 밝힌다.

계산-가능한 수란 그 십진수들이 유한 방법으로 연산-가능한
(calculable) 것들이다. 이것은 더욱 명확히 규정될 필요가 있다. 그
러나 우리가 9절에 이르기까지 그 정의에 대한 어떠한 실질적 정당
화 시도도 이루어지지 않을 것이다. 지금으로서 내가 할 수 있는 말
은 이렇다. 그런 정당화란 인간의 기억이 필연적으로 제한적이라는
사실에 놓여 있다. (p.231)

이러한 튜링의 입장은, 3권 17장에서 알아보았듯이, 마치 콰인의 유명한 논문「경험주의의 두 도그마(Two Dogmas of Empiricism)」(1953)의 철학적 관점을 이야기하는 것처럼 보인다. 콰인은 선험적 방법으로 필연적(절대적) 진리를 얻을 수 있다고 가정하는 '수학에 편향된 철학'에 반대한다. 전통적으로 철학자들은 수학이 선험적 진리라는 가정 아래에서, 철학도 그러한 탐구를 할 수 있으며, 그런 탐구 방법을 선택해야 한다고 강박적으로 생각했다. 그런 강박적 배경에서 힐베르트의 '결정문제'도 제안되었다. 그러나 튜링은 그러한 기대를 정당화할 수 있다고 보지 않는다.

물론 튜링의 주요 목적은, 힐베르트의 '결정문제'를 넘어서, 실제로 '계산-가능성'을 구체적으로 설명하고, 그러한 장치를 실제로 구현하려는 것이다. 튜링에 앞서 러셀과 비트겐슈타인이 인간의 사고를 수학적으로 계산 가능하다는 것을 원리적으로 주장했다면, 그는 그런 계산을 실행할 기계의 모델, 즉 튜링머신(Turing Machine)을 제안했다. 그가 논문의 서두에서 밝혔듯이, 그 모델을 제안하는 목적이 다만 산술적 계산만을 위한 것은 아니었다. 튜링은 그 계산 모델을 통해서 '인간 사유를 모방'할 장치를 만들 수 있다고 주장한 것이다. 어떻게 그러한 장치를 만들 수 있을까? 튜링이 제안하는 튜링머신, 즉 '이론적 컴퓨터 모델'을 간략히 살펴보자.

튜링머신의 핵심 원리, "수란, 그 십진법이 기계에 의해서 받아 적어질 수만 있다면, 계산-가능하다."는 아래와 같이 이해된다. [그림 4-1]과 같이 1차원으로 적을 수 있는 일종의 종이테이프 혹은 종이띠를 가정해보자. 그 종이테이프에 빈칸 괄호들이 나열되어 있어서, 그 괄호 속에 숫자 혹은 기호를 적을 수 있다. 물론 그 종이테이프에 기록해야 하는 부호의 수는 유한 개수로 충분하다. 그 장

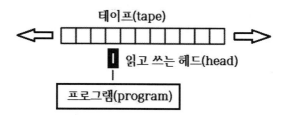

[그림 4-1] 튜링머신의 원리를 보여주는 개략적 그림

치는, 프로그램인 명령어 지시에 따라서, 그 종이테이프의 빈칸에 부호를 적어 넣거나 지울 수 있으며, 바꿔 적어 넣을 수도 있다.

튜링이 보기에, 만약 그 장치가 종이테이프의 숫자 혹은 부호를 기록하고 읽을 수 있다면, 그것은 이미 저장된 정보를 '기억'하고 '검색'하는 것과 기능적으로 같다. 그리고 그 숫자 및 부호를 규칙에 따라 바꾸어 다시 적어 넣을 수 있다면, 그것은 '마음 상태'를 변화시키는 '작용'과 기능적으로 같다. 이렇게 튜링머신은 인간의 논리적 사고를 모방하는 범용 컴퓨터 모델이다. 만약 위와 같이 단순한 장치가 단순한 부호의 명령에 따라 주어진 작업을 수행한다면, 그 부호 명령은 어느 순간 어떻게 행동할지의 '마음 상태 (mental states)'라고 생각해볼 수 있다. 그러므로 튜링은 그 장치가 부호로 적힌 마음 상태를 회상하고, 결정하고, 기억할 수 있다고 가정하였다. 어떻게 그러한가?

튜링은 그러한 자동기계(automatic machine)가 만약 0과 1이라는 부호로 구성된 기호를 처리한다면, 그것을 '계산기(computing machine)'라고 부를 수 있다고 말한다. 그리고 그 기계가 종이테이프에 적힌 기호 나열에 따라 단계적으로 작동한다면, 그 기호 나열은 '기계가 계산하는 명령어(orders)'라고 부를 수 있으며, 이진수로 표현되는 숫자는 '기계에 의해 계산되는 숫자'이다. 오늘날 이런 컴퓨터를 '시리얼 컴퓨터' 또는 '순차처리 계산기(serial processing computer)'라고 부른다. (이것은, 다음에 이야기할, 폰 노이만이 제안하는 '병렬처리 계산기(parallel processing computer)' 모델과 개념적으로 다르다.)

1938년 클로드 섀넌(Claude Elwood Shannon)은 MIT 석사학위 논문 「릴레이와 스위치 전환회로의 기호적 분석(A symbolic analysis of relay and switching circuits)」에서, 이진수 계산으로 알려진 불 대수(Boolean algebra)를 모델로 전자회로를 설계할 수 있다고 주장했다. 이런 주장은 오늘날 우리가 컴퓨터는 0과 1로 모든 정보를 처리한다고 말할 수 있게 된 처음 구체적 아이디어였다. 1936년 튜링의 논문에서 이진수 계산 가능성을 말한 것을, 섀넌은 이진수 불의 대수가 전자회로에서 실제로 구현 가능하다고 한 것이다. 이런 아이디어는 폰 노이만에 의해 더욱 구체화되었다. 그 전자회로의 기초 논리는 비트겐슈타인의 명제논리이며, 그 전자회로의 논리는 지금도 전자공학과 기초과목으로 교육된다. 추정컨대, 튜링 자신도 실제 그런 컴퓨터를 간절히 구현하고 싶었다. 그는 그런 의도를 다음 논문에서 보여준다.

* * *

튜링은 1950년 철학 전문학술지 《마인드》에 발표한 논문 「계산기와 지능」4)에서 어떤 철학적 사고를 보여주는가? 그는 다음과 같은 질문으로 시작한다. "기계가 생각할 수 있는가?" 그는 이 질문에 대한 대답으로, '기계'가 무엇을 의미하며 '생각한다'라는 말이 어떤 의미로 사용되는지 엄밀히 살펴보는 것으로부터 논의를 시작해야 한다고 말한다. 전적으로 이러한 질문과 대답은 철학자들이 하는 궁극적 질문하기, 즉 당연히 안다고 가정하는 것에 질문하기로 비판적 사고 2이다. 그는, 일상적으로 우리가 가정하는 용어들은 애매함을 가지며, 따라서 그런 의미 규정에 따라 논의를 시작하는 것은 위험할 수 있다고 고려한다. 그러므로 그는 그 문제를 바라보는 새로운 시각에서, '모방게임(imitation game)'이라 불리는 게임의 측면에서 고려해볼 것을 제안한다.

그가 가정하는 사고실험 '모방게임'은 남성(A), 여성(B), 질문자(C) 셋으로 구성된다. 그들은 각기 서로 다른 방에 격리되어 있다. 질문자(C)는 (A)와 (B)에게 각각 질문을 던져서, 누가 여성이고 남성인지를 알아내는 임무를 갖는다. 그렇지만 (A)는 (C)가 자신의 성별을 올바로 알아내지 못하도록 노력한다. 여성 목소리를 내거나, (C)의 질문에 타자 글씨로 대답할 수도 있다. 반면에 (B)는 (C)가 자신의 성별을 올바로 알아낼 수 있도록 모든 노력을 다한다. 그런 가정된 상황에서 (A)의 역할을 기계가 대신한다면 어떠할까? 만약 그 기계의 대답에 대해 (C)가 올바른 대답을 알아내지 못한다면, 그 기계가 생각한다고 말할 수 있지 않을까? 이것이 튜링이 제안하는 '생각할 수 있음'의 기준이다. 그 기준은 '튜링 테스트(Turing Test)'로 불린다.

튜링은 그러한 게임을 제안하는 이유를 다음 질문으로 시작한다. 미래에 인간과 기계 중 누가 판단을 내린 것인지 분별하기 어려운 수준의 기계가 나올 수 있을까? 만약 그렇게 된다면, "기계가 생각할 수 있는가?"라는 질문에 그는 당연히 "그렇다"라고 대답할 수 있다고 말한다. 그러므로 자신이 연구하는 계산기가 인간의 생각을 모방하는 지적 기계가 될 수 있다고 그는 확신한다. 그만큼 자신의 컴퓨터 철학 연구는 의미 있고 중요했다. 그의 주장에 따르면, "물리적 능력과 인간의 지성적 능력 사이에" 명확한 구분은 어렵다. 계산기가 인간의 생각을 충분히 모방할 수 있으며, 그러하다면 그 기계는 생각하는 것이다.

그가 고려하는 계산기는 디지털 컴퓨터(Digital Computers)이다. 이것은 세 요소, 즉 '정보 저장', '계산 실행', '조절 역량'을 포함한다. 우리가, 그 기계가 무엇을 실행해야 할지를 명령어 열람표로 만들어두고 그것을 무작위로 선택하게 한다면, 그것은 마치 사람이 결정하듯, 즉 비결정론적으로 행동할 수 있다. 뒤에서 다시 살펴보겠지만, 그가 제안한 이런 무작위 선택 방법이란 아이디어는 현대 인공지능, 즉 전문가 시스템(specialist system)에 적용되고 있다. 그리고 현재 컴퓨터와 인간이 게임을 벌이는 모든 인공지능에 활용되고 있다. 그는 이런 무작위 선택 방법이 과거 배비지가 제안했던 아이디어임을 밝힌다.

튜링이 구상하는 컴퓨터는 디지털 컴퓨터로, 정보를 불연속 상태, 즉 온-오프(on-off) 상태로 표현하고, 그것을 계산 처리하는 기계를 말한다. 이것은 아날로그(analog) 컴퓨터와 구분되는데, 아날로그란 실제의 물리적 상태를 말한다. 그가 아날로그 컴퓨터가 아닌, 디지털 컴퓨터를 구상하는 이유는 크게 두 가지이다.

첫째, 디지털로 정보를 표현하면, 아주 많은 조합의 정보를 수에 대응시켜 표현할 수 있기 때문이다. 예를 들어, 30자리(digit)를 가지는 50개 줄을 포함하는 종이 100장에는 상태의 수가 $10^{100 \times 50 \times 30}$, 즉 $10^{150,000}$이나 된다. 이것을 '저장 용량(storage capacity)'이라 생각해보면, 이렇게 구현되는 맨체스터 기계(Manchester machine)는 엄청난 저장 용량을 가질 수 있다.

둘째, 이러한 디지털 컴퓨터는 보편적 기계로 구현될 수 있다. 만약 다양한 계산을 기계가 수행하도록 하려면, 다양한 계산 처리(computing processes)를 수행할 다양한 컴퓨터를 만들어야 하겠지만, 디지털 컴퓨터는 다양한 계산 처리를 하나의 컴퓨터로 구현할 수 있으므로 그럴 필요가 없다. 그것은 컴퓨터에 다양한 계산 처리를 수행할 다양한 프로그램을 만들어 계산시킬 수 있기 때문이다.

그렇다면 "기계가 생각할 수 있을까?" 이 질문을 조금 바꿔보자. "디지털 컴퓨터가 모방게임을 잘 수행할 수 있을까?" "그것을 잘 수행할 불연속 상태(on-off) 기계가 가능할까?" 튜링은 스스로 질문하고 이렇게 대답한다. "디지털 컴퓨터에 대해서, 만약 그러한 컴퓨터가 충분한 저장 용량을 가지고, 행동을 수행할 만큼 빠르게 반응하면서, 적절한 프로그램으로 안내될 수 있다면, 그 컴퓨터는 모방게임을 잘할 수 있으며, 따라서 사람처럼 보일 수 있다."

그러나 이러한 튜링의 생각에 다양한 관점에서 반론이 제기될 수 있다. 그러므로 튜링은 철학 논문으로서, 자신의 논문에 대한 여러 반론을 검토하고, 재반박 논증을 제시한다.

* * *

튜링은 기계가 생각할 수 있을 수준까지 개선될 가능성을 기대한다. 지금 당장은 거부감이 들더라도 훗날 인간 언어를 사용하는 수준의 컴퓨터가 등장하면, 그리고 일반적으로 컴퓨터에 관한 이해가 높아지면, 그러한 반대도 수그러들 것이다. 그렇지만 그는 자신에 대한 반박을 상당히 고려해볼 필요가 있다고 잘 인식했다. 그러한 고려는 스스로 그러한 반박을 극복하기 위해, 그리고 앞으로 컴퓨터 연구를 어느 방향으로 진행해야 할지를 알아보기 위함이다. 그가 어떠한 반대 논증들을 고려하였는지 간략히 정리해보자.

(1) 신학적 고려에서 나오는 반대 의견에 따르면, 생각이란 불멸의 '영혼'만이 가지는 능력이며, 영혼이란 신이 인간을 창조하면서 불어넣어준 것이다. 그러므로 어떤 다른 동물이나 기계가 생각을 가질 수는 없다.

이런 예상된 반론에, 튜링은 과학사에서 갈릴레이와 코페르니쿠스의 사례를 돌아보라고 충고한다. 과학 지식이 발달하면 사람들이 과거에 당연시했던 의견도 바뀔 수 있기 때문이다.

(2) '궁지에 몰려' 나오는 반론은, 기계가 생각한다는 결론 자체가 너무 끔찍하므로, 기계가 생각을 가질 수 없다고 희망하고 믿자는 태도이다.

이러한 반론에, 튜링은 안심시켜주는 일 외에 달리 대응할 필요를 느끼지 않는다. 그런 기계가 곧 끔찍한 세상을 의미하는 것이 아니라는 안심이 필요할 뿐이다.

(3) 수학적 고려에서, 불연속 상태 기계, 즉 디지털 컴퓨터의 능력에 한계가 있어 보인다. 괴델의 정리가 말해주듯이, 어떤 충분하고 강력한 논리적 시스템이라도 진술문을 완전히 체계화할 수 없으며, 그 진술문은 자체 논리적 시스템을 증명하거나 반증해줄 수 없다. 처치(Church, 1936), 클린(Kleene, 1935), 로서(Rosser), 그리고 튜링(1937) 자신도 같은 전망을 말했다. 그러므로 수학적 논리로 구성되는 디지털 컴퓨터 역시 능력의 한계가 있다고 가정해볼 수 있다. 결론적으로, 디지털 컴퓨터는 모방게임에서 잘못된 실수를 할 수 있으며, 자신을 속이려는 목적을 달성하지 못할 것이라고 추론

해볼 수 있다.

이런 반론에, 튜링은 우리 인간조차 언제나 완벽한 지식 체계를 갖지 못하는 한계를 가진다고 대답한다. 인간이 잘못할 수 있듯이, 컴퓨터 역시 오류 가능성을 갖는다는 것에 문제 될 것은 없다.

(4) '의식'에서 나온 논증에 따르면, 디지털 컴퓨터는 글씨를 쓰거나 읽는 것을 하지는 못할 것이다. 그리고 그 기계는 인간처럼 어떤 느낌을 느끼지 못할 것이다. 예를 들어, 기쁨, 슬픔, 수다 떨기, 실수에 후회하기, 성적으로 유혹되기, 화나거나 우울해지기 등등을 하지 못할 것으로 전망된다.

이러한 반대 논증은, 튜링이 보기에, '선결문제 요구의 오류', 즉 논증할 것을 전제하는 논리적 오류를 범한다. 왜냐하면 이런 논증은, 오직 인간만이 생각할 수 있다는 전제로부터, 기계가 생각할 수 없다는 것을 논증하기 때문이다. 한마디로 자신이 주장하려는 것을 전제하는 논증이다. 튜링은 물론 '의식'이 무엇인지 아직 과학적으로 이해하지 못한다는 점을 인정한다. 2021년 현재에도 뇌과학적으로 의식이 무엇인지 충분히 규명되지 못하고 있다.

(5) 다양한 능력 부재에서 나오는 논증에 따르면, 기계가 어떠어떠한 많은 것을 할 수 없으므로, 예를 들어, 사랑할 수 없으며, 딸기와 아이스크림을 즐기지 못하므로, 기계가 생각할 수 없다는 식의 논증이다.

튜링이 보기에 이러한 논증은 귀납추론의 정당화와 관련한 철학사를 모르기에 나오는 논증이다. 사람들이 지금까지 살아오면서 무수히 많은 (생각하지 못하는) 기계를 보고서, 앞으로도 생각하는 기계가 나타날 수 없다고 단정하는 것은, 귀납추론의 논리적 비약이다.

(6) 레이디 러브레이스(Lady Lovelace)의 반론에서 나오는 논증이 있다. 배비지 분석 엔진(Babbages Analytical Engine)의 상세한 사항들은, 그의 조수 수학자이며 최초 컴퓨터 프로그램 개발자인 레이디 러브레이스의 연구(1842)로부터 나왔다. 그녀의 논문에 따르면, 분석 엔진은 무엇을 창안할 '의도(intention)'를 갖지 않는다.

그러한 반론에, 튜링은, 레이디 러브레이스가 그렇게 말한 것은 자신의 기계가 그런 능력이 있도록 설계되지 않았다는 말에 불과하다고 해석한다.

레이디 러브레이스는 기계가 "새로운 어떤 것도 할 수 없다."고 말했지만, 이런 논증에 대해서, 튜링은 '학습 기계(learning machines)'라는 주제 아래 논의되어야 할 문제라고 본다. 그가 보기에, 기계가 놀라운 새로운 무언가를 실행할 수 없다는 식의 견해는 특별히 일부 철학자와 수학자가 범하는 오류에서 나온다. 그런 오류는 어디에서 오는가? 그들은 마음이 어떤 사실을 떠올리자마자 그 사실로 인한 모든 결과를 일시에 마음에 떠올릴 수 있다고 가정하며, 그런 가정에서 그들은 그렇게 유추한다. 그러나 이것은 참이 아니다. 인간이 많은 새로운 일을 할 수 있지만, 모든 새로운 일을 할 수는 없다. 단지 그렇다고 그들은 추정할 뿐이다.

(7) 신경계를 고려하여 나오는 논증에 따르면, 신경계는 분명히 불연속 상태 기계가 아니다. 신경계에는 뉴런의 극파(spike) 정보의 작은 정보 오류가 나중에 신경계 전체 반응의 큰 차이를 만들 수 있다. 이러한 고려에서 디지털 컴퓨터가 인간의 신경계를 모방한다고 기대하기 어려우며, 따라서 디지털 컴퓨터는 생각하는 무엇이 될 수 없다.

튜링은 디지털 컴퓨터와 신경계 사이의 차이를 인정한다. 그렇지만, 그의 전망에 따르면, 만약 컴퓨터가 인간을 모방하는 모방게임에 참여하는 경우, 미래의 디지털 컴퓨터와 인간을 구분하는 일이 쉽지 않을 것이다.

(8) 행위자의 비형식성을 고려하여 나오는 논증에 따르면, 인간 행위를 법칙에 따르는 것으로 기술하는 것은 매우 부적절해 보인다. 우리는 아무 생각 없는 기계가 아니며, 기계처럼 규칙적으로 행동하거나 생각하지도 않는다. 오히려 인간이 관찰을 통해 세계의 법칙을 탐색할 수 있을 뿐이다.

튜링은 이러한 주장이 정당화될 수 없다고 생각한다. 실제로 어떻게 될지는 앞으로 지켜볼 일이기 때문이다.

(9) 초감각적 지각에서 나오는 논증에 따르면, 인간에게는 초감각, 텔레파시, 혹은 염력과 같은 능력이 있으며, 그것은 '마음'의 능력이다. 기계는 마음을 가지지 않으므로 그러한 능력을 기대할 수 없다.

튜링은 이렇게 재반론한다. 텔레파시를 가진 사람의 예지력을 실험적으로 확인한다면, 그 예지의 참이 확률로 밝혀질 것이다. 컴퓨터 역시 무작위 선택과 확률적 계산의 능력을 통해 그러한 예지력을 가지는 것처럼 보이게 만들 수 있다. (사실 2016년 한국에서 이세돌과 대결한 구글의 알파고가 바로 그러한 방식으로 대응하는 기계이다.)

* * *

튜링의 논문에서 논의되었던 과거의 이야기를 여기에서 다시 말하는 이유가 무엇일까? 그것은 튜링의 염려가, 현대 인공지능의 비약적 발전에 따라 일반인과 학자 모두 지금 궁금해하는 의문들이기 때문이다. 그리고 그 의문들에 대한 대답으로 튜링의 이야기는 오늘날에도 여전히 유용한 이해를 제공해주기 때문이다. 나아가서 튜링의 논증을 요약하는 다른 중요한 철학적 가치가 있다.

1권 5장에서 아리스토텔레스가 기술자, 과학자, 철학자를 구분하며 이야기했던 철학자의 의미를 떠올려보자. 철학자가 실용적인 일에서 기술자나 과학자보다 나을 것이 없다. 그렇지만 철학 연구가 중요하고 필요한 이유는 근원적 물음, "왜?"라는 물음에 대답을 찾는다는 것에 있다. 튜링은 자신의 연구가 왜 추구되어야 하는지, 그 이유를 대답할 수 있어서, 자신의 연구에 대한 소신을 바꾸거나 쉽게 포기할 수 없었다. 그리고 다른 컴퓨터 기술 연구자와 이론 과학자에게 자신의 방식을 발전시켜보라고 제안할 수 있었다. 자신의 연구에 대한 철학적 이해는, 자신의 연구에 대한 든든한 확신을 제공해준다. 그러므로 컴퓨터 과학 연구자도 자신의 연구를 철학적으로 돌아볼 필요가 있다.

튜링은 이러한 확신에서 당시 다른 이들은 상상조차 할 수 없는 컴퓨터를 구상하고 제안하였다. 디지털 컴퓨터가 생각하는 기계로 발전하기 위해, 그 기계는 어떠한 능력을 갖추어야 하는가? 그는 극단적 유물론의 입장에서 아래와 같이 말한다.

'양파 껍질' 유비가 또한 도움이 되겠다. 마음 혹은 뇌의 기능을 생각하면, 우리는 우리가 순수하게 기계적 용어로 설명할 수 있을 어떤 작용을 발견한다. 우리가 말하는 이것은 실제 마음에 대응하지 않는다. 즉, 그것은, 만약 우리가 실제 마음을 발견하게 된다면, 벗겨내야 할 일종의 양파 껍질이다. 그렇지만 그 후에도 계속 껍질을 벗겨내고 난 후, 무엇이 남을 것인가? 이런 방식으로 계속 진행한다면, 우리가 언젠가 '실제' 마음에 도달할 것인가, 아니면 마침내 껍질 외에 아무것도 남는 것이 없을 것인가? 후자의 경우에 전체 마음이란 기계적인 것이다. (pp.454-455)

이러한 튜링의 철학적 입장에 따르면, 우리가 일상적으로 가정하는 인간의 비물질적 존재로서 '마음'이란 실제로 존재하지 않는 것일 수 있다. 그것은 신경계의 작용으로 나타나는 현상일 것이며, 그것은 뇌가 존재하지 않고서는 결코 존재할 수 없는 무엇이다. 마음에 관한 그의 유물론적 입장은 현대 인지신경생물학과 신경망 인공지능의 근거에서 철학을 탐구하는 신경철학자들도 유사하게 가지는 관점이다.

그렇다면 온전히 물질적인 디지털 컴퓨터가 어떻게 생각할 수 있을까? 그는 기계가 생각할 수 있는 가능성으로 '학습 기계'를 최초로 제안한다. 그는 기계가 생각할 수 있으려면, 프로그램에 학습할 능력을 부여하면 된다고 상상한다. 그 기계는 인간을 모방하기 위해 인간처럼 교육될 필요가 있다. 기계가 모방게임을 만족스럽게 수행하려면, 다시 말해서 어른 인간의 마음을 모방하려면, (a) 출생 시점의 초기 마음 상태, (b) 살아가며 이루어지는 교육, (c) 교육을 넘어서는 경험 등을 고려해볼 필요가 있다. 이러한 학습 기계라는 개념이 당시 사람들에게 이해되기 어려워 보였겠지만, 그런 학습 기계가 무작위 선택 요소를 포함하면, 인간과 구분하기 쉽지 않으며, 튜링 테스트를 통과할 것이라고 그는 전망한다. 그의 그러한 전망은 오늘날 우리를 놀라게 만든다. 현대 인공지능은 그가 제시했듯이 학습 기계로 진화했으며, 그것도 인간이 학습을 주도하는 '지도학습(supervised learning)'과 기계 스스로 알고리즘에 따라 학습하는 '비지도학습(unsupervised learning)'을 하도록 개발되었기 때문이다. 그뿐만 아니라, 그는 오늘날 인공지능과 관련하여 어떤 일이 벌어질 것인지를 훤히 꿰뚫어 보는 것처럼, 즉 인공지능 '알파고'와 '왓슨'의 등장을 예견한 듯 아래와 같이 말한다.

우리는 아마도, 기계가 마침내 모든 순수 지적 분야에서 인간과 경쟁할 것이라 희망해볼 수도 있다. 그렇지만 어디에서 시작하는 것이 가장 좋을까? 지금으로선 결정하기 어렵다. 사람들은 아주 추상적인 활동, 예를 들어 '체스 두기'가 가장 그럴듯하다고 생각할 수 있다. 또한, 최고의 감각기관을 가진 기계가 가장 돈을 주고 살 만할 것이며, 그것에 '영어를 이해하고 말할 수 있게' 가르칠 수 있을 것이라 기대해볼 수도 있다. 이러한 교육 과정은 어린이를 정상적으로 가르치는 과정과 같을 것이다. 그 밖에 다양한 것들이 거론될 수도 있다. 다시 말하지만, 나는 올바른 답을 알지 못하지만, 그 둘 모두가 시도될 수 있다. (p.460)

그의 예견대로 오늘날 인공지능은 학습하는 기계로 발전하였으며, 여러 전자제품들은 인간 언어를 이해하고 명령을 수행하는 수준에 이르렀다. 구글의 '알파고'는 순수한 이성적 사고가 필요한 바둑에서 인간보다 뛰어나며, IBM의 '왓슨'은 인간의 말을 알아듣고 대답하는 퀴즈 게임에서 인간을 능가한다. 이러한 인공지능을 전망한 측면에서, 튜링은 '인공지능의 아버지'라고 불리기에 충분하다. 그리고 그런 천재에게 엉뚱한 죄목으로 유죄판결을 내려 그가 자살을 선택하게 만든 일에 대해, 지금의 인공지능 시대에서도 안타까움을 금할 수 없다.

그렇게 갑자기 중단된 튜링의 컴퓨터 과학은 어떻게 오늘날까지 이어져 발달할 수 있었는가? 앞서 말했듯이, 튜링은 1936년 컴퓨터 이론을 발표한 논문을 썼고, 이후 1936-1938년 폰 노이만이 있던 미국 프린스턴 고등연구소에서 유학했으며, 폰 노이만의 지도로 박사학위를 받았다. 폰 노이만은 튜링의 이론에 기초해서 컴퓨터 이론을 발전시켰다. 당시 필라델피아에서 만들어진 에니악(ENIAC) 컴퓨터는 폰 노이만이 그 가능성을 소개함으로써 만들어졌다. 그리고 그는 에니악의 수리-논리학 디자인 일부를 수정하고 개선하도록 노력했다. 그뿐만 아니라 그는 죽음의 문턱에서 휠체어에 의지하면서도, 자신의 컴퓨터 모델을 획기적으로 개선하려는 아이디어를 구상했다. 수학자 폰 노이만은 그런 컴퓨터를 구상하는 중 어떤 철학적 사고를 했는가?

■ 컴퓨터와 뇌(폰 노이만)

존 폰 노이만(John von Neumann, 1903-1957)은 오스트리아-헝가리 제국의 현재 헝가리 수도인 부다페스트의 유대인 가정에서 태어났다. 나중에 그는 당시 유럽의 정치적 상황으로 미국으로 이주하였다. 폰 노이만은 양자역학, 함수 해석학, 집합론, 위상수학, 컴퓨터 과학, 수치 해석, 경제학, 통계학 등 여러 학문 분야에 걸쳐 다양한 업적을 남겼다. 제2차 세계대전 중 그는 로버트 오펜하이머, 에드워드 텔러 등과 함께 원자폭탄 제조 프로젝트, 일명 '맨해튼 프로젝트'에 참여하였다. 또한 그는 아인슈타인, 괴델 등과 함께 프린스턴 고등연구소 연구에 참여하였고, 특히 DNA가 발견되기 이전부터 이미 유전자의 자기복제 구조를 수학적으로 분석하기도 하였다.

폰 노이만은 베를린 대학, 취리히 공과대학, 부다페스트 대학 등에서 화학과 수학을 공부했고, 1927년 부다페스트 대학의 강사로 임명되었다. 이것은 독일 대학에서 수십 년 이래 최연소자였다. 이후 함부르크 대학에서 강의하였고, 1930년 미국의 프린스턴 고등연구소의 초빙 강사가 되었으며, 1931년 정식 교수가 되었다. 1920년 대와 1930년대에 그는 다양한 분야에 관심을 가졌다. 1943년 맨해튼 프로젝트가 시작되자, 폰 노이만은 워싱턴과 로스앨러모스(Los Alamos), 그리고 다른 곳들을 바쁘게 오가는 생활을 해야 했다. 그 시기에 그는 많은 어려운 과학적 문제 해결을 위해 빠른 계산기가 필요하다고 확신했다. 고등과학연구소에서 폰 노이만은 다른 학자들과 함께 실험적 계산기, 조니악(JONIAC)을 만들었다. 이것이 모든 다른 유사 계산기의 모델이 되었다. 심지어 그 기초 원리는 [그림 4-2]와 같이 현대 계산기에도 그대로 적용되고 있다.

전쟁 후 그는 다양한 분야에 관심을 두었으며, 그중 특히 기상학에 관심이 높았다. 그 분야도 많은 계산이 중요하게 필요했다. 그리고 원자 물리학 분야 내의 증가하는 계산 문제를 위해서도 계산기는 중요했다. 아주 복잡한 초역학적 문제는 중요한 국방 연구 과제가 되었고, 그 문제 해결을 위해 고속 계산기가 필요하게 되었다. 그는 1952년 3월 원자에너지위원회의 위원으로서 역할을 맡았다. 3개월 후 그의 왼쪽 어깨에 심한 통증이 발병하였고, 골수암 진단을 받았다. 1955년 폰 노이만은 미국에서 가장 오래되고 가장 훌륭한 강연 시리즈인 실리먼 강연(Silliman Lectures)에 요청받았다. 전통적으로 강연자는 강연이 열리는 예일 대학의 후원으로 출판되는 저

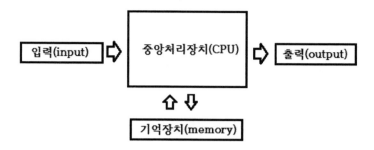

[그림 4-2] 폰 노이만 컴퓨터 구조를 보여주는 개략적 그림. 입력장치를 통해 들어간 정보는 중앙처리장치에서 기억장치와 소통하며 계산 처리된(process) 후, 출력장치를 통해 나간다.

술을 준비해야 했다. 그러나 그는 1957년 2월 세상과 이별했고, 자신의 저서를 직접 출판하지 못했다.5)

폰 노이만의 저술은 그의 아내 클라라(Klara von Neumann)에 의해 《컴퓨터와 뇌(*The Computer and the Brain*)》(1958, 1986)6)로 출판되었다. 그런 사정으로 그 저술의 서문을 클라라가 썼다. 《컴퓨터와 뇌》는 이 책 4권에서 중요하게 다뤄지는 처칠랜드 부부(Paul and Patricia Churchland)의 개정판 머리말을 덧붙여 2000년에 다시 출판되었다.

클라라의 서문에 따르면, 폰 노이만은 예일 대학의 실리먼 강연 요청을 대단히 영예롭게 생각했다. 당시 그는 아이젠하워 대통령의 요청으로 원자에너지위원회(Atomic Energy Commission) 회원으로 선정되었다. 따라서 그는 그 위원회의 정직원으로서 워싱턴에 출근해야 했고, 주로 밤이나 새벽 시간을 이용해서 강연 원고를 써야

했다. 그는 당시 프린스턴 고등과학연구소의 교수직에 있었는데, 예일 대학은 그가 가까운 곳에서 작업에 전념할 수 있도록 배려해주었다. 예일 대학은 그 강연 주제와 관련한 자동계산기, 즉 컴퓨터 이론을 연구하는 위원회에 자리를 마련해주었다. 그렇게 하여 그는 고등과학연구소를 떠나 워싱턴으로 이사하였다.

수개월 후 그는 등뼈에 심각한 손상이 발생해서 걷는 것조차 힘들었다. 그러나 그는 미래를 향한 노력을 멈추지 않았다. 낮에는 위원회 업무를 보고, 밤에는 예일 대학의 강연을 위한 원고를 썼다. 1956년 1월 휠체어를 타고 그는 위원회에 계속 참석했으며, 원고 작업도 계속했다. 하루하루 급속히 병이 악화되어 여러 일을 중단해야 했지만, 단 한 가지, 인생의 마지막 저술 작업만은 멈추지 않았다. 그는 어떤 내용을 쓰려고 그토록 죽음 앞에서도 그 일을 멈출 수 없었던가?

* * *

폰 노이만은 계산기를 디자인하면서, 뇌 작동을 모방하는 인공 기계를 개발하려는 생각을 가졌다. 그래서 그와 동료 연구원들은 신경학과 정신의학을 공부하는 중이었다. 그렇게 그는 통섭하는 학자의 면모를 보여주었다. 그는 수학자이면서, 신경과학을 연구했으며, 나아가 그 연구를 정신과학과도 연계시킬 가능성을 엿보았다. 그는 실리먼 강연에서, 컴퓨터가 신경계를 극히 단순화시킨 모델로 모방할 수 있다는 내용을 공개하고, 그러한 생각을 확산시키려 하였다. 그런 생각을 그는 《컴퓨터와 뇌》의 서론에서 아래와 같이 말한다.

나는 신경과학자도 정신의학자도 아닌, 수학자이다. 그런 내가 이 책을 쓰는 이유를 설명하고 정당화할 필요가 있다. 이 저술은 수학 자의 관점에서 신경계(nervous system)를 이해하려는 시도이다. 그 러나 이 저술은 두 가지 본질적 측면에서 의미가 있다. 첫째, … 이 책은 단지 그러한 시도가 어떻게 이루어져야 하는지에 관한 체계적 사색이다. 즉, … 수학적으로 안내된 … 추측의 합리화이다. 둘째, … 논리학과 통계학은 … '정보이론(information theory)'의 기초 도 구처럼 보인다. 또한, 복잡한 논리적, 수학적 자동계산기(오토마타, automata)를 계획하고, 평가하며, 부호화하도록 성장하는 '경험 주체 (body of experience)'는 상당히 정보이론의 핵심이다. … 나의 주요 목표는 … '신경계'에 대한 깊은 수학적 연구이며, 이것은 수학 자 체에 대한 우리의 이해에 영향을 미칠 수 있다. 실제로 이런 연구는 우리가 수학과 논리학을 바라보는 방식을 올바로 바꿔놓을 것이다. (pp.1-2)

위의 말을 조금 풀어서 쉽게 다가가 보자. 폰 노이만의 저술은 두 가지 목표를 갖는다. 하나는, 뇌의 신경계를 수학적으로 이해하 려 시도하며, 그것이 어떻게 가능한지의 정당성을 밝히려는 것이다. 다른 하나는, 논리학과 통계학을 통해 '정보이론'을 탐색하려는 것 이다. 이렇게 신경계를 수학적으로 탐구함으로써, 우리는 역설적으 로 지금까지 이해하던 수학을 새롭게 이해하게 될 수도 있다. 다시 말해서, 지금까지 전통적으로 이해되던 수학이 사실은 뇌의 작용에 의한 것이며 그 작용이 무엇인지를 우리가 이해하게 된다면, 이에 따라서 수학과 논리학에 대한 전통적 관점 자체가 바뀔 수 있다. 왜냐하면 뇌가 수학을 계산하고 논리를 추론하는 방식이 통계적인 복잡계라고 새롭게 이해된다면, 수학 자체를 바라보는 지금까지의 우리의 관점이 바뀌어야 한다는 것을 우리가 새롭게 인식할 것이기 때문이다. (이러한 새로운 인식은 최근에서야 정립되었으며, 그것이 무엇인지는 20장과 21장에서 다룬다.)

그러한 이해는 철학과 인문학에 대한 전통적 관점에 대해서도 새로운 인식을 제공할 수 있다. 전통적으로 인문학자와 철학자는 자신의 사고를 스스로 반성하고 인식함으로써, 인간 정신이 무엇인지를 이해하려고 노력해왔다. 그러나 만약 그러한 정신을 뇌과학적으로, 그것도 수학을 활용해서 이해하게 된다면, 다시 말해서 정보이론으로 새롭게 이해하게 된다면, 지금까지 우리가 믿어왔던 정신의 본질을 근본적으로 바꿔놓을 수도 있다. 이러한 폰 노이만의 기획은, 3권 17장에서 철학자 콰인의 말을 통해 이해했듯이, 정신에 관한 철학적 탐구를 뇌과학적으로 탐구하려는 '자연주의 철학'의 기획이다. 폰 노이만이 자신의 저서에서 컴퓨터와 뇌를 비교하면서 무엇을 구상했는지 구체적으로 살펴보자. 그는 당시 자신이 개발했던 컴퓨터의 정보처리 이론과 뇌의 정보처리 이론을 어떻게 비교했는가?

* * *

《컴퓨터와 뇌》는 제목 그대로, '인공적 계산기'와 '뇌의 계산 능력'을 비교하는, 당시로선 획기적인 비교 연구이다. 물론, 그가 이러한 연구를 진행할 수 있었던 것은 당시 신경과학 분야의 연구가 시작되고 있었고, 그가 그런 연구를 살펴보았기 때문이다.

그는 당시 현존하는 인공적 계산기를 크게 둘로, 아날로그와 디지털 방식으로 나눈다. 아날로그 계산기에서 '수'란 절절한 물리량

(physical quantity)으로 표현된다. 예를 들어, 실제 기계장치에서 원판의 회전각도, 혹은 전류의 세기 등으로 표현될 수 있고, 그것들은 네 종류의 기초 산술(+, −, ×, ÷)로 계산될 수 있다.

반면에 디지털 계산기에서 '수'란 십진수로 표현될 수 있으며, 그것은 실제 기계장치에서 '표시장치(marker)' 시스템으로 표현될 수 있다. 예를 들어, 전기의 흐름과 멈춤, 또는 음극과 양극과 같은 방법으로 2치(two-valued) 표시장치가 사용될 수 있고, 2치 표시장치 4개(4비트)면 16개 조합이 만들어질 수 있으며, 그것으로 십진수 표현이 가능하다. 구체적인 기초 표시장치로, 전기기계식 릴레이, 진공관(vacuum tubes), 유리전극(crystal diodes), 철 자석 심(ferro-magnetic cores), 트랜지스터 등이 이미 이용되고 있다. 이러한 장치로 표현되는 수를 이용해서, 기본적으로 덧셈, 뺄셈, 곱셈, 나눗셈 등이 계산될 수 있다. (오늘날 범용 컴퓨터는 8비트를 넘어, 16비트 또는 32비트를 사용한다.)

《컴퓨터와 뇌》의 1부 "컴퓨터(The Computer)"에서 그는 컴퓨터가 작동하는 다양한 방식을 설명하고, 당시 어느 방식이 효과적인지를 설명한다. 컴퓨터의 계산방식, 정확히 말해서, 앞서 튜링이 고려했던 계산방식은 '저장된 기억 조절(memory-stored control)'이다. 그것은 숫자로 주소를 붙인 특정 기억 장소(표시장치)에 저장된 숫자를 변환시키는 방식이다. 그렇게 하려면, 명령어는 어느 기초 연산을 수행할 것인지, 어느 기억 장소의 숫자 정보를 불러낼 것인지, 그리고 그 결과를 출력으로 어느 기억 장소에 저장시킬 것인지 등의 내용을 포함해야 한다.

그런데 우리는 왜 아날로그 방식이 아닌 디지털 방식의 계산기를 활용해야 하는가? 그것은 계산의 용량과 정밀도를 위해서이다. 그의 생각을 살펴보자.

아날로그 방식으로 표현되는 1/100 정도로, … 그 정밀도 수준은
화학, 생물학, 경제학, 그 밖에 다른 실천적 문제에서 보통 정확성을
가질 수 없다. … 디지털 기계의 정밀도 수준은 $1/10^{12}$으로, 실질적
으로 충분히 쓸 만하며, … 그러할 수 있는 이유는 우리의 현재 수
학적, 숫자적 절차의 본래 구조와 관련된다. (p.26)

한마디로, 계산의 용량을 확대하고 계산의 정확성을 높이기 위해
서, 아날로그 방식이 아닌 디지털 방식이 고려되어야 한다. 나아가
서 디지털 방식은 계산속도 면에서 발전 가능성이 크다. 그에 따르
면, 다양한 숫자 계산에서 다양한 기억 변환 장치가 활용될 수 있
으며, 그 변환속도는 각각 전기교환기는 10^{-2}초, 진공관은 10^{-6}초,
아마도 10년 후엔 10^{-9}초 정도로 발전될 것이다.

《컴퓨터와 뇌》의 2부 "뇌(The Brain)"에서 그는 인공 계산기와
비교되는, 자연적인 뇌의 계산 능력을 이야기한다. 1950년대 당시
의 뇌 관련 해부학 및 신경생리학에 근거해서, 그는 뇌가 어떤 계
산 기능을 어떻게 수행하는지 가설적 제안과 함께, 컴퓨터와 뇌를
비교하는 이유가 무엇인지를 다음과 같이 밝힌다.

나는 앞서 현대 계산기의 본성과 그것을 구성하는 광범위한 새로
운 원리들에 대해 어느 정도 세밀히 기술하였다. 이제 그것을 인간
신경계와 다른 비교를 할 수 있게 되었다. 나는 이러한 두 종류의
'오토마타(자동계산기)' 사이의 유사점과 차이점을 논의할 것이다.
유사점을 말하자면, 잘 알려진 영역에서 차고 넘친다. 또한 차이점

은 그 객관적 크기와 속도에서뿐만 아니라, 훨씬 깊은 영역에서도 있다. 이것은, 모든 전체 기관에 걸친, 기능과 조절의 원리를 포함한다. 내 일차적 목표는 그러한 것들을 개발하는 것이다. 그렇지만 그런 것들을 제대로 알아보려면, 유사점과 함께 병렬과 결합, 그리고 그러한 것들의 표면적 차이도 살펴보아야 한다. (p.39)

당시 폰 노이만이 디지털 계산기와 신경계의 계산 기능 사이의 유사점과 차이점에 주목했던 이유는 무엇인가? 그는 뇌를 닮은 컴퓨터, 좀 더 정확히 말해서, 뇌의 추론 방식을 계산적으로 모방하고 뇌의 기억 방식을 모방하는, 그리고 인간 사고를 모방하는 계산기계의 지성을 꿈꿨다. 이것은 앞서 살펴본 튜링의 1950년 논문 「계산기와 지능」에서 주장되었던 제안을 그가 구체적으로 실현하려는 기획인 셈이다. 이런 측면에서, 폰 노이만은 인공지능에 대한 목표를 튜링과 함께했다. 그렇지만 폰 노이만은 튜링머신으로 그 목표를 구현하기 어렵다고 생각하였다. 인간의 사고를 충실히 모방하려면, 뇌가 계산하고 저장하는 방식을 모방하는 장치여야 하기 때문이다. 그가 이렇게 인식할 수 있는 것은 뇌를 공부할 수 있었기 때문이었다. 그는 뇌의 신경계를 이렇게 이해했다.

신경계에 대해 가장 직접적으로 목격하는 것은 그 기능이 얼핏 보기에 디지털이라는 점이다. … 신경계의 기초 요소는 신경세포 즉 뉴런(neuron)이며, 뉴런의 정상 기능은 신경 임펄스(impulse, 극파)를 발생시키고 전파하는 것이다. 이런 임펄스는 꽤 복잡한 과정이며, 다양한 국면, 즉 전기적, 화학적, 기계적 국면을 가진다. (pp.39-40)

이렇게 폰 노이만은 신경세포를 공부하고, 그 구조와 기능에 대해서, 특히 그 계산적 기능에 관심을 가졌다. 그는 신경계를 모방하는 계산기를 개발하려는 의도에서, 신경계가 어떻게 정보를 저장하고, 처리하며, 그 용량과 속도가 어떠할지를 당시의 수준에서, 트랜지스터와 비교한다. 예를 들어, 그가 말하는 뇌의 계산 소자인 신경세포의 크기는 트랜지스터의 크기에 비해 대략 10^{-8}에서 10^{-9} 정도로 훨씬 작다. 그러나 속도 면에서 인공 소자가 더 빠른 처리를 한다. 이러한 수치 비교로부터 그는 다음과 같이 추론한다.

첫째, 속도 면에서 인공적인 것(트랜지스터)이 자연적 부품(신경세포)보다 10^4배 빠르다. 반대로 말해서, 뇌는 기계적 장치보다 그 처리 속도가 매우 느리다.

둘째, 그런데도 자연적 부품이 더 빠르게 계산 처리할 수 있다. 그것은 효과적으로 조직된 큰 자연적 자동계산(automation)이 논리적(혹은 정보적) 항목을 가능한 동시적으로 많이 처리하는 병렬구조를 가지기 때문이다.

셋째, 주목해야 할 것으로, '병렬식'과 '순차식' 작동은 서로 무제약적으로 대체될 수 없다.

수학자 폰 노이만이 신경계에 대해 처음부터 특별히 주목했던 특징은, 그 계산 처리 구조와 방식이었다. 뇌는 느린 처리 속도의 뉴런으로 작동하지만, 빠른 처리 속도의 트랜지스터 계산기보다 결과적으로 더 효과적이며, 더 빠르게 작동할 수 있다. 그의 말에 따르면, "크고 효율적인 자연적 오토마타는 극히 병렬적(parallel)일 것 같으며, 크고 효율적인 인공적 오토마타는 그렇지 못하여, 극히 순

차적(serial)일 것 같다."(p.51)

튜링 방식으로 개발된 계산기는 순차처리 방식으로 작동한다. 다시 말해서, 그것은 한 번에 하나씩 혹은 한 번에 많지 않은 정보처리를 차례로 하는 방식이다. 반면 뇌는 많은 정보를 동시적으로 처리하는 병렬처리 방식을 가진다. 그렇다면 튜링의 순차처리 방식을 병렬처리 방식으로 작동하도록 만들 수는 없는가? 이런 의문을 고려하여 폰 노이만은 아래와 같이 말한다.

> 특별히 말해서, 모든 순차적인 것들이 즉시 병렬적일 수 없다. 즉, 어떤 작동은 어떤 다른 작동 이후 수행될 수 있을 뿐이며, 그것과 동시적으로 작동될 수 없다. 그러한 경우에, 순차적 도식이 병렬적 도식으로 전환되기는 불가능하거나, 그 절차의 논리적 접근과 조직에서 변화를 주어야만 동시적으로 작동 가능할 수 있다. 반대로 말해서, 병렬적 절차(procedure)를 순차적으로 처리하려면, 그 자동계산에 새로운 요구를 부과해야 한다. 특히 그것은 거의 언제나 새로운 기억장치를 요구할 것이다. 왜냐하면 처음 수행된 결과는, 이후 제시되는 작동이 수행되는 동안, [이미] 저장되어 있어야만 하기 때문이다. 또한, 그로 인하여, 후자의 (병렬적) 기억 요구는, 전자의 (순차적) 기억 요구에 비해, 체계적으로 훨씬 심각한 것으로 드러날 것이다. (pp.51-52)

이렇게 폰 노이만은 신경계와 범용 컴퓨터의 구조적 차이를 병렬적/순차적으로 명확히 구분하면서, 순차적인 것이 즉시 병렬적일 수 없다고 말한다. 물론, 현대에 활용되는 인공신경망 인공지능(Artificial Neural Network AI)은 순차적 범용 컴퓨터로 병렬처리를 모방하는 시뮬레이션 방법을 이용한다. 그런데 위의 셋째 항목에서 폰 노이만이 지적하듯이, 그 둘은 정보처리 측면에서 근본적으로 극복할 수 없는 차이가 있다. 순차 정보처리가 병렬 정보처리를 근본적으로 흉내 낼 수 없는 것은, 그것이 이미 저장된 정보를 고려한 계산방식을 이용하기 때문이다.

이것이 왜 중요한 문제가 되는가? 그 이유를 이해하려면, 철학의 인식론적 이해가 필요해 보인다. 앞서 콰인이 지적했던 고려(사실은 플라톤 이래로 철학자들이 지금까지 대부분 지적하는 고려), 즉 인식에 앞서 우리는 추상적 개념을 선험적으로 가져야 한다는 이해가 필요하다. 다시 말해서, 무엇을 무엇으로 알아보려면, 예를 들어, (플라톤이 지적했듯이) 원을 원으로 인지하고 삼각형을 삼각형으로 인지하려면, 원이 무엇이고 삼각형이 무엇인지 이미 알고 있어야 한다. 그것은, 이미 알고 있는 지식의 배경에서, 우리가 무엇을 그것으로 알아볼 수 있기 때문이다. 이러한 인간 인식에 대한 철학적 반성을 이해한다면, 이제 시리얼 컴퓨터로 극복하기 어려운 문제가 있다는 것을 알아챌 수 있다. (이에 대한 더 구체적인 이야기는 21장에서 다뤄진다.)

물론, 2010년대 이후 인류는 첨단 시리얼 컴퓨터를 이용해서 병렬처리를 모방하는 소프트웨어의 인공신경망 인공지능(AI)으로 엄청난 일을 하고 있으며, '제4차 산업혁명'이라는 사회적 변화를 일으키는 중이다. 그렇지만 폰 노이만이 위의 셋째 비교에서 지적하듯이, 그것만으로는 한계가 있다. 실제로 최근 컴퓨터 연구자들은, 순차적 소프트웨어로 구현되는 병렬식 계산이 아닌, 병렬식 하드웨어로 구현되는 계산기, 일명 '뉴로모픽 칩(neuromorphic chips)'에 대한 연구 및 개발이 인공지능의 미래에 필수적이라는 이해에서,

현재 다양한 연구를 진행 중이다.

폰 노이만은 뇌의 기초 소자인 뉴런이 서로 축삭 연결을 통해서 어떻게 트랜지스터 계산기의 논리소자(and, or, not)와 같은 기능도 할 수 있을지를 고려해본다. 뉴런 두 개가 하나의 뉴런에 동시에 흥분성 연결을 이루면, 두 축삭 신호의 합으로 'and' 기능을 할 수 있다. 그렇지만 요즘의 뉴런에 대한 신경망 인공지능의 해석은 그의 해석과 약간 거리가 있다. (요즘의 그 해석 이야기가 무엇인지 이 책 19장과 20장에서 살펴볼 수 있다.) 또한, 폰 노이만은 뉴런이 정보를 어떻게 기억하는지 아직 확신하지 못하지만, 뉴런이 기억 기능을 가진다고 가정하는 이유를 아래와 같이 말한다.

우리는 물리적으로 보이는 신경계 내에 어디에서 기억이 자리 잡고 있는지 알지 못한다. … 그리스인[철학자]들처럼, 우리는 기억의 본성과 위치에 대해 무지하다. 우리가 아는 것은 오직, 꽤 큰 용량의 기억을 가져야 하며, 인간 신경계와 같은 복잡한 오토마타가 기억 없이 작동할 수 있다고 생각할 수 없다는 것이다. (p.61)

그런 가정에서, 그는 당시 자신이 공부했던 뉴런의 기초 작용을 고려해볼 때, 기억이 어떻게 저장되고, 그 저장된 기억 정보가 계산에 어떻게 활용될 수 있을지를 아래와 같이 역시 가정적으로 고려해본다.

기억의 물리적 체화(physical embodyment)의 문제[에 대해] … 나는 다음과 같은 나의 추정을 주장해왔다. 다양한 신경세포의 자극 임계값(threshold, 특이점), 혹은 더 넓게 말해서, 자극 한계치

(stimulation criteria)는 그 세포의 이전 이력에 따라 시간적으로 변화한다. 그래서 신경세포의 빈번한 이용은 그 임계값을 낮출 것이다. 즉, 자극을 위한 필요조건을 완화시킨다. 만약 이것이 옳다면, 기억은 자극 한계치의 다양성으로 존재할 것 같다. (p.64)

위와 같이 그가 뉴런의 기억 저장 방식을 이야기하는 것은 현대에도 매우 설득력이 있다. 19장과 20장에서 알아보겠지만, 실제 뉴런들 사이의 시냅스 연결 가중치(weight)가 변화한다는 것이 실험적으로 밝혀졌다. 그리고 그러한 변화를 시리얼 컴퓨터가 모방함으로써, 현대 인공신경망 인공지능이 기억을 구현하고, 그 기억을 추론에 활용할 수 있다. 그렇게 그는 기억 즉 '메모리(memory)'를 이야기한 후, 전통적 컴퓨터 개념에서 계산 처리 기능, 즉 '프로세서(processor)'의 역할을 논리적인 부분과 수학적 부분으로 나누어 이야기한다.

신경계는 … 논리적 부분과 마찬가지로 수학적 부분을 명확히 가져야만 한다. … 우리가 신경계를 계산기로 바라볼 때, 수학적 부분은 어떤 정밀함으로 그 기능을 기대해야 하겠는가? … 우리는 신경계의 수학적 부분이 존재하며, 그것을 계산기로 바라본다면, 상당히 정확하게 작동해야만 한다는 것을 기대할 것이다. (p.75)

이렇게 전통적인 계산기의 기능을 신경계가 수행할 수 있음을 지적하면서, 그는 컴퓨터가 뇌를 모방해야 하는 중요한 이유를 아래와 같이 발견한다.

첫째, 신경계는 낮은 수준의 정밀도를 다루지만, 상당히 높은 수준의 신뢰성을 준다. 병렬로 연결된 시스템에서 일부 연결의 상실, 그로 인한 기억과 계산의 상실이 정보의 상실을 의미하지 않기 때문이다.

뒤에서 살펴볼 것이지만, 이런 회로의 연결은 부족한 입력정보로도 충분히 적절한 출력정보를 얻을 수 있다. 아주 쉽게 말해서, 우리는 어떤 물체의 일부 모습만을 보고도 그것이 무엇인지 정확히 알아볼 수 있다. 폰 노이만은 이것이 가능하다는 것을 알아본 것이다. 이러한 병렬연결 신경망은 정보처리에서 높은 신뢰성을 줄 수 있는 장점이 있다. (그 구체적인 이야기는 21장의 "추상적 표상"과 "표상의 벡터 완성"에서 설명된다.)

둘째, 병렬식 연결인 신경계의 정보처리 시스템은 본질적으로 통계적 특징을 다룬다. 그러므로 신경계는 일상적 수학이나 산술과는 근본적으로 다른 표기법(notation)을 이용할 것 같다.

폰 노이만은 이렇게 정보의 개념을 새롭게 생각하면서, 더욱 근원적인 철학적 질문을 할 수밖에 없다고 말한다. "이러한 주제를 다루는 것은 필히 우리가 '언어의 문제'를 질문하게 만든다."(p.80) 이렇게 그는 스스로 비판적 질문 1을 하고, 그에 대해 대답한다.

인간 언어는 … 다양한 형식으로 … 절대적이며 필연적이지 않다. … 절대 논리적 필연성이 없다. … 정말로 중추신경계의 본성과 그 메시지 시스템의 본성이 … 그러하다. … 중추신경계는 … 우리가 일상적으로 사용하는 논리적 및 수학적 깊이보다 못하다. … 결론적으로, 논리학과 수학에서 우리가 일상적으로 사용하는 것과 다른 논리적 구조가 있다. … 그래서 중추신경계의 논리학과 수학은 구조적으로 … 우리가 일상 경험에서 말하는 언어와 본질적으로 다르다. (pp.81-82)

이런 대답이 현대 철학자들에게 제시하는 철학적 함축이 있다. 그것은 뇌의 계산방식을 고려해볼 때, 뇌에 의해 작동되는 우리의 언어는 필연적 추론을 제공하지 못한다는 것이다. 러셀과 비트겐슈타인이 기호논리학을 내놓은 이후, 현대 영미 철학은 대표적으로 '분석철학'의 패러다임을 발전시켜왔다. 그 영향은 최근까지 이어지고 있기도 하다. 그 철학의 가정에 따르면, 우리의 사고를 표현하는 언어는 기호로 표기될 수 있고, 기호 체계에 따라서 엄밀히 계산될 수 있다. 그러므로 우리의 사고를 분석하여 연구하려면, 언어를 분석하는 것이 필수적이다. 그리고 그런 기호적 언어는 수학적으로 계산될 수 있는 만큼 필연적 참을 제공해준다. 그러나 정작 기호 처리 컴퓨터를 연구, 개발하고, 뇌를 연구했던 폰 노이만에 의해서 그러한 분석철학자들의 근본 전제는 이제 기초부터 흔들리게 되었다. (나는 폰 노이만이 언어에 대해 뇌과학에 근거해서 위와 같이 말한 철학적 함축에 흥미를 느끼며, 당장 구체적인 이야기를 하고 싶다. 그렇지만 그의 이야기를 쉽게 풀어보려면 뉴런과 신경계의 발달 및 기능에 관한 세부적인 이야기가 필요하다. 그러므로 이것 역시 뒤로 미뤄두자. 20장의 "표상의 부호화", "신경의 계산 처리", 그리고 21장의 "의미론적 동일성"에서 다룬다.)

* * *

이 책이 위의 이야기를 통해서 강조하려는 점을 다시 이야기해보자. 처음 이 세상에 없었던 컴퓨터를 만들 생각을 하고, 구체적으로 구상했으며, 그것을 실제 세계에 나오도록 공헌했던 두 인물, 튜링과 폰 노이만이, 자신들의 학문적 연구에 대해 어떤 철학적 성찰을 하였는지 알아보았다. 특히 폰 노이만은 새롭게 떠오르는 학문 분야인 뇌과학에 눈을 돌리고, 그것에 관한 탐구를 인공지능에 접목하는 방법을 구상했다는 점에서, 통섭적으로 탐구하는 수학자였다. 그는 전혀 무관해 보이는 두 분야에서 논리적 일관성을 검토해보고(비판적 사고 1), 앞으로 컴퓨터를 어느 방향으로 발달시켜야 할지를 고려하였다. 그는 동시에 누구나 안다고 가정하는 것을 의심해보고(비판적 사고 2), 예를 들어, 계산이 무엇인지, 기억이 무엇이며 기억이 계산에 왜 필요한지 등을 물었다. 이러한 철학적 태도는 그들이 당시에 누구도 생각하지 못했을 아이디어를 발견하는 원동력이 되었다.

《컴퓨터와 뇌》의 2판 머리말을 쓴 처칠랜드 부부는 "혹자는 당시에 나온 그 책을 지금 쓸모없는 낡은 것으로 여길지 모르지만, … 사실 그 반대이다."라고 말한다. 그들의 평가에 따르면, 그 소박한 책은 미래에 일어날 폭풍의 눈, 즉 유력한 연구 기획의 소용돌이 중심을 가리킨다. 왜냐하면 순차적 프로그램을 통해 계산 처리되는 '폰 노이만 아키텍처'는 오늘날 슈퍼컴의 장치에는 물론, 모든 게임과 시뮬레이션에 아이디어를 제공했기 때문이다. 또한, 그가 제공한 병렬식 계산기 개념은 지금 '인공신경망 인공지능(Artificial Neural Network AI)'이라는 새로운 과학기술로 발전하여 대단한 성과를 이루는 중이다. 처칠랜드 부부는 이렇게 말한다.

독자들은 아마도, 여기 폰 노이만이 예지적, 강력한, 결정적으로 비고전적 대답에 무게를 실어주고 있다는 것을 알고서 놀랄 것이다. … 폰 노이만은 20세기 '컴퓨터 혁명(computer revolution)'의 거의 모든 것의 기초를 마련한 컴퓨터 구조를 책임졌다. 그 혁명은 뉴턴 역학, 맥스웰 전자기학만큼이나 인간의 장기적 미래에 충격을 주었다. (p.xxii)

폰 노이만의 순차처리 프로그램은 현대 컴퓨터 및 인공지능에 큰 영향을 미쳤으며, 병렬처리 계산기 개념은 인공신경망 인공지능에 영감을 주었다. 그렇지만 폰 노이만의 두 계산기 연구 개념은 분리된 채 연구되었다고 처칠랜드 부부는 아래와 같이 말한다.

흥미롭게도 이러한 두 종류의 과학, **인공** 인지과정(*artificial cognitive process*)에 초점을 맞춘 과학과, **자연** 인지과정(*natural cognitive process*)에 초점을 맞춘 과학은, 1950년대에서부터 지금까지 실질적으로 분리된 채 나란히 연구되었다. 컴퓨터 과학에서 연구하는 사람은 전형적으로 생물학적 뇌에 거의 관심을 가지지 않았으며, 신경과학에서 연구하는 사람은 전형적으로 컴퓨터 이론, 오토마타 이론, 형식 논리학과 이치 수학, 트랜지스터 전자공학 등에 거의 관심을 가지지 않았다. (p.xiii)

이러한 처칠랜드의 관측에 따르면, 폰 노이만이 제안했던 두 유형의 계산 처리 방식 연구는 서로 배워야 할 것이 많았지만, 어느 편의 연구자들도 서로에 대해 서로 가르치려 하지 않았다. 그들 각자 자신들의 방향에서 독자적으로 놀라운 진전을 이루었다. 폰 노이만 이후로 컴퓨터 과학기술 및 인공지능 연구의 두 흐름에 어떤 일이 있었는가?

■ 뇌 모방 인공지능

'인공지능(Artificial Intelligence)'이란 말은 1956년 다트머스 대학의 수학과 교수 존 매카시(John McCarthy)가, 벨 전화연구소의 클로드 섀넌, 하버드 대학의 마빈 민스키(Marbin Minsky), IBM의 너대니얼 로체스터(Nathaniel Rochester, 1919-2001)를 비롯한 여러 학자들과 함께 그 주제로 학회를 제안하면서 사용되기 시작했다. 매카시는 미래의 기계가 언어를 사용하고, 추상적 개념을 가지며, 인간만이 풀 수 있는 문제를 해결하고, 스스로 발전하는 방법을 갖도록 하겠다고 선언했다.

앞서 폰 노이만을 통해서 알아보았듯이, 컴퓨터의 계산 처리 방식은 순차처리 방식과 병렬처리 방식 둘로 나뉜다. 전자는 컴퓨터 프로그램이 인간의 논리적 사고 절차를 모방하며, 후자는 뇌의 뉴런이 작동하는 방식을 모방한다.

확신하기 어려웠던 초기의 인공지능 연구 방향은 성공 가능성이 높은 쪽으로 연구자금이 집중되어야 했다. 당시 유망해 보였던 쪽은 전자의 순차처리 방식이었다. 프로그램을 잘 구성하기만 하면 그 방식의 컴퓨터가 인간의 사고를 쉽게 모방할 것으로 보였기 때문이었다. 1960년대 중반 미국 방위고등연구계획국이 인공지능 연구를 후원하기 시작하자 여러 대학에서 인공지능 연구를 본격적으로 시작하였다.

1975년 허버트 사이먼(Herbert Alexander Simon, 1916-2001)과 앨런 뉴웰(Allen Newell, 1927-1992)은 '논리적 이론 기계(Logic Theory Machine)'를 만들어, 전자의 방식으로 인간의 일반적 지적 능력을 모방할 수 있음을 보여주었다. 이후 그 방향의 연구는 당분간 인공지능의 주류 흐름이 되었다. 그리고 그 연구 흐름은 1980년대 '전문가 시스템(expert system)'으로 불린다. 이것은 전문 지식인의 능력을 컴퓨터의 프로그램이 모방함으로써, 특정 분야의 전문 지식인을 대신할 수 있다는 가정에서 나온 이름이다. 그런 프로그램이 순차처리 방식으로 구현되어야 하는 만큼, 프로그램은 전문가의 의사결정 과정 혹은 절차를 모방하도록 구성된다. 쉽게 말해서, 어떤 과제에 대해 첫 단계에서 어떤 결정이 이루어지면, 다음 단계에서 여러 선택지 중, 즉 예정된 여러 의사결정 중 하나를 선택하는 방식으로 정해진 절차를 따르는 것이다. 그러므로 [그림 4-3]과 같이, 그런 인공지능 프로그램은 전문가의 의사결정 과정의 트리(tree) 구조, 즉 나무의 줄기로부터 나뭇가지로 올라가는 구조의 의사결정 순서로 구성된다.

만약 인공지능 프로그램에 의학적 전문 지식을 담는다면, 그 컴퓨터는 의사처럼 단계적으로 진료하는 의사결정 과정을 실행할 수 있다. 또한, 만약 프로그램에 공장 운영 전문가의 지식 및 판단 절차를 담을 경우, 그 컴퓨터는 공장의 상태에 따라서 단계적으로 판단할 수 있어서, 스스로 공장을 제어할 수 있다. 현재 이용되는 거의 모든 컴퓨터 게임 프로그램 역시 이러한 의사결정 과정을 따르도록 제작되며, 게이머는 컴퓨터와 경쟁적으로 게임을 즐길 수도 있다. 따라서 전문가 시스템은 1980년대부터 2010년대 이전까지 확실한 주류의 인공지능 연구 흐름이었다.

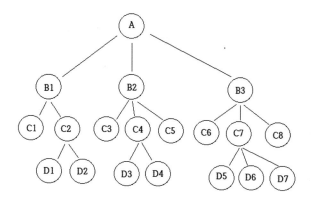

[그림 4-3] 의사결정 트리 구조. 나뭇가지를 거꾸로 세운 모양의 구조로, A가 주어진 후, 다음 선택 세 가지(B1, B2, B3) 중 하나가 무작위로 선택된다. 만약 그 중 B2가 선택된다면, 다음 선택 세 가지(C3, C4, C5) 중 하나가 무작위로 선택된다. 전문가 시스템 인공지능은 이러한 의사결정 절차를 따르도록 프로그램된다.

반면, 병렬식 계산 처리 방식은 워런 매컬록(Warren McCulloch, 1898-1969)과 월터 피츠(Walter Pitts, 1923-1969)가 1943년 신경계의 연결망을 논리식으로 구현할 수 있다는 가정에서 시작되었다. [그림 4-4]에서 보여주듯이, 신경세포 즉 뉴런은 다른 여러 뉴런으로부터 신호(W_1, W_2, W_3)를 받아, 그 신호의 총합(Σ)이 일정 기준을 넘으면 다음 뉴런으로 신호를 전달하고, 그렇지 않으면 중단한다. 당시 신경과학의 수준에서 뉴런의 그런 현상을 수학적 모델로 고안한 것이 매컬록-피츠(McCulloch-Pitts)의 신경망 모델이었다. 그 모델은 뉴런의 시냅스 강도의 변화를 통해 신경계가 학습한다는 아이디어에서 나왔다. 시냅스의 강도가 변화한다는, 즉 시냅스의 가

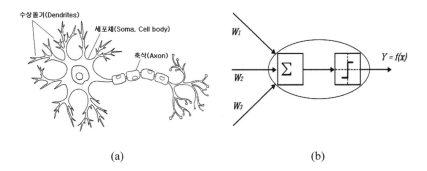

(a)   (b)

[그림 4-4] (a) 뉴런과, (B) 매컬록-피츠(McCulloch-Pitts)의 신경망 모델의 도식적 그림. 왼쪽의 수상돌기(W_i)로부터 신호가 뉴런의 세포체에 입력되면, 그 신호의 총합(Σ)이 역치(특이점)를 넘어설 경우, 축삭(y)으로 출력을 내보낸다.

소성(plasticity)은 '헤브의 법칙(Hebb's law)'으로 불린다. 매컬록과 피츠는 신경생리학과 논리학의 전문가로서 그러한 생각을 할 수 있었다. 그렇지만 그들은 그런 생각을 실제 컴퓨터 프로그램에 어떻게 넣을지는 알지 못했다.

　이 모델을 연구했던 프랭크 로젠블라트(Frank Rosenblatt, 1928-1971)는 미해군의 연구비를 받아, 1957년 하드웨어로 구동되는 인공 뉴런, 즉 '퍼셉트론(perceptron)'을 만들었다. 그것은 '인공신경망(Artificial Neural Network)'으로 불린다. 그는 그 장치가 미래에 걷고, 말하고, 보고, 글을 쓰고, 자신의 존재를 인식까지 할 것이며, 나아가서 인간 대신 다른 행성 탐사에 나설 것이라고 장담했다. 물론, 우리가 알고 있듯이 그런 일은 일어나지 않았다. 더구나 1969년 마빈 민스키(Marvin Lee Minsky, 1927-2016)가 퍼셉트론을 부정적으로 평가하면서, 연구비가 중단되었다. 게다가 로젠블라트가

1971년 배 사고로 사망하면서 그 연구는 거기서 멈췄다.

그러한 어려움에도 불구하고, 인공신경망 연구가 중단되지는 않았다. 그 무렵 신경과학이 놀라운 연구 성과를 내놓기 시작했기 때문이다. 1971년 버논 마운트캐슬(Bernon Mountcastle, 1918-2015)은 미국 신경과학회에서 신경계에서 자신이 발견한 '피질 원주(columns)'를 소개했다. 대뇌피질은 대략 0.8-1밀리미터 두께의 얇은 막이며, [그림 4-5]와 같이, 피질은 구조적으로 피질 원주로 구성된다. 이렇게 인공신경망 연구자들의 연구에 의하여, 신경계에서 인공신경망의 유닛에 상응하는 것은 뉴런이 아니라 뉴런 집단인 원주로 가정되었다. 그 피질 원주는 뉴런보다 복잡한 처리를 수행할 수 있어서, 스스로 학습할 수 있는 기본 단위처럼 보였다.

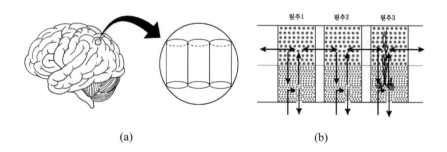

(a)   (b)

[그림 4-5] (a) 대뇌피질과 그것을 구성하는 피질 원주의 대략적 그림. 피질 원주의 직경은 15-300마이크로미터이며, 대략 5천 개의 세포로 구성된다. (b) 외부 신호가 수평 또는 수직 방향에서 들어오면, 내부에서 흥분성 및 억제성 뉴런들의 복잡한 작용으로 계산 처리된 후, 그림의 원주 3처럼 내부의 커다란 피라미드 세포 축삭을 통해 다른 원주로 신호를 내보낸다. 이런 여러 원주가 결합하여 신경망을 구성한다.

실제 피질 원주는 수많은 작은 뉴런들과 중심의 커다란 피라미드 세포로 구성된다. 피라미드 세포는 외부로부터 입력정보를 받아 변조하여 출력정보를 내보내며, 원주 내의 수많은 작은 뉴런들은 흥분성 및 억제성 작용으로 원주의 출력값을 스스로 변조시킨다. 그렇게 입출력 변조를 조율하는 가소성을 지녀서, 원주는 자체의 수학적 기능을 조율하는 학습의 기초 요소이다. 이러한 원주 여럿이 병렬연결을 이룬다면, 그 신경망이 복잡한 수학적 계산 처리를 단순하게 실행할 수 있다는 가설적 제안이 나올 수 있었다.

1988년 샌디에이고 캘리포니아 주립대학(UCSD)의 제임스 매클러랜드와 데이비드 루멜하트(James L. McClelland and David E. Rumelhart)가 공저한 《병렬분산처리에 대한 탐색(*Explorations in Parallel Distributed Processing: A Handbook of Models, Programs, and Exercises*)》(MIT Press)이 나왔고, 이후 병렬처리 계산 모델은 '병렬분산처리(Parallel Distributed Processing, PDP)' 혹은 '연결주의(connectionism)'로 불리게 되었다. 그들은 앞으로 연구될 병렬처리 계산기의 연구와 발전에 획기적인 아이디어를 제공했다. 그 책의 5장에서, 그들은 마빈 민스키가 지적했던 배타적 선언 논리의 문제(XOR problem), 즉 '퍼셉트론의 신경망이 XOR을 수행할 수 없다'는 문제를 극복할 아이디어를 내놓았다. 그들은 자신들이 제안하는 모델이, 폰 노이만이 전망했던 기계학습이 가능한 모델임을 제안하였다.

[그림 4-6]의 병렬분산처리 신경망(PDP networks)은 입력 신경망과 출력 신경망 사이에 '은닉 유닛(hidden units)' 신경망층이 삽입된 구조이다. 이런 신경망은 충분히 학습할 수 있는데, 그것은 병렬분산처리 그물망이 순차적 그물망(sequential networks)과 재귀적

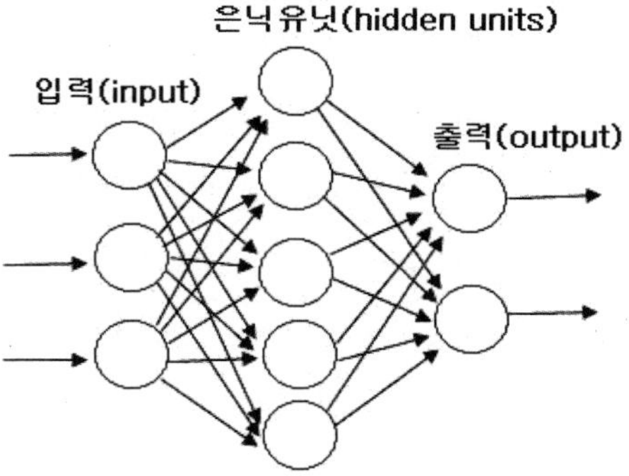

은닉 유닛(hidden units)

입력(input)

출력(output)

[그림 4-6] 단순한 인공신경망의 개략적 그림. 인공신경망은 입력층, 은닉층, 출력층 등의 그물망(networks)의 단위로 정보를 입력, 처리, 출력한다. 은닉층은 연결 가중치의 변화를 통해 입력의 정보를 분별할 능력을 학습할 수 있다.

그물망(recurrent networks)으로 구성되기 때문이다. 그런 구성의 신경망은 출력 신경망의 오류 결과를 은닉 유닛층으로 되돌려 보낼 수 있어서, 스스로 은닉층을 수정할 수 있다. 그들은 그것을 오류 '역전파(backpropagation)'라고 불렀다. 그리고 실제 뉴런의 시냅스가 강화 학습하듯이, 은닉 유닛층의 시냅스 연결 강도를 조금씩 강화하는 규칙을 '델타-룰(delta-rule)'이라고 불렀다. 전체 병렬분산처리 신경망은 계산 처리마다 오류 역전파에 의해, 그리고 델타-룰에 따라 은닉 유닛층을 자율적으로 훈련(교육)할 수 있어서, 스스로 목표를 향해 조금씩 다가가는 '점진적 하강 학습(gradient descent learning)'을 할 수 있다. 그렇지만 그런 학습 결과 은닉 유닛층 신경망은 '국소 최소값(local minima)'에 빠질 수 있다. 물론, 그런 학습의 최종 목표는 '전체 최소값(global minima)'에 도달하는 것이다. (이러한 용어들은 19장부터 24장에 걸쳐서, 특히 24장의 [그림 4-46] 및 [그림 4-47]에서 설명되며, 그 이해를 위해 긴 설명이 필요하므로, 그 설명을 뒤로 미룬다.)

이러한 인공신경망 연구는 계속 이어졌다. 우선 UCSD의 대학원생 제프리 힌튼(Geoffrey Hinton, 1947-)은 인공지능 분야를 개척한 영국 출신의 인지심리학자이며, 컴퓨터 과학자이다. (현재 그는 구글과 토론토 대학에 재직 중이다.) 그는 앞의 연구를 계승하여 오류 역전파와 딥러닝 연구를 발전시켰다. 그는 UCSD 옆의 뇌과학 연구소인 솔크 연구소(Salk Institute)의 연구원이자 수학자인, 특히 뇌를 수학적으로 접근하는, 계산-뇌(Computational Brain) 분야의 선구자인 테렌스 세즈노스키(Terrence J. Sejnowski, 1947-)[7]와 함께 미 해군연구소의 지원으로 인공지능에 관한 획기적인 연구를 진행할 수 있었다.

1990년대 UCSD는 세계적인 뇌과학 연구소인 솔크와 협력하면서, 인공신경망 연구를 위한 모든 역량을 집중하였다. 그 연구를 위해 학교에 인지과학(cognitive science) 학과를 설립하고, 그곳에서 여러 분야의 학자들이 매주 모여서 토론하는 통섭 연구를 추진해오고 있다. 앞의 책에서 살펴보았듯이, 전통적으로 지식 혹은 앎의 탐구는 철학의 주제였다. 그러나 오늘날 그런 탐구는 철학의 문제이지만, 신경과학의 문제이며, 언어학의 문제이고, 심리학의 문제이며, 진화의 결과물이라는 측면에서 인류학의 문제이기도 하다. 그러므로 여러 다양한 학문이 통섭적으로 탐구해야 할 분야로 인식되었다. 또한, 앎은 생물학적 측면에서 의식 이하의 앎도 중요하게 연구되어야 하므로, 인식이 아닌 '인지(cognition)'의 문제를 다루는 과학이 되었다. 다시 말해서, 철학의 인식론 문제는 이제 인지과학에서 탐구된다.

그 대학의 개리슨 코트렐(Garrison Cottrell) 연구진은 사람 얼굴을 인지하는 얼굴망(face net)이라는 인공신경망(Artificial Neural Network, ANN)을 내놓았다. 그러한 연구의 발전이 있어 1990년대 병렬식 처리 계산기에 대한 기대가 높아졌지만, 이내 그 기대는 시들었다. 신경망의 학습이 기대만큼 효과적이지 못했기 때문이다.8) 그런데도 UCSD는 인지과학 및 인공신경망의 연구를 지속하였다. 거기에 철학자 처칠랜드 부부가 합류하여, 그 방향이 왜 옳은지 철학적 확신을 주었다. (그 자세한 과정을 바로 다음 장에서부터 설명한다.)

2010년대에 슈퍼컴퓨터가 거대한 용량과 엄청난 속도를 가진 계산기로 발전함에 따라서, 그것을 활용하여 복잡한 인공신경망(딥러닝)을 시뮬레이션하는 일이 가능해졌다. 그렇게 하여 최근 병렬처리의 인공신경망 인공지능이 다시 주목받기 시작했고, 부분적으로 인간 지성을 넘어서는 인공지능이 가능해졌다. 예를 들어, 2011년 IBM의 기계학습 프로그램 왓슨(Watson)은 미국 텔레비전 퀴즈쇼 '제퍼디'에서 인간 챔피언 켄 제닝스와 브래드 러터를 차례로 꺾었다. 그리고 2016년 3월 구글 딥마인드가 개발한 기계학습 신경망 인공지능 알파고(AlphaGo)는 세계 바둑 최고수인 한국의 이세돌을 능가하는 실력을 보여주어 세계를 깜짝 놀라게 했다. (사실 알파고는 순차처리의 전문가 시스템과 병렬처리의 인공신경망을 합병한 모델이다.)9) 2020년 왓슨은 암 진단과 처방을 위해 활용되고 있으며, 알파고 역시 의료 연구에 활용되는 중이라고 한다.10)

나아가서, IBM은 최근 뉴런 100만 개와 시냅스 2억 5,600만 개를 통합하는 뉴로모픽 칩 연구를 진행하는 중으로 알려져 있다. 앞서 살펴보았듯이, 튜링은 미래 계산기가 인간처럼 지성적일 수 있다고 전망했다. 그리고 폰 노이만은 그것이 인간 신경계를 모방하는 것이어야 한다고 전망하고, 컴퓨터 구현의 두 가지 방식, 즉 순차처리 계산방식과 병렬처리 계산방식 사이에 직접 전환될 수 없다는 점도 정확히 지적했다. 그의 전망대로라면, 순차처리 계산기인 슈퍼컴퓨터에서 소프트웨어로 병렬처리 계산기를 시뮬레이션하는 현재의 신경망 인공지능은 분명 인식론적 제약이 있다. 그런 제약을 극복하기 위해 뉴로모픽 칩으로 실행되는 하드웨어 인공신경망 컴퓨터 연구 및 개발이 필요하다. 이런 점에서도 1950년대에 있었던 폰 노이만의 전망은 특별하다. (그 전망에서 나오는 철학적 함축, 그리고 처칠랜드 부부와 나의 전망을 24장에서 이야기해보자.)

이 책 4권의 목적은 인공지능의 과학기술을 소개하는 데에 있지 않으며, 이 책은 뇌와 인공지능의 발달과 철학의 관계를 소개하는 철학서이다. 그러므로 인공지능 연구에 어떠한 철학적 사고가 있었는지를 살펴보는 것이 중요하다. 이제까지 인공지능의 역사를 돌아본 것은 그것을 다루기 위한 서론이었다. 이제 본격적으로 뇌과학에 근거하여 전통 철학적 의문에 어떤 대답을 내놓을 수 있는지, 그리고 그 대답이 인공지능 연구에 어떻게 도움이 되었는지를 이야기해보자. 간단히 말하자면, '뇌과학 철학'과 '인공지능 철학'을 이야기해보자. 그러나 그 이야기를 하려면, 우선 뇌과학의 기초부터 다루어야 한다.

19 장

신경과학의 기초

군소(Aplysia)라는 아주 단순한 유기체의 아가미 움츠림 반사에서, 우리는 경험론과 합리론이 모두 타당하다는 것을 확인했다. 실제로 그 두 견해는 상호 보완적이다. 신경회로 속 특정 연결의 세기 변화는 경험의 영향을 반영한다. 더 나아가 연습이 완벽함을 만든다는 로크의 생각에 맞게, 기억의 기반에는 그런 세기 변화의 지속성이 있다. … 환원주의 접근법은 우리가 학습 및 기억에 관한 세포생물학의 여러 원리를 발견할 수 있게 해주었다.

_ 에릭 캔델, 『기억을 찾아서』

■ 신경과학의 역사

뇌를 연구하는 신경과학은 인류 문명사에서 아주 최근, 19세기에 이르러서야 비로소 등장한 학문이다. 그럴 수밖에 없었던 이유는 신경과학이 다른 여러 학문에 의존하여 탐구되는 분야이기 때문이다. 예를 들어, 신경계 연구는 그 구성 원소인 신경세포 즉 뉴런은 물론, 뉴런 집단이 연결된 조직구조와 그 기능, 그것들로 구성된 뇌 전체의 기능, 그리고 그것이 신체의 감각과 운동에 어떻게 관련되는지 등에 관한 연구를 포함한다. 또한, 그런 연구를 하려면 광학현미경은 물론, 전자현미경도 등장해야 한다. 그리고 뇌의 부분적 혹은 전체 조직이 어떻게 작동하는지를 들여다보려면, 자기공명영상(MRI), 양자방출단층영상(PET) 등과 같은 첨단 장비도 있어야 한다. 그런 장비에 대한 개발은 양자역학, 통계학, 첨단 컴퓨터 등의 최신 과학기술의 발달 없이 불가능하다. 그런 것이 없었던 얼마 전까지, 인류는 자신이 어떤 생각을 하며 어떻게 신체가 움직여지는지 등에 대해 과학적으로 연구하지 못했고, 통속적 믿음에 의존해야 했다.

아직도 적지 않은 사람들은 그러한 통속적 믿음에서 벗어나지 못한다. 그런 믿음은 일상생활에서 개인이 현대 과학의 지혜를 활용하지 못하게 만든다는 아쉬움 정도이지만, 첨단 학문을 연구하는 학자들에게는 학문 연구 및 발전을 가로막는 장애이다. 어떤 통속적 믿음이 그런가? 일상적으로 인간은 누구나 영혼을 가지고 있으며, 죽게 되면 그 영혼이 비록 살아 있는 사람의 눈에 보이지 않더라도 다른 살아 있는 누군가를 괴롭힐 수 있다는 믿음이다. 이런 가정적 믿음은 현재에도 수많은 영화와 텔레비전 드라마, 어린이가 보는 만화영화와 같은 대중매체를 통해 대중적 믿음에 여전히 영향을 미친다. 만약 과학자가 그런 영향을 받아 배경 믿음을 가진다면, 그런 믿음은 자신의 신경학이나 심리학 또는 철학 연구에 미리 한계를 설정하거나, 그 연구의 전망을 어둡게 할 것이며, 결국 실제적 과학 연구를 가로막을 수 있다.

이따금 신경과학 연구자들조차 통속적 믿음을 가질 수 있다. 그들은, 오직 사람만이 마음을 가지며, 그것은 눈으로 볼 수 있는 물리적인 것이 전혀 아니라고 믿는다. 그런 믿음에 따르면, 우리의 심성, 성격, 행동, 욕구, 믿음, 지식 등등은 모두 마음이 가지는 능력이고, 마음에 의한 작용이다. 또한, 인간은 유일하게 영적인 존재로서, 다른 동물들과 다른 특별한 지적 능력을 지닌다. 그러므로 그런 마음을 가진 인간을 뇌 연구로 접근하려는 모든 시도는 한계가 있다고 가정된다.

그런 통속적 믿음은 현대 과학과 부합하기 어렵다. 그러므로 현대 진화론을 고려하고 현대 물리학을 고려해보면, 우리는 다음과 같이 의심하게 된다. 영혼 혹은 마음은 무엇으로 존재할까? 그것은 무슨 원자로 구성되었으며, 어떤 에너지로 움직이는 것일까? 이 세계에 실제로 존재하는 것들은 물질과 에너지로 말할 수 있어야 한다. 그리고 진화적으로 어느 순간 우리 인간만이 그러한 능력을 지니게 되었을까? 진화론을 고려할 때, 인간만이 어느 순간 특별한 영적 능력을 지닐 수 있었는가?

그러나 이런 물음을 고려하지 않는 연구자들도 있다. 그들의 어린 시절부터 구축된 통속적 믿음에 대한 신뢰는 뇌에 각인되어 자신의 사고를 지배하기 때문이다. 뇌과학을 공부하는 학자들조차, 심지어 유전자와 분자생물학(세포생물학)을 연구하는 학자임에도, 그들은 영혼과 마음의 존재에 대한 확신에서, 어떻게 영혼이 없다고 믿을 수 있느냐고 반문하기도 한다.

프래그머티즘 철학자들이 지적했듯이, 우리의 여러 믿음은 서로 연결되어, 마치 그러한 믿음이 공고한 지식인 것처럼 신뢰의 그물망을 형성한다. 그러므로 누군가는 현재 믿는 어떤 믿음이 상실되면, 다른 많은 믿음도 동시에 상실될 것처럼 염려할 수도 있다. 영혼의 존재가 부정된다면 삶의 의미도 사라질 것이라고, 그리고 마음의 존재가 부정되면 인간적 의미마저 상실할 것만 같다고 염려할 수 있다.

우리는 그러한 믿음에서 전혀 빠져나올 수 없는가? 앞으로 이야기하겠지만, 현대 뇌과학과 인공신경망 인공지능의 연구에 근거해서, 그렇지 않다고 말할 수 있다. 지금까지 스스로 신뢰하던 여러 관련 믿음이 바뀌면, 그것과 연관된 여러 믿음이 함께 부정되기도 하겠지만, 뇌 신경망은 자기-조직화 시스템(self-organizing system)으로서 새로운 믿음 체계를 스스로 재구조화한다. 그러한 발견을 통해서, 우리 뇌는 이전보다 더 신뢰할 만한, 더 유용한 믿음 체계를 구축해낸다.

그런 믿음 체계의 개혁 혹은 창의성 발휘하기를 인류가 가장 잘 해왔던 분야가 바로 과학과 철학이다. 철학은 지금까지 굳건하게 믿었던 기초 개념 및 이론(혹은 가정)에 대해 의심하라고 가르친다. 그것은 비판적 사고 1에 이어서 나오는, 비판적 사고 2의 궁극적 질문하기이다. 그것을 가장 강조했던 철학자로 데카르트를 꼽을 수 있다. 그는 어떤 확신에 대해서도, 심지어 내가 지금 존재한다는 믿음조차도 의심해보았다. 서양 학문의 전통에서 선구적 과학자들은 철학을 공부하고, 비판적 사고를 훈련받았다. 비판적 태도에서, 용기를 발휘했던 과학자들은 자신들의 기초 가정을 의심하고, 누구나 믿었던 가정을 흔들어서, 새로운 개념을 획득하는 창의력을 발휘해 왔다. 앞에서 그러한 대표적 과학자로 뉴턴과 아인슈타인, 하이젠베르크 등을 살펴보았다.

과학자가 새로운 과학의 문을 열려면, 자신의 통속적 믿음을 과감히 의심하는 혁신을 시도해야 한다. 지금까지 믿는 부분이 새로운 과학적 믿음과 부합하는지(통섭하는지, 즉 서로 섞여 잘 혼합되어 하나의 원리로 통일되는지)를 의심해봐야 한다. 다시 말해서, 새롭게 밝혀지는 과학적 믿음이 통속적 또는 세속적 믿음 혹은 지금까지 믿었던 것과 논리적으로 일관성이 있는지 비판적 사고를 시도해야 한다. 그러한 사고의 혁신을 위해 배경 믿음에 변화가 필요하며, 따라서 뇌과학의 발달사를 살펴볼 필요가 있다. 그러한 역사적 검토는 지금 공적으로 신뢰하는 배경 믿음이 무엇인지를 돌아보는 일이다. 또한, 그것은 폰 노이만이 구상했던 병렬처리 계산기의 발달을 이해하기 위해서는 물론, 인공지능을 이용하는 제4차 산업혁명이 세상을 얼마나 바꿔놓을 것인지를 이해하기 위해서도 필요하다. 최종으로 그것은 인간 자체가 무엇인지를 이해하기 위해서, 그리고 전통 철학의 주제가 오늘날 어떻게 바뀌어야 하는지를 이해하기 위해서도 필요하다.

* * *

신경과학의 역사를 서술하는 여러 책들이 있지만, 특별히 신경과학을 철학적으로 검토하려는 의도에서 살펴보는 신경과학의 역사는 패트리샤 처칠랜드의 저서 『뇌과학과 철학(*Neurophilosophy*)』(1986)[11])에 간략하면서도 핵심적으로 잘 정리되어 있다. 그 내용에 따르면, 기원전부터 고대 그리스에서 신경계에 대한 해부학적 탐색이 있었다. 갈레노스(Galen, 129-200)는 의사이며 해부학자였다. 그는 두뇌로부터 신체 근육으로 연결된 희뿌연 연결선이 왠지 중요하다고 생각했다. 그 연결선이 바로 신경 축삭(axon) 다발이다. 그렇지만 그는 당시의 통속적 믿음을 가졌으므로, 그 믿음의 배경에서, 그 연결선이 두뇌의 혼백 또는 심령을 근육으로 전달하고, 그 결과 근육을 부풀게 하면 신체의 동작이 일어난다고 가정했다. 갈레노스의 이런 주장은 19세기까지 유럽에서 정설로 인정받았다. 그런데 이런 가정은 사실 유물론적이다. 당시의 통속적 믿음과 그의 가설적 설명은 서로 부합하지 않는 측면이 있다. 근육을 부풀게 하려면 그 혼백 또는 심령은 물질이어야 하기 때문이다. 이러한 그의 생각은 데카르트에게도 영향을 주었다.

데카르트(René Descartes, 1596-1650)는 당시 스스로 정확히 작동하는 시계에 감탄하여, 세계가 마치 자체의 법칙에 따라 작동하는 장치와 같다고 가정하였다. 나아가서 그는 눈 깜박임과 같은 동작이 무의식적으로 일어난다는 점에서, 그런 동작은 영혼의 의지와 상관없는, 생기(vital spirit)에 의해 일어나는 것으로 가정했다. 이러한 그의 가정은 그가 인간을 기계적이며 물질적인 존재로 이해했음을 보여준다. 그런데도 그는 인간이 정신적(이성적) 존재임을 강조하였다. 그럼으로써 그는 대표적 이원론자로 평가받는다. 그렇지만 다른 학설에 따르면, 그는 종교와 마찰을 일으키고 싶지 않아서 자신의 일원론 신념을 내세우지 못했다.

2권 7장에서 이야기했듯이, 그는 자신의 저술 『철학의 원리』(1644)에서, 세계를 신의 의지에 의해서가 아니라, 과학적으로 설명하고 싶어 하였다. 그는 "신성로마제국의 고귀하신 엘리자베스 공주님께 바친다."라는 장황한 찬사와 함께 그 저술을 씀으로써, 당시의 종교적, 정치적 상황에서 어려움을 회피하려 하였다. 갈릴레이 이후 과학이 종교적 간섭을 받았던 사건이 더 있었는가? 1748년 라메트리(Julien Offray de La Mettrie)는 저서 《기계인간(L'Homme machine)》에서 인간과 동물 사이에 근본적 차이가 없다고 주장하였다가 유럽에서 추방되었다.

그러한 시대적 상황에서도, 네덜란드의 생물학자 얀 슈밤메르담(Jan Swammerdam, 1637-1680)은 근육을 수축시키기 위해 영혼이나 심령 같은 것이 필요하지 않다는 것을 보여주는 절묘한 장치를 만들어 실험하였다. 그는 유리관에 근육에 붙어 있는 신경을 넣고, 근육을 자극하여 실제로 근육의 부피가 증가하는지 확인하였다. 그 실험에서 그는 근육이 움직이더라도 부피의 변화가 없으며, 따라서 운동을 위해 심령이 필요 없다는 결론을 내렸다. 물론 그 저술은 그의 사후인 1738년에 출판되었다.

1822년 마장디(François Magendie, 1783-1855)는 동물 해부학 연구를 통해서 인간과 동물 사이에 근본적 차이가 없다는 증거 하나를 내놓았다. 그것은 물고기에서부터, 다른 동물은 물론 인간에게까지 척수의 신경 연결 구조가 동일하다는 관찰이다. 신체의 감각에서 척수로 들어오는 말초신경은 배측(dorsal, 등쪽)으로 연결되고, 척수에서 근육으로 연결되는 운동신경은 복측(ventral, 복부쪽)으로 연결된다.

1850년 헬름홀츠(Hermann von Helmholtz, 1821-1894)는 칸트 철학, 의학, 그리고 물리학을 공부하였고, 그러한 배경에서 우리가 귓속 달팽이관을 통해서 어떻게 다양한 소리를 느낄 수 있는지를 생리학적으로 처음 밝혀내었다. 그는 절묘한 장치를 이용해서 신경 신호의 전달 속도를 실험으로 측정하였으며, 그가 확인했던 신경신호의 전달 속도는 27m/sec이었다. 그가 밝힌 이런 실험은 우리의 신체 동작이 비물리적 영혼이 아니라 물리적 작용에 의한 것임을 보여준다.[12]

1943년 에밀 뒤 부아 레몽(Emil du Bois-Reymond, 1818-1896)은 이러한 신경신호의 전달이 사실상 전기적 현상이며, 신경을 따라 전기적 파동이 전달된다고 밝혔다. 그러한 신호 전달을 일으키는 신경세포가 있다는 것은 1837년 푸르키니에(Jan Evangelista Purkinje)에 의해서 처음 현미경으로 관찰되었다. 이러한 연구는 세포 염색 기술과 현미경 기술의 발달로 인해서 가능했다. 1906년 셰링턴(C. S. Sherrington, 1857-1952)은 그의 저서 《신경계의 통합적 활동(The Integrative Action of the Nervous System)》에서 신경세포들 사이에 신호가 전달되는 부분을 처음 '시냅스(synapse)'라고 불렀다. 이후로 신경세포가 어떤 구조를 가지며, 어떻게 작동하여 신호를 발생시키고, 전달하는지는 주로 오징어의 신경세포에 대한 실험적 관찰을 통해 이루어졌다. 오징어 신경세포 축삭이 굵어서 미세전극을 삽입할 수 있었기 때문이었다.

* * *

많은 연구자의 노력으로 신경세포 즉 뉴런(neuron)의 기본 구조와 기능이 밝혀졌다. [그림 4-7]과 같이, 뉴런은 몸체 즉 세포체(cell body)를 중심으로 나뭇가지 모양의 수상돌기(dendrites)와 축삭(axons)이 뻗어 나온 모습을 하고 있다. 일반적으로 뉴런은 수상돌기의 시냅스로 입력 신호를 전달받아, 그 신호를 변화시켜, 축삭을 통해 다른 뉴런으로 출력 신호를 전달한다. 그림에서 보여주듯이, 축삭은 수초 모양, 즉 마디 모양을 보여준다. 그 마디는 신경세포의 신호 전달 속도를 높여주면서도, 에너지를 절약하게 하는 기능도 한다. 그렇지만 그것의 더 중요한 기능은, 다른 뉴런의 축삭들과 접촉을 막아 신호 전달의 오류를 막아주는 전선의 피복 같은 절연 작용이다.

신경세포의 신호 처리는 밀리초(millisecond, 10^{-3}초) 수준이지만, 현대 반도체로 제작되는 실리콘 칩(silicon chip)의 신호 처리는 나노초(nanosecond, 10^{-9}초) 수준이다. 그렇지만 뇌는 사물을 인지하는 일상 지각인지에서 100-200밀리초 이내에 마칠 수 있다. 이러한 빠른 처리 속도는, 폰 노이만이 말했듯이, 신경계가 그런 일을 병렬적으로 처리하기 때문이다. 신경세포의 신호 처리 속도에 비추어 볼 때, 뇌가 사물을 지각하기 위한 단계는 100단계를 넘지 않는

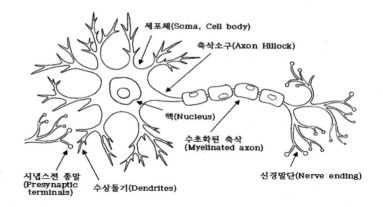

세포체(Soma, Cell body)

축삭소구(Axon Hillock)

핵(Nucleus)

수초화된 축삭
(Myelinated axon)

시냅스전 종말
(Presynaptic
terminals)

수상돌기(Dendrites)

신경말단(Nerve ending)

[그림 4-7] 신경세포 즉 뉴런의 기본 구조를 보여주는 도식적 그림. 다른 세포로부터 전달되는 입력 신호는 시냅스전 종말에서 수상돌기를 통해 전달받고, 그 정보의 총량에 따라서 축삭소구에서 격발이 일어날 수 있다.

다고 가정될 수 있다. 이런 이야기는 뒤에서 알아보겠지만, 딥러닝의 신경망으로 작동되는 미래의 인공지능을 설계할 경우, 100단계 이상 많은 단계를 고려할 필요가 없음을 의미한다. 그것은 순차처리로 1만-1백만 단계로 처리해야 할 일을 병렬처리 신경망이 100단계 이내에서 처리한다고 가정되기 때문이다.

동물이 신경계라는 자연 계산기를 통해 어떻게 활동하는지 아주 간략히 이야기해보자. 동물의 시각, 청각, 또는 촉각 등의 말초신경 감각세포에 의해 신호가 발생하면, 그 감각 신호는 구심성 뉴런을 통해 뇌로 전달되고, 그 신호를 뇌의 중추신경계가 변화시킨 후, 원심성 뉴런을 통해 근육으로 전달되어 신체 동작이 일어난다. 이런 작용만으로 보면, 신경계는 입력 신호를 받아서, 계산 처리한 후, 출력으로 신호를 내보낸다는 측면에서, 범용 컴퓨터와 매우 유사해

보일 수 있다. 그렇지만 신경계는 범용 컴퓨터처럼 보조기억장치와 중앙처리장치를 별도로 갖지 않는다. 그러므로 뇌와 컴퓨터 사이에 아주 다른 구조적 차이가 있으며, 따라서 기능적 차이도 있다.

그렇다면 우리는 자기 행동 조절을 어떻게 하는가? [그림 4-8]과 같이 따뜻한 냄비를 손으로 잡을 경우, 그 감각 신호는 구심성 뉴런을 통해 척수로 전달된다. 그런데 만약 무심코 만진 냄비가 매우 뜨겁다면, 척수의 신경은 반사작용으로 그 냄비를 놓으라는 명령을 근육으로 보낼 수 있다. 물론, 그 결과 냄비의 내용물이 바닥에 쏟아질 것이다. 그렇지만 냄비를 들기 전 그것이 뜨거울 것이라고 예상했다면, 그리고 그에 따른 행동의 결과를 의식한다면, 뇌는 척수의 반사작용을 적극적으로 억제하여, 안전하게 냄비를 옮겨놓도록 행동을 조절한다. 그러한 신경계 작용의 기본 구성요소는 뉴런이다. 뉴런은 어떻게 작동하는가?

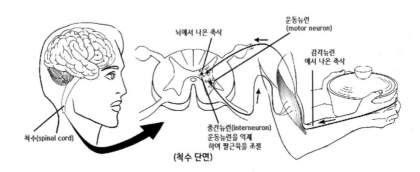

[그림 4-8] 손의 감각 수용기에서 들어오는 신호는 말초신경계의 구심성 뉴런을 통해 척수로 전달되며, 척수의 신호는 다시 뇌의 중추신경계로 전달된다. 중추신경계에서 처리된 신호는 다시 척수로 보내진 후, 원심성 뉴런을 통해 근육으로 전달되어 팔 동작을 일으킨다.

인류는 아직 뉴런 하나의 작용을 완벽히 알지 못한다고 1950년 대 폰 노이만이 했던 그 이야기는 지금까지도 유효하다. 다만, 지금 까지 인류가 뉴런에 관해 알아낸 것만으로도 우리는 많은 이야기를 해볼 수 있다. [그림 4-9] (a)와 같이 뉴런의 세포막(membrane)의 내부와 외부의 전압 차이는 약 −70밀리볼트(mv)이다. 이 전압 차 이는 (b)에서 보여주듯이, 축삭 세포막의 내부와 외부의 이온 농도 의 차이 때문에 발생한다. [그림 4-7]에서 보여주듯이, 시냅스전 종 말에서 들어오는 신경전달물질로 인해서 축삭소구의 세포막에서 세포 외부의 이온을 내부로 들여보내는 변화가 일단 시작되면, 그 변화는 인근 세포막 이온 통로를 열어 이온이 내부로 들어오도록 허락한다. 그런 이온 통로의 개방은 축삭을 따라 연이어 열리고, 그 에 따라서 세포막 전위차의 변화, 즉 펄스(pulse) 신호가 세포막을

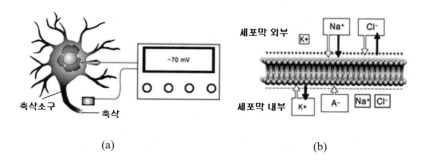

(a)   (b)

[그림 4-9] (a) 뉴런 세포막의 내부에 미세전극을 넣고 외부와 전압 차이를 측정 하면, 대략 −70mv의 전압 차이가 측정된다. (b) 뉴런 세포막의 외부에 많은 이 온(Na$^+$, Cl$^-$)과 내부에 많은 이온(A$^-$)을 보여준다. 이러한 이온 농도의 차이로 세포막 전위가 발생하고, 세포막 외부의 Na$^+$ 이온을 안으로 유입하는 계기가 축 삭소구에서 만들어지면, 그 유입의 연쇄반응으로 펄스 신호가 축삭을 따라 퍼져 나가, 시냅스 끝까지 전달된다.

따라 연이어 발생한다. 그런 방식으로 축삭소구에서 발생한 펄스 신호 즉 극파(pike waves)는 축삭의 세포막을 따라서 전달된다. 그리고 그 극파 신호는, [그림 4-9]에서 볼 수 있듯이, 원심성 뉴런의 축삭이 닿은 근육을 자극하여 운동이 일어난다.

이러한 현대 신경과학의 설명은 인간을 포함하여 동물의 신체운동을 설명하기 위해 어떤 영혼이나 마음의 작용도 끌어들이지 않는다. 그리고 신경계의 작용을 이해하는 것만으로도, 우리는 신체에 대해 많은 다른 것을 이해할 수 있다. 신체가 작동하기 위해 뇌의 작용이 원활해야 하며, 그러자면 이온 채널의 원활한 작용을 위해 물이 중요하고, 또 소금(NaCl)도 중요하다는 것을 알아볼 수 있다. 더운 여름에 심한 운동으로 땀을 많이 흘려 신체에서 소금 즉 염화나트륨을 많이 배출하게 되면 정신을 잃고 쓰러지는 이유와 그것을 예방하기 위해 적절한 소금 섭취가 필요한 이유를 우리는 과학적으로 이해할 수 있다. 어떠한 사고로 뇌가 일시적으로 멈추어 호흡이 멈추는 경우에 인공호흡이 필요한 이유, 그리고 심장이 일시적으로 멈추었을 때 인공 심장박동기를 이용해서라도 심장을 작동시켜야 하는 이유도 이해할 수 있다. 뇌의 명령이 신체로 전달되지 못하면, 일시적으로 폐와 심장의 근육이 멈추어 혈액순환과 호흡이 멈출 수 있기 때문이다. 이런 작용을 설명하기 위해 결코 영혼이나 심령 또는 신조차 필요치 않다. 어느 뇌과학 연구자는 학회 후 내게 이렇게 물은 적이 있다. 어떻게 신과 영혼의 존재를 부정할 수 있느냐고. 그렇지만 그 학자도 만약 자신의 심장이 멈추는 경우가 온다면, 스스로 영혼의 의지로 심장을 다시 움직일 것이라는 믿음에서, 심장박동기와 인공호흡기 사용이 필요치 않으니 그냥 놔두라고 주변 사람들에게 당부하지는 않을 것 같다.

뉴런들 사이의 정보 전달은 뉴런들 사이의 간극 즉 시냅스를 통해 이루어진다. (여기에서 시냅스의 종류에 관한 이야기는 생략한다.) 시냅스에서 신경전달물질을 전달하여 신호를 보내는 모습은 전자현미경으로 관찰할 수 있을 정도로 미세한 세계이다. [그림 4-10]에서 볼 수 있듯이, 축삭의 시냅스전 세포막에서 신경전달물질이 소포에 담겨 이동되어, 시냅스 간격에서 분출된다. 그러면 시냅스후 세포막에서 그 신경전달물질을 흡수하여 신호가 전달된다.

이러한 신경전달물질을 통한 신호 전달 과정에서 시냅스에 변화가 일어난다. 그 시냅스 변화는 그 시냅스를 가진 뉴런이 다음 펄스를 발생시키기 더 쉽도록 변화를 주고, 그 변화는 정보의 저장 효과로 나타난다. 그런 방식으로 우리의 기억이 일어난다. 그뿐 아

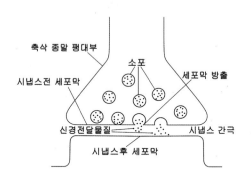

[그림 4-10] 뉴런 시냅스에서 신경전달물질의 교환을 보여주는 도식적 그림. 뉴런의 시냅스전 말단, 즉 축삭 종말 팽대부에서 신경전달물질이 소포에 담겨 이동되고, 세포막을 통해 방출된다. 신경전달물질은 뉴런의 시냅스후 세포막을 통해 다음 뉴런으로 흡수된다. (Patricia Churchland, 1986, 104쪽)

니라, 신경전달물질은 축삭을 유도하여, 다른 뉴런으로 새로운 시냅스를 만들어, 새로운 정보 저장을 유발할 수도 있다.

시냅스의 변화를 연구하여 2000년 노벨 생리학상을 수상한 에릭 캔델(Eric R. Kandel)은 자신의 저서 『기억을 찾아서(*In Search of Memory: The Emergence of a New Science of Mind*)』(2006)에서 스스로에 대해 이렇게 말한다. 그는 1929년 오스트리아 빈에서 출생했고, 그의 가족은 1938년 유대인이라는 이유로 독일과 연합했던 오스트리아 군인에 의해 납치되었다가 풀려났다. 그 사건 때문에 가족은 다음 해 뉴욕의 조부모 집으로 이주하였고, 삶을 유지할 수 있었다. 그는 역사와 문학을 공부하고, 의학과 생물학을 공부했다. 그는 당시의 철학, 심리학, 정신분석학 등의 연구로부터 정신에 관한 통찰을 얻을 수 없다고 생각하였고, 그래서 의학과 생물학을 공부하기로 하였다. 그에게 노벨상을 안겨준 그의 대단한 성과는 달팽이의 학습에 관한 연구이다.

껍데기 없는 바다달팽이, 아플리시아 캘리포니카(Aplysia californica)는 더듬이나 아가미의 흡수관에 주사기 바늘로 물을 쏘아주는 가벼운 외부 자극에 수축하는 반응을 보인다. 그런데 그 자극을 반복하면, 그 달팽이는 그 자극에도 흡수관을 수축하지 않는 변화를 보여준다. 그 자극에 습성화(habituation)되기 때문이다. 반면에 주사기 바늘로 꼬리를 찌르는 강한 외부 자극에 민감화(sensitization)된다. 일단 이런 민감화가 일어나면 아주 미세한 자극에도 꼬리를 수축하는 행동 변화를 보여준다. 이러한 변화는 뉴런들 사이의 시냅스에 신경전달물질인 Ca^{++}이온 분출 양의 변화 때문이다. (그 연구의 복잡한 내용은 여기에서 생략한다.) 이러한 실험적 연구는 과거 파블로프의 개 실험을 통해 연구되었던 '고전적 조건화

(classical conditioning)'를 생리적 수준에서 설명해준다.13) 반복된 자극으로 시냅스 활동이 강화되면, 학습 효과가 행동 변화로도 나타난다는 것이 이제 시냅스의 생리적 변화로 설명되었다.14)

이렇게 동물에게 일어나는 시냅스의 변화 역량은 뉴런의 '가소성(plasticity)'이라고 불린다. 뉴런의 가소성은 시냅스의 연결 강도의 변화는 물론, 새로운 축삭을 뻗어 다른 뉴런과 새로운 시냅스를 형성하는 것도 포함한다. 가소성을 통해 신경계는 이전과 다른 신호 처리 패턴을 자체의 연결망에 저장할 수 있고, 그것으로 이전과 다르게 행동을 조절할 수 있다. 이렇게 시냅스의 연결이 긴밀해지는 것을 '강화학습'이라고 부른다. 강화학습은 인공신경망 AI의 설계에 도입된 학습 원리이다.

* * *

누군가는 달팽이 수준의 학습이 인간 학습의 경우에도 적용되는지 질문할 수 있다. 그런데 정말로 군소가 사용하는 신경전달물질 Ca^{++}이온을 인간도 같이 사용한다. 다만 인간은 복잡한 사회를 살아가도록 상당히 진화된 고등동물인 만큼, 훨씬 더 복잡한 계산 처리를 위한 더 많은 종류의 신경전달물질이 있을 뿐이다. 인간은 11개의 신경전달물질을 사용하는 것으로 최근까지 알려졌다. 기본적으로 신경전달물질은 흥분성과 억제성으로 나뉜다. 뉴런들 사이의 연결을 통해 전달된 신경전달물질이 그것을 받음으로써, 극파를 발생하도록 작용하는 흥분성과, 극파 발생을 줄이는 억제성이 있다. 그런 작용을 통해서 신경 연결망에서 신호의 통합이 복잡하게 이루어진다.

많은 종류의 신경전달물질은 뇌에 다양한 작용을 일으킨다. 여러 신경전달물질 중 '도파민'은 일반적으로 우리의 기분을 좋게 하는 물질로 잘 알려져 있다. 음식을 배불리 먹을 경우, 그리고 초콜릿 같은 단맛에도, 뇌는 도파민을 분출하여 우리 기분을 좋게 만들어 준다. 이렇게 신경전달물질은 우리의 여러 기분을 바꿔주는 역할을 한다. 이따금 우리는 좌절감, 불안감을 느끼며, 또 때로는 안정되고 편안한 느낌을 갖기도 한다. 이런 모든 정서적 작용에 신경전달물질이 관여한다. 심지어 남녀 사이의 사랑하는 느낌은 물론, 부모가 자식에게 애착을 형성할 경우, 옥시토신이란 신경전달물질이 관여한다. 그리고 억제성 신경전달물질인 세로토닌의 부족은 우울증과 깊은 관련이 있는 것도 밝혀졌으며, 신경증 치료에 활용되기 위한 다양한 신경 이완제 약물이 개발되고 있다. 신경전달물질 연구가 진행됨에 따라서 다양한 정신적 감정 및 질환에 대해 더 많이 이해할 수 있을 것이다.

여기에서 신경전달물질과 관련하여 복잡한 이야기를 할 필요는 없겠지만, 성호르몬에 관한 이야기만은 지나칠 수 없다. 일반적으로 잘 알려져 있듯이, 포유류의 수컷과 암컷은 각각 다른 성호르몬 분출 기관으로 고환과 난소를 가진다. 그런데 그런 호르몬은 동물의 성장 초기에 각자의 성에 알맞도록 신체적으로, 그리고 신경계 발달에 영향을 미친다. 수컷과 암컷의 적절한 행동이 무엇인지 종마다 달라서 엄밀히 말하기 어렵지만, 일반적으로 성호르몬은 성적으로 구분되는 행동을 하도록 신경계 발달에 영향을 미친다. 배아의 성 결정의 시기(임신 3-4개월)에 남자 배아의 고환에서 나오는 남성 호르몬, 테스토스테론은 그 아이의 뇌를 남성화시킨다. 일반적으로 남성은 시각 관련 뇌 영역이 더 발달하며, 여성은 청각 관련 뇌 영역이 더 발달한다. 그 결과 남성은 시각 자극에 더 민감하며, 공간 지각 능력에서 더 뛰어나다. 반면에 여성은 청각 자극에 더 민감하며, 더 일찍 언어 능력을 발휘하고, 외국어 습득 능력에서 뛰어나다. 물론 이런 이야기는 어디까지나 일반적인 이야기이며, 개별적으로 그런 능력은 아주 다양하게 나타난다.

그런데 아직 알지 못하는 어떤 작용으로, 혹은 추정되는 여러 오류로, 남자 어린아이의 뇌가 남성화되지 못할 수 있다. 그리고 성 결정 시기 이후 성호르몬의 인위적 주입으로 그것이 개선되지 못한다. 그렇다는 것이 쥐를 이용한 실험에서 확인되었다. 쥐의 성 결정 시기는 임신 후 수일이다. 유전자적으로 명확히 수컷, 즉 XY 염색체를 가짐에도, 성 결정 시기에 호르몬에 인위적 변화를 주면, 그 쥐는 성체가 되어서 수컷다운 짝짓기 행동을 보이지 않는다. 정말로 유전적 성과 뇌의 성은 별개이다. 이런 최근의 신경과학 연구에 근거해서, 성소수자에 대한 사회적 인식이 바뀌어야 한다는 인식의 변화가 일어나고 있다. 뇌의 성적 결정이 성소수자 본인의 잘못이 아니며, 따라서 책임이 있지도 않으며, 그리고 스스로 어떻게 해볼 방법도 없기 때문이다. 이러한 뇌과학의 이해는 현재 사회적으로 충돌하는 현안에 대해 새로운 지혜를 제공해준다.

■ 뇌의 구조

동물의 신체 성장을 살펴보면, 자신의 유전자 정보에 기초하여, 배아세포가 분열하여 만들어지며, 뇌를 구성하는 뉴런 역시 세포분열을 통해 만들어진다. 인간을 포함한 포유동물은 모두 난자와 정자가 만난 배아세포로부터 세포분열을 통해 세포 수를 늘려나간다.

뇌의 구조와 기능을 이해하기 위해 그 발달 과정을 알아보자.

인간의 경우, 임신 후 2주가 지나면 신경판(neural plate)이 만들어지고, 3주가 지나면 가운데가 오목하게 들어가는 신경홈(neural groove)이 만들어지며, 그 홈이 옆의 조직들에 의해 덮여 말리면서 신경관(neural tube)이 만들어진다. 이후에도 배아세포는 계속 분열하여 세포 수를 늘려나간다. 그 과정에서 신경관은 척수(spinal cord)로 발달하며, 신경관의 앞쪽은 세포 수를 더욱 늘려가면서 다양한 뇌 부분의 조직구조를 차례로 만든다.

뇌 부위의 발생 과정에 따라서, '뒤쪽 뇌'라는 의미의 '후뇌(hindbrain)', '가운데 뇌'라는 의미의 '중뇌(midbrain)', '앞쪽 뇌'라는 의미의 '전뇌(forebrain)'가 만들어진다. 임신 6개월에 이르면 전뇌가 더욱 발달하고, 그 앞쪽에서 더 분열된 세포들은 다른 뇌 전체를 위에서 덮어버린다. 그것이 대뇌(cerebrum)이다. 대뇌는 진화적으로 가장 최근 발생했다는 의미에서 '신피질(neocortex)'이라 불리기도 한다.

동물 종마다 뇌 부위의 크기가 서로 다르며, 인간의 대뇌피질(cerebral cortex)은 특별히 크게 발달하여 뇌 전체를 덮고 남을 정도라서, 좁은 뇌 공간에 들어가도록 주름으로 접힌다. 대뇌피질을 펼치면 그 넓이는 대략 신문 한 쪽을 펼친 정도이다. 뇌의 무게는 신체 전체에서 대략 2퍼센트이지만, 휴식 중 뇌는 신체 전체가 소모하는 산소량의 약 20퍼센트를 사용한다. 이것으로 우리는 뇌가 그만큼 많은 에너지를 소모한다고 추정할 수 있다.

뇌 부위를 지칭하는 언어를 알아보자. 전체적으로 뇌의 앞쪽을 '전(anterior)', 뒤쪽을 '후(posterior)', 복부 쪽을 '복(ventral)', 등쪽을 '배(dorsal)', 안쪽을 '내(interior)', 외부를 '외(lateral)'라고 한다.

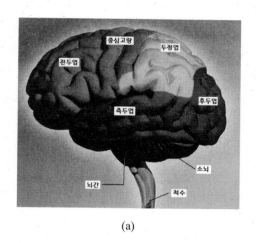

(a)

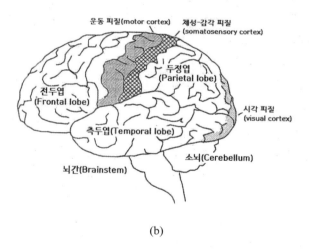

(b)

[그림 4-11] 큰 고랑과 이랑에 의한 뇌의 주요 구분. (a)는 조장희·김영보 (2018, 48쪽), (b)는 Paul Churchland(1996e, p.129)에서 가져왔다.

[그림 4-11]과 같이, 대뇌피질의 중간쯤 위에서 아래로 큰 주름이 전체를 앞뒤로 나누는 것처럼 보이는데, 그것이 '중심고랑(central sulcus)'이다. 그것을 중심으로 앞쪽은 '전두엽(frontal lobe)', 뒤쪽은 '두정엽(parietal lobe)', 다시 그 뒤쪽은 '후두엽(occipital lobe)', 그리고 뒤쪽에서 옆으로 덮는 부분은 '측두엽(temporal lobe)'으로 구분된다. 이런 구분에 따라서, '전두엽 복측' 혹은 '복측 전두엽'이라고 말하면, 그것은 전두엽의 아래쪽을 가리킨다. 이 부위는 감성 조절에 중요한 영역으로 알려져 있다. 또한 전두엽의 가장 앞쪽은 '전전두엽(prefrontal lobe)'이라 불리며, 그곳은 최종 의사결정이 이루어지는 영역으로 알려져 있다.

[그림 4-12]에서 보여주듯이, 대뇌피질은 많은 주름으로 형성되어 있고, 그 주름은 뇌 내부에까지 들어간다. 따라서 대뇌피질은 외부에 보이는 부분만을 가리키지 않으며, 그 내부의 주름도 포함한다. 대뇌피질에서 회색 부분은 뉴런이 밀집된 피질이며, 검게 표시된 부분은 피질들 사이를 연결하는 축삭이 들어찬 부분이다. 대뇌피질의 아래 중앙의 뇌량(calpus callosum)은 좌뇌 반구와 우뇌 반구를 연결한다. 시상(thalamus)은 마치 계란 모양으로 좌우 반구에 각각 있으며, 뇌의 중심 역할을 담당한다. 시각 및 청각의 감각 정보는 모두 시상을 거친 후, 후두엽과 측두엽으로 각각 연결된다.

시상으로부터 대뇌피질로 광범위하게 연결되는 순환 회로가 있으며, 이런 신경 연결은 의식과 중요한 관계가 있다고 밝혀지고 있다(24장에서 다시 논의됨). 마취제로 이용되는 프로포폴은 환자 뇌의 시상 활동을 멈추게 하여, 그 순환 회로의 작동을 멈추게 만들고, 결국 그 환자가 의식을 멈추게 만든다. 그 순환 회로는 인간 외 다른 포유류에도 발견된다. 이런 해부학적 정보에 비추어, 아마도

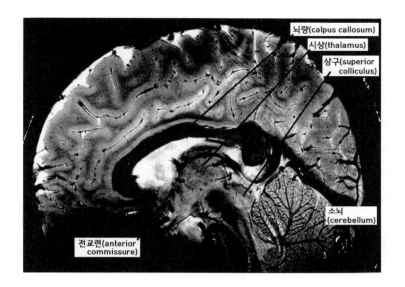

[그림 4-12] 인간 뇌의 수직 단면. 염색하여 백색질(white matter: myelin)은 검게 보이고, 회색질(gray matter: cell bodies)은 밝게 보인다. (조장희·김영보, 2018, 21쪽)

인간만이 의식을 가진다는 전통적 혹은 통속적 믿음은 부정될 수 있다. 그리고 의식은 과거 믿음처럼 있거나 없는 것이 아니라, 정도 혹은 수준의 차이로 고려될 필요가 있다. 즉, 그 순환 회로를 가지는 동물들 역시 어느 정도 의식을 가진다고 고려된다.

대뇌피질에 대해 조금 더 알아보자. 앞서 말했듯이, 피질은 약 1-2mm 두께의 얇은 막이며, 인간 대뇌피질의 1mm³ 공간에 뉴런의 수는 수천에 달한다. 고등동물인 인간의 뇌 크기가 모든 동물 중 가장 크지는 않지만, 뉴런의 크기를 줄여 좁은 공간에 많은 뉴런을 밀집시켜서 우수한 역량을 발휘할 수 있다. 마치 컴퓨터 소자가 진공관에서 고밀도 집적회로(VLSI)까지 소형화와 밀집화로 발전해온 것처럼, 진화도 우리 대뇌피질에 뉴런의 소형화와 밀집화를 만들었다. 대뇌피질은 어떤 역할을 담당하는가?

[그림 4-13] (a)는 대뇌피질의 층판 구조가 영역마다 다른 것을 무늬로 표시하고, 번호를 붙인 그림이다. 1번은 중심고랑이며, 2번은 체성감각 영역이고, 3번은 1차 운동 영역이다. 그 뒤로 5번과 7번 영역은 신체로부터 얻어지는 다양한 감각 정보가 통합되는 곳이다. 17번, 18번, 19번은 안구에서 오는 시각 정보를 처리하는 시각 영역이다. (b)는 대뇌피질의 서로 다른 조직구조를 보여주는 그림이다. 피질은 6층으로 구분되며, 뉴런들 사이에 수직과 수평 방향으로 신경 연결이 이루어져 있다. 이러한 피질의 수평 및 수직 연결 구조로 인해서, 수평으로 배열된 뉴런 집단은 특정 기능을 위한 정보를 저장하고, 병렬처리 계산을 실행한다.

피질이 이렇게 복잡한 구조를 가져야 하는 이유는 앞서 18장 [그림 4-5]의 원주와 관련해서 생각해볼 수 있다. 원주가 하나의 정보처리 및 기억의 기본 단위로서 역할을 해야 하는 이유를 생각해보자. 컴퓨터와 비교해서 말하자면, 폰 노이만 컴퓨터는 입력정보를 계산 처리하는 중앙처리장치를 가지며, 그 정보를 저장할 수 있는 보조기억장치를 가진다. 그렇지만 신경계의 기초 계산 요소는 그 모두를 자체에서 해결한다. 그러므로 신경계는 뉴런으로 구성된 원주를 통해, 그러한 두 가지 중요 기능을 할 수 있어야 했다. 위의 그림을 보면서 누군가는 다음과 같이 궁금해할 수 있다. 뇌의 영역마다 특정한 역할을 담당하는 영역이 결정되어 있는가? 어느 영역이 어떤 역할을 담당하는지에 관한, 신경과학 내에 어떤 연구가 있었는가?

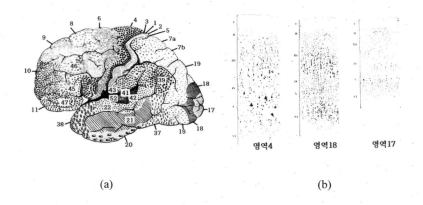

(a)   (b)

[그림 4-13] (a) 대뇌피질의 브로드만(Brodmann) 영역. 피질의 층판 구조가 같은 영역을 동일하게 표시하고 번호를 붙였다. (b) 피질의 영역마다 서로 다른 단면을 보여주는 그림. 브로드만 영역마다 6층판 구조가 서로 다른 것을 보여준다. (이원택·박경아, 1996, 721쪽, 718쪽)

　　뇌 연구가 지금까지 어려웠지만, 지금도 여전히 어려운 이유가 하나 더 있다. 그것은 인간을, 그것도 살아 있는 인간을 실험 대상으로 연구하는 것이 너무 어렵다는 점이다. 그래서 그것은 주로 자연발생적으로 뇌에 문제가 생기는 환자에 대한 관찰을 통해 연구될 수밖에 없다. 예를 들어, 뇌졸중으로 뇌의 일부 영역이 손상된 환자를 만나면, 그 환자가 어떤 능력을 상실했는지 관찰하고, 그 영역이 그 기능과 관련된다고 추정해보는 것이다. 연구자들이 손상된 뇌 영역 또는 부위와 뇌의 특정 기능을 관련시켜볼 수 있겠지만, 사실 그런 연구는 쉽지 않다. 과거에는 뇌를 열어서 손상된 부위를 확인하거나 손을 댈 수준의 의학이 아니었기 때문이다. 결국, 환자가 사망한 후, 손상된 뇌를 확인하고서야 비로소 그런 추정을 할 수 있었다. 그러자면 연구자들은 환자의 사망까지 기다려야만 했다. 실제로 그러한 연구들이 있었다.

1848년 미국인 피니어스 게이지(Phineas Gage, 1823-1860)는 철도 공사장의 감독관으로 일하던 중 사고로 뇌를 크게 다쳤다. 그는 바위를 깨기 위해 바위 구멍에 다이너마이트를 넣으려고, 철 막대를 구멍에 쑤셔 넣었다. 그러던 중 다이너마이트가 폭발하여 철 막대가 게이지의 얼굴 왼쪽 뺨에서 두개골 위쪽으로 뚫고 지나갔다. 그는 다행히 적절한 치료를 받아 목숨을 건질 수 있었지만, 뇌의 전두엽에 손상을 입었다. 그를 치료했던 의사 할로우(John Martyn Harlow, 1819-1907)는 게이지의 삶을 여러 해 동안 관찰하고, 보고서 기록을 남겼다. 그 기록에 따르면, 게이지는 사고 이후, 이전과 전혀 다른 사람으로 변했다. 친절하고 예의 바르던 그가 사소한 일에 화를 내고 욕을 하는 등 사회생활을 하기 어려운 사람이 되어버렸다. 결국 그는 어느 직장에서도 적응하기 어려워졌고, 어렵게 생활할 수밖에 없었다.

당시에는 게이지에게 그러한 변화가 왜 일어나는지 알 수 없었지만, 오늘날 뇌 연구로 상당히 이해된다. 그것은 안와전두엽(orbito-frontal lobe), 즉 눈 바로 위 전두엽 아래 대뇌피질은 감성 조절에 대단히 중요한 영역이며, 전두엽 배측(위쪽) 영역은 사회적 판단과 밀접한 관련이 있다고 밝혀졌기 때문이다. 게이지처럼 동일 뇌 부위에 손상을 입으면, 감성 조절 및 사회적 판단을 어렵게 만든다. 그러한 뇌과학 연구의 일반화에 따라서, 그의 사회적 부적응은 이제 상당히 설명되고 예측된다.

다른 연구로, 프랑스의 외과 의사이자 신경학자이고, 해부학자이며, 인류학자인 브로카(Paul Broca, 1824-1880)의 연구가 있다. 그

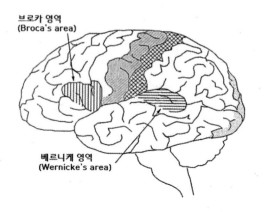

[그림 4-14] 브로카 영역과 베르니케 영역. (Paul Churchland, 1996e, p.133)

는 1861년 대뇌피질 좌측 전두엽에 언어 운동을 관장하는 영역이 있다는 것을 발견했다. 그는 우연히 언어를 듣고 이해함에도, 말하지 못하는 환자를 관찰할 기회가 있었다. 브로카는 그 환자 사망 후 부검에서 좌반구 제2와 제3의 전두뇌이랑(frontal convolutions)이 손상되었음을 확인했다(그림 4-14). 이후 22명의 유사한 환자를 관찰하고서, 1863년 오직 좌측 반구의 동일 영역의 손상이 언어 상실을 일으킨다고 발표했다. 그 영역은 '브로카 영역(Broca's area)'이라 불린다.

유사한 다른 연구로, 1874년 베르니케(Carl Wernicke, 1848-1905)에 의해 언어와 관련하여 특이한 다른 발견이 있었다. 그는 폴란드 출신의 독일 의사이며, 해부학자이고, 정신과 의사이자 신경 병리학자였다. 그가 발견한 환자는 유창하게 말을 하지만, 일관성이 없는 무의미한 단어를 주절대었다. 그 환자는 의사의 지시에 따라 행동하지 못하고, 자신이 느낀 것을 설명하지도 못했다. 심지어 자신이 어떤 증세인지를 의식하지도 못하는 것 같았다. 베르니케는 그 환자가 사망한 후 관찰을 통해, 좌측두엽의 첫째와 둘째 이랑 (temporal convolutions)이 언어 이해와 관련된다고 발표했다. 이후 뇌의 그 영역은 '베르니케 영역(Wernicke's area)'이라 불린다.

* * *

이렇게 뇌 손상 환자를 연구함으로써 뇌 연구는 조금씩 앞으로 나아갈 수 있었다. 특별히 살펴볼 만한 뇌 연구는 간질과 관련된 연구이다. 일부 간질 환자는 약으로 어떻게 할 수 없을 정도로 중증이며, 발작이 너무 자주 그리고 심하게 일어나 정상 생활을 도저히 할 수 없을 정도이다. 그런데 신경학자들에 의해서, 간질이 뇌의 특정 부위 피질에서 강한 활동이 일어나면 그것이 다른 영역으로 퍼져나간다는 것이 발견되었다. 그러자 그 확산을 막으면 간질을 멈추게 할 수 있다고 가정되었다. 그리고 좌뇌와 우뇌를 연결하는 부위로 뇌량과 그 앞뒤에 교련이 있다는 것도 이미 알려졌다. 이에 따라, 위험한 수술이지만 그 연결을 절단해보는 실험이 기획되었다.

그런 실험은 1940년대 반 바게넨(William van Wagenen)과 헤렌 (R. Yorke Herren)에 의해 처음 시술되었다. 그 시술이 실질적으로 간질 증세를 멈추게 하지는 못했다. 그들은 좌뇌와 우뇌의 연결선 모두를 절단하지 않았다. 다행히도 시술받은 환자는 생존에 이상이 없었다. 이후 1960년대에 조셉 보겐(Joseph Bogen)과 피터 보겔 (Peter Vogel)은 약 20명 정도의 환자들에게 좌뇌와 우뇌의 모든 연결을 단절시킴으로써 실질적 간질 치료 효과를 보았다. 그리고

1970년대 다트머스 의대(Dartmouth Medical School)의 도널드 윌슨(Donald Wilson)에 의해 같은 실험적 시술이 있었다.

어린 시절 내가 살던 마을 어느 집에서 아들의 간질 발작을 치료할 목적으로 무당을 불러 굿을 하는 것을 보았다. 키가 훤칠하고 미남으로 생긴 그 청년은 그런 병 증세로 아무 일도 할 수 없었고, 집 주변을 빈둥거리며 서성거렸다. 아마도 무당이 하는 이야기는 이랬을 것이다. "이 아이의 조상귀신이 아들을 괴롭히기 때문이다." 그런 이유로 그 무당은 굿으로 조상신을 위로해주고, 조상 묘소도 옮겨야 한다는 해결법을 제안했을 것이다. 과거 한국에서 불행한 일이 생기면, 무당이나 지관(묏자리를 보는 사람)은 흔히 그런 처방을 내놓곤 하였다. 이런 처방에도 영혼의 존재에 대한 믿음이 배경으로 등장한다.

그렇지만 이제 간질이 뇌의 어떤 작용으로 일어나는지 상당히 이해되고 있다. 그것은 앞의 [그림 4-5]의 피질 원주의 작용과 관련된다. 대뇌피질의 인근 여러 원주들은 상호작용한다. 어떤 원주가 활동하면, 그 주변 원주들이 그 활동을 억제한다. 이것은 '외측 억제(lateral inhibition)'라고 불린다. 그리고 그러한 피질의 조직구조는 '중심주변 조직화(center-surround organization)'라고 불린다.15) 만약 원주의 그러한 기능의 고장으로 특정 원주 활동이 멈추지 않게 된다면, 그 신호가 뇌의 다른 영역으로 확산하면서 발작을 유도한다. 이런 이해에서, 요즘엔 간질 치료 목적으로 그 원주 부위의 피질을 절제 혹은 레이저 수술로 제거하여, 비교적 간단히 치료하기도 한다. 또한 그런 원주 외측 억제 작용의 고장이 우울증과도 관련이 있다는 최근 연구도 있다.

아무튼, 간질과 관련된 이런 연구는 학자들이 다른 더 흥미로운 연구를 하는 계기가 되었다. 간질 치료를 위해 좌뇌와 우뇌를 단절하는 시술을 받은 환자는 '분리뇌(split brain) 환자'로 불린다. 분리뇌 환자의 경우 좌우 반구가 분리되어 좌뇌의 역할과 우뇌의 역할을 알아보는 실험이 가능하게 된다. 그런 실험은 1950년대 로널드 마이어스(Ronald Myers)와 로저 스페리(Roger Sperry)의 연구에서 이루어졌다. 그들은 예비 실험 연구로, 고양이의 좌뇌 반구에 특정 정보를 주고서, 그것을 우뇌 반구가 알지 못할 수 있다는 것을 확인했다. 그들은 이런 실험적 연구를 분리뇌 환자에게 적용시켜보았다. 그런 실험이 가능한 것은 포유류가 양안 시각 시스템(bi-ocular visual system)을 가지기 때문이다.

양안 시스템이란, [그림 4-15]에서 볼 수 있듯이, 한쪽 안구의 망막에 들어오는 정보가 좌반구와 우반구로 나뉘어 전달되는 것이다. 망막의 절반 왼쪽 정보는 좌반구로, 그리고 오른쪽 정보는 우반구로 전달된다. 그러므로 절묘한 장치를 통해서, 분리 뇌 환자의 망막 절반에 특정 장면을 보여주고, 그 장면에 대해 두 반구가 어떤 반응을 보이는지 확인해볼 수 있다. 분리뇌 환자는 좌반구와 우반구 사이의 정보 소통 경로가 단절되었기 때문이다. 이러한 실험은 '분리뇌 실험'으로 불린다. 그 실험 결과는 매우 흥미롭다.

분리뇌 환자의 좌반구에 닭발을 보여주고, 무엇을 보았는지 말하도록 하면, 그는 본 것을 올바르게 대답한다. 하지만 눈이 온 풍경을 우반구에 보여주는 경우, 그는 아무것도 보지 않았다고 대답한다. 앞서 살펴보았듯이, 브로카 영역과 베르니케 영역은 모두 좌반구에 있다. 그러므로 모든 대답은 좌반구에 의해 이루어진다. 그 결과, 좌반구에 들어온 정보에 대해 그 환자는 올바로 대답할 수 있었지만, 우반구에 들어온 정보에 대해서 보지 못했다고 대답할 수

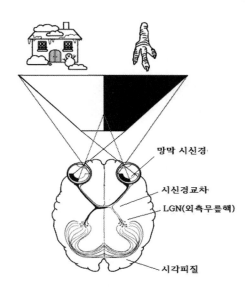

망막 시신경

시신경교차

LGN(외측무릎핵)

시각피질

[그림 4-15] 양안 시스템의 도식적 그림. 안구의 검은 부분인, 두 눈의 망막 왼쪽의 시각 정보는 대뇌 좌반구로 들어가며, 오른쪽 시각 정보는 우반구로 들어간다. 망막의 절반 한쪽에만 특정 정보를 보여주고, 뇌의 각 반구가 그것을 아는지 확인해볼 수 있다. (Gazzaniga and LeDoux, *The Integrated Mind*, New York: Plenum, 1978) (Patricia Churchland, 1986, 259쪽)

밖에 없다. 이번에는 실험을 조금 바꾸었다. 그 환자에게 본 것과 연관되는 그림을 손으로 가리키도록 요청하였더니, 좌반구에 지배되는 오른손은 닭발과 관련되는 닭머리 그림을 가리켰으며, 우반구에 지배되는 왼손은 눈 풍경과 관련되는 삽을 가리켰다. 연구자는 그 환자에게 왼손으로 삽을 가리킨 이유가 무엇이냐고 물었다. 그랬더니 그 환자는 닭장을 청소하려면 삽이 적당하다고 확신 있게 대답했다.

이 실험 연구에서 흥미로운 점은 두 가지이다. 한 가지는, 분리뇌 환자는 각기 다른 반구의 정보에 따라서 서로 다른 대답 혹은 행동을 한다는 점이다. 다른 한 가지는, 좌뇌가 알지 못하는 정보에 대해, 자체의 입장에서 합리화하는, 거짓으로 꾸며대는 대답을 보여준다는 점이다. 물론 환자는 스스로 거짓으로 지어낸 대답이라고 생각하지 않는다. 이 실험은 조금 더 확대 해석될 여지가 있다.

첫째, 분리뇌 환자의 뇌는 둘로 나뉘어 서로 다른 판단을 내린다는 점에서, 정신현상은 명확히 영혼에 의한 것이 아니라, 뇌에 의한 것이다. 그렇지 않다면, 분리뇌 환자는 영혼이 둘로 나뉘었다고 우리가 말해야 하는지 의심되기 때문이다. 하나의 영혼 또는 정신을 주장하는 이원론의 입장은 이런 실험에 대해 대답하기 어렵다. (이원론의 다양한 종류 및 그에 관한 논의는 처칠랜드의 『뇌과학과 철학』 7장, 8장, 9장을 보라.16))

둘째, 그 환자는 스스로 거짓말을 꾸며대는 것이 아니라고 믿는다는 측면에서, 인간의 뇌는 언제나 주어진 정보를 나름 합리화하는 습성을 갖는다. 그러므로 누군가의 생각에 변화가 일어나려면, 그 배경 믿음에 새로운 정보의 보충이 필요하다.

따라서 이원론의 지지자에게, 자신의 중요 믿음에 수정이 발생하거나 새롭고 많은 배경 지식의 보완이 없이, 그 중요 믿음을 바꾸게 하기 어려울 것이다. 그런 측면에서, 그들의 믿음이 수정되거나 변화되려면, 그들에게 무엇보다 필요한 것은 최근 뇌과학에 관한 많은 구체적 정보의 학습이다.

* * *

브로카와 베르니케의 연구에 따라서 뇌의 특정 영역이 특정 역할 혹은 기능을 담당하는 것은 뇌의 '전문화(specialization)'라고 불린다. 최근 살아 있는 사람의 뇌 영역 활동 수준을 측정할 수 있는 기능자기공명영상(fMRI) 장치가 개발되고 보급되었다. 그 영상 장치는 뇌를 스캔하는 속도가 빨라서, 뇌가 작동하는 순간의 특정 영역의 활동 정도를 영상으로 보여줄 수 있다. 따라서 뇌가 특정 기능을 수행하는 중 뇌의 어느 영역이 그 기능을 담당하는지, 혹은 그것과 관련되는지를 연구할 수 있게 되었다. 그리고 그런 방법으로 뇌의 전문화를 연구하는 유행이 1990년대에 (한국에서도) 일었다. 그렇지만 그런 영상 연구가 유용한 방법이긴 하지만, 그 장비의 해상도 문제로 우리의 기대만큼 세밀한 발견을 주지는 못하고 있으며, 뇌 연구가 얼마나 복잡하고 어려운지를 일깨워주었다.

이 시점에서 우리는 궁금해진다. 앞서 살펴보았듯이, 대뇌피질의 원주가 특정 정보처리의 기본 단위가 되며, 그것들의 집단인 뇌의 영역이 특정 기능에 관여한다. 그렇다면 대뇌피질의 일정 영역 혹은 원주 집단이 어떻게 특정 기능을 담당할 수 있는가? 나아가서, 뇌의 일정 영역이 특정 기능에 참여하도록 조절하는 또는 통제하는 일이 어떻게 가능한 것일까?

이런 질문에 대답하려면, 뇌의 발달 과정에 어떤 일이 발생하는지를 알아보아야 한다. 그리고 그러한 과정을 통해서 뇌의 일정 영역이 특정 기능을 어떻게 담당할 수 있는지를 어느 정도 이해해볼 수 있다. 그것은 중추신경계와 감각이 어떻게 상호 연결되는지, 그리고 근육과 어떻게 연결되는지를 이해하는 것에서 시작해야 한다. 근본적으로, 신경계는 감각과 운동을 위해 발생되었으며, 행동 조절을 위해 발생되었기 때문이다. 따라서 위의 질문에 대한 대답은 신경계 연결이 어떻게 이루어지는지에 관한 이해에서 나온다. 그리고 대뇌피질의 원주 집단은 수평적 배열의 병렬 신경망을 구성하는데, 그것의 기능을 정확히 이해하려면, 그 병렬 신경망의 수학적 모델까지 이해해야 한다.

■ 대응도

동물은 수정란 1개의 배아세포로부터 세포분열을 통해 신체가 발달한다. 신경계 역시 세포분열을 통해 뉴런의 수를 늘려가며, 연결되고, 완성된다. 성장한 뇌에는 대략 1천억 개 뉴런이 있다고 추정된다. 그렇게 많은 수의 뉴런이 만들어지려면, 뇌 발달이 가장 왕성한 시기에 대략 1분마다 25만 개의 뉴런이 만들어져야 한다. 태아는 그보다 훨씬 많은 뉴런을 가지고 태어나며, 따라서 실제로는 그보다 훨씬 많은 뉴런을 만들어내야 한다. 배아가 분열하여 숫자를 늘려나가는 시기에 신체를 구성하는 다른 세포들 역시 분열을 통해 숫자를 늘려간다. 그 과정에서 신체 곳곳의 감각뉴런 및 운동뉴런과 (그 사이의) 중간 뉴런 사이의 연결은 긴밀한 관계로 연결되고, 조직화된다.

신경계의 그러한 조직화는 기본적으로 움직여야 하는 동물에게 운동 조절을 가능하게 해주어야 한다. 그렇게 하려면, 신체와 신경계 뉴런 사이에 신호가 적절히 전달되어야 한다. 그러므로 신경계를 구성하는 뉴런들 사이의 적절한 연결은 매우 중요하다. 그런 연결 덕분에 말초신경계의 감각 신호가 중추신경계로 전달될 수 있고, 중추신경계에서 처리된 신호가 운동 신경계로 전달되어 움직일 수 있기 때문이다. 그런 적절한 신경 연결을 위해 발생 뉴런 중 많은 뉴런이 사멸한다. 발생한 뉴런 중 적절히 연결하지 못하는 뉴런이 있다면, 그것은 불필요하므로 제거된다. 그렇게 발생 뉴런 중 상당수가, 부위에 따라서 15-85퍼센트까지 선별적으로 사멸하는 것으로 추정된다. 신경계의 뉴런 연결은 원숭이가 나무 사이를 건너다니는 솜씨를 발휘하도록, 그리고 인간이 높은 지적 능력을 지니도록 만들어준다. 어떻게 그러할 수 있는가? 뉴런들 사이의 연결 방식에 어떤 일반적 원리가 있는가?

뉴런들이 서로 연결하는 기초 원리는 대응하기(mapping)이다. 말초신경계의 무수히 많은 감각 수용기에서 발생하는 무수한 신호를 받아서, 중추신경계가 계산 처리하려면, 그 신호마다 서로 다른 연결선으로 전달되어야 한다. 그러한 동시적 신호 전달이 이루어지려면, 감각 수용기마다 중추신경계 특정 위치로 대응하도록 연결하는 병렬연결이 필요하다. 그러한 대응 연결이 있어 중추신경계는 손가락 어느 곳의 어느 부위가 간지러운지 정확히 파악할 수 있다. 그리고 그 가려운 곳을 긁으려면 다른 손의 어느 근육을 적절히 작동시켜야 한다. 그렇게 하려면, 중추신경계의 운동뉴런들 각각의 신호가 근육마다 정확히 대응하도록 연결되어야 한다. 그러므로 신경계 전체의 뉴런 집단들 사이의 기본 연결 구조 및 기능은 '대응하기' 병렬식 연결이다.

이러한 이유에서 '대응하기'가 무엇인지를 이해하는 것은 뇌의 구조와 기능을 이해하기 위해 매우 중요하다. 그뿐만 아니라, 그 개념은 뇌를 모방한 인공신경망 AI 또는 딥러닝(deep learning) AI를 이해하기 위해서도 중요하다.

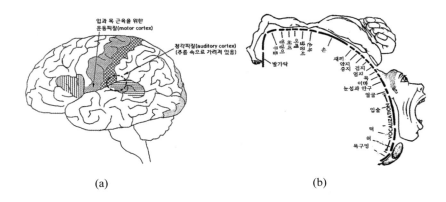

(a)   (b)

[그림 4-16] (a) 뇌의 여러 대응도 영역을 보여주는 그림. 중심고랑 왼쪽에 1차 운동 영역이 있다. (b) 인간의 운동 영역을 나타내는 대략적 그림. 신체 전체 운동 근육에 대응하는 영역이 띠 형태로 표현되었다. (Penfield and Rassmusen, 1950에 기초해서) ((a) Paul Churchland, 1996e. p.133. (b) 이원택·박경아, 1996, 729쪽)

* * *

'대응하기'를 더 구체적으로 이해하도록 도움을 주는 원숭이 뇌의 1차 운동 영역에 대한 관찰 연구가 있었다(Kaas et al., 1981). 이후 펜필드(Wilder Graves Penfield, 1950)는, [그림 4-16] (a)에서 보여주듯이, 인간에게도 신체감각과 신체운동에 대응하는 영역이 대뇌 중심고랑의 뒤쪽과 앞쪽에 있다고 밝혔다. 인간을 포함하여, 영장류 뇌의 중심고랑의 뒤쪽에 신체감각 정보를 수집하는 체성감각 영역(somatosensory area)이 있으며, 중심고랑의 앞쪽에는 신체 전체의 근육으로 동작 정보를 일으키는 1차 운동 영역(primary motor area)이 있다. 신체 피부로부터 들어오는 모든 감각 정보는 체성감각 영역의 피질로 전달되며, 따라서 그 연결은 신체와 대응하도록 매우 조직적으로 배치된다. 또한, 신체를 움직이기 위한 신호는 운동 영역 피질의 부분들이 그것들의 신호를 받는 근육에 대응하도록 병렬 배열된다. 예를 들어, 엄지를 움직이는 피질 옆에 검지를 작동시키는 피질이 배열되는 식이다.

(b)에서 볼 수 있듯이, 사람의 경우 얼굴과 손 근육에 대응하는 피질 영역의 넓이가 다른 영역보다 상대적으로 넓다. 이렇게 특정 신체에 대응하는 피질 영역이 더 넓은 이유는, 그 영역이 정교한 운동을 위해 더 많은 세포를 가져야 하기 때문이다. 마찬가지로, 정교함이 덜 필요한 허리 근육을 조절하는 피질 영역의 넓이는 상대적으로 좁다. 이러한 비례관계로부터 이렇게 추정되었다. 같은 넓이에 비교적 비슷한 수의 뉴런이 포함되며, 따라서 정교한 동작을 위한 정보처리의 양과 피질의 넓이 사이에 상관관계가 있다.

이러한 신체와 대응 연결하는 대뇌피질의 신경망은 'topographic map'이라 불린다. 이에 대한 한국의 공식적 용어는 현재 없는데, 나는 그것을 '국소형태 대응도'라 부르며, 이 책에서는 간단히 '대응도(map)'라 부르겠다. 영어로 'map'이란 흔히 지형을 나타내는 '지도'로 번역되며, 그것과 구분하기 위함이다.

뇌의 국소 영역 신경망이 기본적으로 신체와 대응하기 방식으로 병렬연결되는 것은, 신체로부터 들어오는 다양하고 많은 정보가 동시적으로 그리고 신속히 처리될 수 있으려면 병렬연결 구조가 유리하기 때문이다. 다시 말해서, 동물이 빠르게 움직여서 생존에 유리함을 얻으려면, 뇌의 정보처리가 병렬처리를 위한 대응하기 방식을 취해야 한다. 또한, 대응하기 병렬연결은 뇌 내부의 영역들 사이에 계산 처리를 위해서도 그대로 적용된다. 특정 영역 신경망의 정보가 다음 단계로 손쉽게 전달되어 계산 처리되기 위한 연결 구조가 병렬연결이기 때문이다. 그렇게 뇌 내부는 수많은 신경망의 대응도로 채워졌다고 이해된다.

* * *

대응 연결의 의미를 조금 더 알아보기 위해 인간의 시각 시스템을 살펴보자. [그림 4-17] (a)에서 볼 수 있듯이, 한쪽 안구의 망막 감각뉴런에서 시각 정보가 입력되면, 그 정보는 시상의 외측무릎핵 (lateral geniculate nucleus, LGN)으로 병렬연결을 이룬 후, 그곳에서 다시 후두엽의 1차 시각피질(primary cortex, V1)로 병렬연결되고, 이어서 2차 시각피질(V2), 3차 시각피질(V3), 4차 시각피질 (V4), 5차 시각피질(V5), 6차 시각피질(V6)로 병렬연결된다.

이러한 병렬연결에서 뉴런들은 매우 조밀하며 복잡한 신경망으로 조직된다. 한쪽 안구 망막의 빛 감각뉴런 수는 대략 80만 개에 달한다. 앞서 알아보았듯이, 우리를 포함한 영장류들은 양안 시스템을 가진다. 그런 이유로 한쪽 안구 망막의 정보 중 절반이 좌반구와 우반구의 외측무릎핵으로 각각 나누어져 연결되며, 이어서 그것은 시각피질의 좌반구와 우반구로 각각 연결된다. 그리고 (b)에서 보여주듯이, 외측무릎핵에서 1차 시각피질로 연결은 1 대 40의 비율로 확대된다. 1차 시각피질을 구성하는 원주의 직경은 약 0.5밀리미터 정도이며, 대략 40배로 확대된 좌반구와 우반구 각각의 1차 시각피질의 원주의 수는 대략 1억 4천만 개 정도에 이른다.

이러한 신경망들은 모두 뉴런의 병렬연결 배열로 구성되므로, 시각 시스템의 신경망들 사이의 연결은 전체적으로 대응하기 방식을 따른다. 그렇다면 대뇌의 시각피질 이외의 대뇌피질 전체의 연결 구조 역시 대응하기 방식을 따르는가? 그렇다. 앞서 살펴보았듯이,

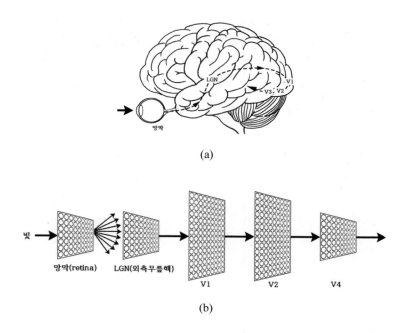

(a)

(b)

[그림 4-17] (a) 망막의 시신경 정보가 시각피질 영역으로 연결되는 경로를 보여주는 그림. (b) 시각 경로가 신경망 대응하기로 연결된 것을 보여주는 도식적 그림.

피질의 구조는 6층으로 구성되며, 대뇌 전체의 피질 구조는 영역마다 같은 피질 구조, 즉 동일 원주 집단으로 조성되어 구분된다. 따라서 그 영역의 원주가 같은 기능에 참여한다. 이러한 피질의 영역 구분은 피질 조성이 기본적으로 대응도라는 것을 말해준다. 나아가서, [그림 4-18]에서 보여주듯이, 뇌 내부 영역들 사이의 연결 역시 병렬의 대응 연결하기이며, 따라서 피질의 여러 대응도 사이의 정보처리 방식은 그 구조에 따라서, 행렬처리로 이루어진다고 해석되었다.

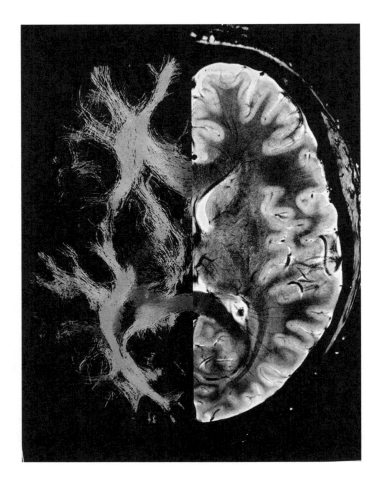

[그림 4-18] 왼쪽은 뇌의 영역들 사이에 병렬연결 신경망을 보여주는 신경 연결 해부학(connectomy) 영상이며, 오른쪽은 뇌 단면을 보여주는 영상이다. (조장희·김영보, 2018, 45쪽)

우리 뇌는 다만 신체감각-운동 조절만을 위한 것은 아니다. 인간은 많은 복잡한 추상적 사고 능력이 있으며, 그런 능력 덕분에 학문을 탐구할 수도 있다. 따라서 신경계는 그러한 추상적 정보를 저장하고 계산 처리할 수 있어야 한다. 이런 배경에서 아래와 같은 철학적 주제와 신경과학이 서로 만나야 하는 지점이 있다.

플라톤이 지적했듯이, 우리는 대략적 도형을 보면서 완전한 기하학 도형, 예를 들어 완전한 '원'을 떠올릴 수, 즉 표상할 수 있다. 다른 예로, 우리는 세상의 모든 것들을 수학적으로 파악하고 계산할 수 있다. 그렇게 하려면 우리가 '수'란 개념을 떠올릴 수 있어야 한다. 나아가서, 관찰 및 경험을 통해서 우리는 '일반화' 혹은 가설을 발견할 수 있으며, 그것으로 미래에 일어날 사건을 예측할 수도 있다. 우리의 그런 능력을 대응도라는 병렬연결 구조에 근거해서 설명할 수 있는가? 철학자들이 오랫동안 밝히려 했던 의문, 즉 지식 혹은 앎 자체가 무엇인지를 대응도에 근거해서 이제 설명해볼 수 있는가?

그러한 철학적 의문에 신경학적으로 대답해보려면, 그런 기능들을 담당하는 신경계의 구조와 기능을 조금 더 자세히 들여다보아야 한다. 인간의 과학 및 철학을 가능하게 해주는 모든 것이 진화의 산물이다. 그러므로 동물들의 감각-운동 조절 기능에 대한 이해로부터 위의 철학적 질문에 대한 대답을 찾아볼 필요가 있다. 이렇게 신경학과 연결주의 인공지능 연구에 근거해서 위의 철학적 질문에 대답하려는 선구적 철학자로 처칠랜드 부부가 있다.

20 장

신경철학(처칠랜드)

신경과학자들은 … 막대한 인력을 들여 연구하면서 막다른 곳에 막혀 주춤거리지 않으려면, 자신의 연구에 대해 반드시 철학적으로 이해해야 한다. 반면에 철학자는 '표상이 세계와 어떻게 관계하는지', … '유기체가 어떻게 학습하는지', '심리 상태가 뇌 상태에 대해서 창발적인지 아닌지', '심리 상태가 단일 종(kind)의 사태인지 아닌지' 등의 문제에 대한 이론을 지지하거나 거절하기 위해 '신경과학에 어떤 발전이 있는지' 꼭 이해할 필요가 있다.

_ 패트리샤 처칠랜드

■ **신경인식론**[17]

처칠랜드 부부는 전통 철학의 여러 의문을 경험과학에 근거하여 대답하려는 과학적 철학을 추구한다. 패트리샤 처칠랜드(Patricia Churchland, 1943-)는 현대 신경과학의 연구 성과에 의해 탐구한 자신의 철학 저서에 '신경철학(*Neurophilosophy*)'(1986)이라는 제목을 붙였다. 이 책은 한국에서 『뇌과학과 철학: 마음-뇌 통합과학을 향하여』(2006)로 번역되었다. 그녀는 당시 샌디에이고 캘리포니아 주립대학(UCSD)의 철학과 교수이면서, 그 대학 옆에 있는 뇌과학 연구소, 솔크 연구소(Salk Institute)의 교수를 겸직했다.

솔크 연구소는 바이러스 전문 연구자인 조너스 에드워드 솔크 (Jonas Edward Salk, 1914-1995)에 의해 세워졌다. 그는 1955년 소아마비 예방 백신을 개발하였다. 비교적 최근까지 소아마비는 미국을 포함하여 세계적으로 어린아이에게 끔찍한 희생을 일으키는 질병이었다. 특히 1952년 미국에서 대략 6만 명이 소아마비에 걸렸고, 그중 3천 명이 사망하였으며, 2만 명이 평생 장애인으로 살아야 했다. 한국 인천에서 성장한 내가 초등학교에 다니던 시절, 한 학급에 보통 한두 학생은 소아마비로 다리를 절었다. 솔크 덕분에 인류는 그러한 질병과 장애에서 벗어날 수 있었다. 그는 1960년 UCSD 옆의 바닷가 절벽 위에 연구소를 짓고, 의료과학 연구를 계속하였다.

패트리샤가 그 연구소에서 공부하던 시기에, 그곳에는 DNA 발견으로 1962년 노벨상을 (제임스 왓슨과 함께) 수상했던 프랜시스 크릭(Francis Crick, 1916-2004)이 있었으며, 테리 세즈노스키(Terry Sejnowski, 1947-)가 신경계 기능을 수학적으로 연구하고 있었다. 패트리샤는 1992년 세즈노스키와 공동으로 《계산 뇌(*The Compu-tational Brain*)》를 출판하였다. 그 밖에 패트리샤는 다마지오, 라마찬드란 등을 비롯한 다방면의 뇌과학 연구자들과 교류 및 공동 연구를 하였다.

신경과학과 인공신경망 AI는 최근에서야 시작된 젊은 학문이며, 빠르게 발전하는 중이다. 『뇌과학과 철학』의 출간 이후 관련 분야에서 적지 않은 발전이 있었고, 따라서 최근의 연구 성과를 반영하여 그 책을 다시 써야 할 필요가 있었다. 그녀는 2002년 『뇌처럼 현명하게: 신경철학 연구(*Brain-Wise: Studies in Neurophilosophy*)』를 출판하였다. 그 책에서 그녀는 전통 철학의 주제인 '형이상학', '인식론', '종교' 등의 문제를 신경과학 및 인공신경망 AI의 최근 성과에 근거해서 다룬다.

한편, 폴 처칠랜드(Paul Churchland, 1942-)는 자신이 써왔던 논문들에 기초하여 1989년 과학철학 저서로 《신경계산적 전망: 마음의 본성과 과학의 구조(*A Neurocomputational Perspective: The Natural of Mind and the Structure of Science*)》를 출판하였다. 그는 UCSD의 인지과학 공동 연구에 참여하였다. 패트리샤가 신경과학에 전문화된 철학자라면, 폴은 인공지능에 전문화된 철학자인 셈이다. 폴은 인공신경망 AI의 연구 기반에서 전통적 인식론을 새롭게 접근하며, 그런 기반에서 과학철학의 여러 쟁점을 새롭게 접근한다. 구체적으로, 이 책에서 폴은 심리철학과 환원의 문제를 다루고, 신경과학과 인공신경망 AI에 근거하여 새로운 표상 이론(theory of representation)을 제안한다. 그 이론에 근거하여, 그는 과학철학의 여러 인식론적 문제와 존재론적 의문에 새롭게 대답할 전망을 제안한다.

폴은 지금까지 연구해온 결과물들을 다시 정리하고, 인공신경망 인공지능 연구에 근거해서 2012년 『플라톤의 카메라: 뇌 중심 인식론(*Plato's Camera: How the Physical Brain Captures a Landscape of Abstract Universals*)』을 출판하였다. 이 책은 특별히 최근 딥러닝 AI의 연구 성과에 근거하여 전통 인식론과 과학철학의 쟁점을 다룬다. 그의 관점에 따르면, 안구가 카메라처럼 풍경을 사진 찍는다면, 뇌는 추상적 보편 개념을 찍는 카메라와 같다. 고대 플라톤은 우리가 추상적 보편 개념을 갖는다는 것을 알아보았다. 그리고 우리가 그것을 어떻게 가질 수 있는지를 설명하기 위해서 영혼이 거주하는 이데아의 세계를 가정했다. 그렇지만 이제 우리는 그런 엉터리 가정을 설정할 필요가 없어졌다. 딥러닝 AI의 연구 덕분에, 인공신경망의 은닉 유닛(hidden units)층에 추상적 보편 개념 혹은 범주가 어떻게 형성되는지를 설명할 수 있기 때문이다. 그 저서에 따르면, 추상적 개념이 형성되는 1단계 학습은 주로 인생 초기에 일어난다. 2단계 학습은 그런 개념 체계의 평가와 재구성 과정에서 일어나는데, 그 과정에서 학문 분야들 사이에 '이론간 환원' 혹은 '통섭(부합)'이 성취되고, 쿤이 말하는 패러다임 전환이 일어난다. (이런 이야기는 23장에서 구체적으로 논의된다.)

이렇게 처칠랜드 부부는 신경과학에 근거해서 과학철학의 넓은 주제를 다루었으며, 특히 인식론 연구에 초점을 맞춰왔다. 최근 패트리샤는 주로 윤리학 연구에 관심이 많다. 그녀의 윤리학은 진화론과 신경과학에 근거하여 도덕의 기반에 관한 신경윤리학(Neuro-Ethics)이다. 그러한 저작으로, 『신경 건드려보기: 자아는 뇌라고(*Touching a Nerve: The Self as Brain*)』(2013), 『브레인트러스트: 뇌, 인간의 도덕성을 말하다(*Braintrust: What Neuroscience Tells Us about Morality*)』(2011), 《양심: 도덕적 직관의 기원(*Conscience: The Origins of Moral Intuition*)》(2019) 등이 있다.

지금까지 우리는 서양 철학의 인식론을 중점적으로 다루어왔다. 여기 4권 역시 인식론을 중점적으로 다룬다. 나는 1980년대 말 콰인의 주장에 따라 '자연화된 인식론', 즉 과학적으로 연구하는 인식론을 연구하고 싶었고, 그 배움의 대상으로 처칠랜드 부부의 신경철학을 발견했다. 처칠랜드 부부 역시 콰인이 제안했던 '자연화된 인식론'의 제안에 따랐다고 말한다. 그러므로 그들에게도 역시 처음 신경철학의 중요 관심의 주제는 인식론이다. 폴은 그러한 인식론 탐구를 '신경인식론(Neuroepistemology)'이라 부른다.[18] 신경인식론은 전통 철학의 인식론 문제를 외면하거나, 전혀 다른 주제 혹은 문제를 탐구하지 않는다. 단지 방법론적으로 신경과학과 실험심리학에 의존해 탐구를 진행할 뿐이다. 그렇다고 철학을 그만두고 과학으로 나서자고 주장하는 것도 아니다. 그들 부부는 UCSD의 철학과에 소속된 교수이다. 그들 부부의 신경인식론 연구를 이제부터 알아보자.

* * *

신경인식론의 주제가 무엇인가? 다시 말해서, 신경인식론은 무엇을 탐구하는가? 그것을 말하기에 앞서 전통적으로 인식론을 연구했던 철학자들이 무엇에 관심을 기울였는지 돌아보자. 2권 9장에서 보았듯이, 경험주의 철학의 창시자인 로크(J. Locke)는 인식론의 문제를 인식의 '범위'와 '한계', 그리고 그 '기원'에 대한 탐구라고 규정하였다. 그의 입장을 계승하고 보완한 흄(D. Hume)은 과학적 앎을 이렇게 나누었다. "인간 이성 또는 탐구의 모든 대상은 아마도 당연히 두 종류, 즉 '관념들의 관계(relations of ideas)'와 '사실의 문제(matters of fact)'로 나눠질 것이다." 이러한 관점에서, 인식론의 중심 주제는 '세계로부터 얻어진 관념의 본성'과 '관념들 사이 추론의 본성'에 대한 탐구였다. 쉽게 말해서, 그의 인식론 주제는 아래와 같다.

> 첫째, 우리가 어떻게 경험적 관념을 얻을 수 있으며, '지식' 또는 '앎'의 본성은 무엇인가?
> 둘째, 우리가 어떻게 추론하며, '추론'의 본성은 무엇인가?

위의 두 의문에 대해서 이후에도 철학자들이 나름 탐구해왔지만, 최근까지 만족할 만한 대답을 얻지 못했다. 흄 인식론의 두 주제는,

사실 고대 철학자 플라톤과 아리스토텔레스의 중심 의문이기도 했다. 1권에서 알아보았듯이, 플라톤의 관점에 따르면, 기하학을 공부하고 가르치는 학생과 선생은 대략 그려진 도형을 보면서, '완전한 도형'을 상상하며 대화한다. 그것은 추상적 '표상(representation)'이다. 영어로 'representation'이란 '다시 나타나는 것'이란 의미이다. (심리학에서는 그런 의미로 '재현'이라 번역한다.) 기하학을 공부하는 학생은 삼각형의 표상을 언제든 다시 떠올릴 수 있다. 그런데 그 '표상'이란 무엇일까?

전통적으로 철학자들은 우리가 관찰을 통해 '표상'을 얻을 수 있다고 전제한다. 그것도 '개별적' 표상과 '보편적' 표상을 구분해서 마음으로 떠올릴 수 있다고 가정한다. 그들의 가정에 따르면, 아주 명확해 보이는 인간의 이러한 능력은 객관적으로 탐구될 수 없다. 표상이 개인의 마음에 사적으로 나타나는 현상이기 때문이다. 그러면서도 철학자들은 표상 능력이 인간에게 보편적이라고 가정한다. 나아가서 그들 대부분은 이렇게 가정한다. 표상이란 인간의 마음만이 접근할 수 있어서, 과학의 객관적 탐구 대상이 아니며, 오직 마음의 내면을 돌아보는 철학적 반성만으로 탐구할 수 있다.

또한, 아리스토텔레스는 생물학을 연구하면서, 자신이 학문 탐구를 어떻게 하는지 철학적으로 반성해보았다. 그의 관점에 따르면, 과학자는 자연을 탐구하면서 귀납추론과 연역추론을 활용한다. 과학자는 '관찰'로부터 '본질' 즉 '일반화'를 귀납추론을 통해 얻을 수 있으며, 그 일반화로부터 일어난 사건을 연역추론으로 설명하거나, 아직 발생하지 않은 사건을 예측할 수 있다. 귀납추론의 정당화 문제는 철학사를 통해 많은 학자에 의해서 심각히 논의되었다. 3권의 '과학 방법론'에서 중점적으로 다루었듯이, 그 문제에 대해 과학

철학자들은 결국 만족할 만한 대답을 얻지 못했다. 지금도 과학자들은 일반화인 '법칙'을 이야기한다. 그런데 '일반화' 또는 '법칙'이 무엇일까? 또는 '이론'이 무엇일까?

과학철학자들은 지금까지 관찰로부터 이론이 어떻게 정당화되는지, 혹은 관찰을 통해 우리가 이론을 어떻게 얻을 수 있는지를 탐구해왔다.19) 최근 철학자들은 관찰이 '이론 의존적'이라는 결론에 도달하였다. 그렇지만 정작 '관찰'이 무엇인지 말하지 못하며, '이론'이 무엇인지를 '철학적으로' 명확히 말하지 못한다. 전통 철학의 관점에 따르면, 그러한 것들은 마음만이 내면으로 인식할 수 있는 '무엇'일 뿐이다. 그것이 무엇인지 이제까지 만족스러운 철학적 대답은 없었다. 나아가서 그들은 추론 자체가 어떻게 일어나는지도 '궁극적으로' 말하지 못한다. 다만 그들은 그것 역시 마음 내면의 현상이라서 설명할 수 없다고 가정할 뿐이다.

이제 철학의 근원적 질문, 즉 '비판적 질문 2'를 다시 해보자. '표상'이 무엇인가? 그리고 '일반화', '법칙'이 무엇인가, 혹은 '가설'이 무엇인가? 그리고 '추론'이 무엇인가? 이러한 철학적 질문에 처칠랜드 부부의 신경인식론이 어떤 대답을 해줄 수 있을까? 흄의 두 의문과 그들의 의문 사이에 시대적 차이가 있으며, 따라서 흄의 의문은 처칠랜드의 관점에서 다르게 표현될 필요가 있다. 흄의 의문에 상응하는 처칠랜드 부부의 신경인식론 연구 주제는 아래와 같이 표현된다.

첫째, 뇌가 어떻게 세계를 '표상'하는가? 즉, 신경계 내의 표상과 정보를 어떻게 규정해야 하는가? 그리고 뇌는 표상적 도식을 어떻게 학습 혹은 기억하는가?

둘째, 뇌는 경험된 표상들을 어떻게 '계산 처리'하는가? 뇌의 계산 처리 알고리즘은 무엇인가?[20]

흄은 인식론적으로 '지식'과 '추론'의 문제를 검토했으며, 전통적으로 철학자들은 두 가지 주제를 분리해서 탐구해왔다. 지식 또는 표상이 인식론의 탐구 주제였다면, 추론은 논리학의 탐구 주제였다. 일반적으로, 지성의 능력은 '기억된 표상'과, 그것들의 관계를 다루는 '추론'으로 분리되곤 한다. 심지어 범용 컴퓨터마저도 그러한 이분법에 따라 제작되었다. 정보의 기억은 '메모리'가 담당하며, 추론인 계산 처리는 '프로세서' 즉 중앙처리장치(Central Processing Unit, CPU)가 맡는다.

그러나 현대 신경과학과 인공신경망(Artificial Neural Network, ANN) 연구에 따르면, 위의 두 문제가 원칙적으로 분리되지 않는다. 뇌는 뉴런 연결의 가소성을 통해서 학습한다. 그런 학습을 통한 새로운 기억이란 뉴런 연결의 변화된 상태이다. 그리고 그 상태가 입력과 출력을 변환시키는 추론 기능도 담당한다. 그 점에서, 학습을 통해 획득되는 것은 세계에 대한 정보만이 아니라, 새로운 '계산 처리 방식'도 포함한다. 한마디로, 신경세포 집단은 학습된 기억에 의존하여 추론적 또는 계산적 기능을 수행한다.[21]

이렇게 학습을 신경망 연결 상태의 변화로 바라보는 현대 과학의 관점은 미국 철학 프래그머티즘의 진리론의 관점을 지지한다. 앞서 살펴보았듯이, 프래그머티즘 철학자들은 우리가 순수한 관찰을 얻을 수 없으며, 자신이 가지는 믿음에 의존하여 관찰을 얻는다고 생각했다. 그러므로 어떤 지식이 경험적으로 얻어진 것이든 선험적으로 얻어진 것이든, 절대적 진리일 수 없다. 많은 풍부한 경험을 통해서 세계를 바라보는 믿음 체계를 개선하는 것이 가능하기 때문이다. 그러한 믿음 체계의 개선은 경험을 통해서 일어날 수 있다. 그리고 개선된 믿음 체계는 세계를 새롭게 경험하는 배경 지식이 된다.

이러한 측면에서 위의 두 연구 주제, 즉 인식론과 논리학의 연구 주제는 원칙적으로 분리해서 이야기될 것은 아니다. 그러나 설명의 편의성을 고려하여, 그리고 전통적으로 구분되어 논의되었다는 점에서, 무엇보다 어느 것이든 앞서 설명하고 나중에 설명해야 하는 것이 있기에, 나누어 살펴볼 수밖에 없다. 우선 '뇌의 작용과 관련하여 표상의 본성이 무엇인지'를 다루고, 뒤에서 '뇌의 계산 처리 방식이 무엇인지'를 이야기해보자.

■ 신경 표상 학습

우리가 내적/외적 세계를 어떻게 표상하는지의 의문은 전통적으로 인식론의 중요 탐구 주제이다. 그러나 지금까지 어느 철학자도 '표상'이 무엇인지 일관된 해명을 내놓지 못했다. 그들은 표상이란 주관적 마음이 세계를 경험하면서 가지는 일종의 '마음 상태' 같은 무엇[22]이라고 가정했으며, 그것을 서로 다른 용어로 표현하기도 했다. 흄은 그것을 '관념(idea)'이라고 불렀으며, 데카르트는 '사고(thought)'라고 불렀고, 칸트는 '개념(concept)'이라고 불렀다.

최근 프레게에 의해서 '단어(word)'가 '개념'을 가리키며, '문장(sentence)'이 '사고(thought)'를 가리킨다고 주장되었지만,[23] 그러한 구분이 '개념'과 '사고'가 무엇인지 구체적으로 이해시켜주지는 못한다. '개념'이란 '사물들을 분류하는 무엇'이라고 믿어왔지만,

바로 그 분류를 가능하게 하는 것이 무엇이란 말인가? 개별 사물에 상응하는 개별 개념이 있고, 그것들을 분류하기 위한 일반적 혹은 보편적 개념이 있다고 철학자들은 오래전부터 인식했지만, 정작 누구도 그것이 무엇인지 구체적으로 말하지 못했다. 또한 '개념'이란 '언어적 의미를 이해시켜주는 무엇'이라고 말하지만, 그것 역시 '개념'이 무엇인지를 규명하는 대답이 아니다. 개념이란 표상과 같은 것이라는 대답만으로는 그것이 무엇인지 만족스럽게 이해되지 않기 때문이다.

이제 우리는 새로운 과학적 관점에서 표상이 무엇인지 규명할 필요가 있다. 지식의 본성을 탐구하는 인식론은 지식 자체가 무엇인지부터 규정할 필요가 있으며, 그러한 점에서 앎 자체, 즉 표상이 무엇인지부터 먼저 규정해야 한다. 앞으로 살펴볼 신경인식론에서 주어질 그 규정은 '지식의 본성'이 무엇인지 밝혀주는 것이면서도, '추론의 본성'도 훌륭하게 해명해주는 것이어야 한다. 나아가서, 만약 신경인식론이 새로운 패러다임으로 정립될 자격을 갖춘 것이라면, 그것은 전통 인식론과 논리학의 문제점까지 해명해줄 수 있어야 한다. 지금까지 우리가 세계를 잘못 보아왔다면, 왜 잘못 보았는지도 설명해주는 표상 이론이라야 수용될 수 있기 때문이다.24) 신경인식론은 이러한 철학적 해명을 위해 우리가 표상을 어떻게 가질수 있는지를 설명해야 한다. 그 설명을 통해 '표상의 본성'이 드러날 것이다.

오늘날 우리는, 세계의 정보를 수집하고, 분석하고, 예측하는 모든 능력이 신경계의 작용이란 것을 알았다. 그리고 신경계는 신경세포 즉 뉴런으로 구성된다는 것도 알았다. 고대 철학자들의 그러한 질문은 현대 과학에서 새로운 방향에서 다시 물어질 수 있다.

인간의 뇌 혹은 신경계가 어떻게 추상적 개념을 가질 수 있는가? 그리고 신경계가 어떻게 설명과 예측을 가능하게 해줄 일반화를 얻을 수 있는가? 이제 신경계가 어떻게 작용하여 세계의 정보를 수집하고, 분석하고, 예측하는 능력을 지니는지 설명할 수만 있다면, 그것은 과거 철학자들이 그토록 알고 싶어 했던 질문에 대한 대답이다. 그리고 우리는 그 대답을 통해 미래의 경이로운 지성의 세계를 꿈꿔볼 수 있다.

* * *

위와 같은 어려운 질문에 대답하려면, 우리를 포함한 동물이 세계에 대한 표상을 어떻게 가질 수 있는지 의문에서 시작할 필요가 있다. 높은 수준의 우리의 지적 활동이 동물의 진화 역사를 통해서 이루어졌기 때문이다. 동물이 세계에 살아가려면, 그들의 신경계가 세계의 사물에 대한 정보를 안정적으로 다룰 수 있어야 한다. 그런 점에서 신경계는 세계의 정보를 반복적으로 동일한 무엇으로 떠올릴 수 있어야 한다. 그것을 다시 떠올린다는 의미에서 철학 용어로 '표상(representation)'이라 불린다.25)

이제 동물의 뇌 혹은 신경계가 일반적으로 가지는 표상을 이야기해보자. 패트리샤 처칠랜드는 『뇌처럼 현명하게』에서 신경인식론의 탐구를 뇌의 표상 능력에 관한 의문에서 시작한다. 뇌가 정말 표상26) 능력을 지니는가? 그런 의문에 대해 그녀는 신경생물학적 관점에서 아래와 같이 대답한다.

움직이며 살아가는 동물들은 세계를 돌아다니며 먹이를 구하고, 짝을 알아보고, 숨을 장소를 찾고, 포식자로부터 도망가야 한다. 그렇게 움직이려면, 무엇보다 우선 뇌는 세계의 것들을 적절히 '표상해야(represent)' 한다. 즉, 생존하기 위해 각자는 뇌로 세계를 적절히 그려낼 수 있어야 한다. 그리고 만약 자기 생각과 동료(동족)의 생각을 비교하려면 (혹은 소통하려면) 적어도 동료의 일부 '뇌 내부 사건'도 그려낼 수 있어야 한다. 즉, '자신과 동료의 사고'를 알 수 있어야 한다. 그러한 점에서 동물의 뇌는 외적/내적 세계에 대한 표상 능력을 지닌다. 표상이 있고 나서야 동물들은 그 표상된 정보 중 적절한 정보와 적절치 못한 정보를 가려낼 수 있고, 의사결정을 내릴 것이며, 표상을 기억하거나, 표상 정보를 계산 처리하여 적절히 움직일 수 있다. 이런 점에 비추어볼 때 뇌는 '표상 능력'과 '계산 처리 능력'을 지닌다.

이런 주장을 지지하는 근거로 패트리샤는 패커드와 태처(M. Packard and L. Teather, 1998)의 쥐 실험 연구[27]를 제시한다. 그들은 [그림 4-19] (a)와 같이 십(十)자형 미로의 위를 막아 T자형 미로를 만든 후, 미로 왼쪽에 먹이를 두고 쥐가 먹이를 찾도록 몇 번 훈련하였다. 그랬더니, 다음 실험에서 그 쥐는 주저함이 없이, 단번에 왼쪽으로 돌아 먹이로 달려간다. 그 실험을 통해 그 쥐는 언제나 먹이가 왼쪽에 있다는 것을 학습했다고, 즉 기억했다고 판단되었다.

다음 실험에서 그들은 그 쥐에게 상황의 변화를 주었다. 이번에는 (b)와 같이 미로의 위쪽 칸막이를 치워 십(十)자형 미로가 되도록 한 후, 먹이는 같은 곳에 두고 쥐를 반대쪽에 놓았다. 만약 그 쥐가 반복 훈련을 통해 조건반사적 행동을 보인다면, 그 쥐는 왼쪽으로 돌 것이라고 그들은 기대했다. 그러나 실제 실험에서 그 쥐는 조금도 주저함이 없이 오른쪽으로 돌아, 먹이가 있는 곳으로 바로 달려가는 행동을 보였다.

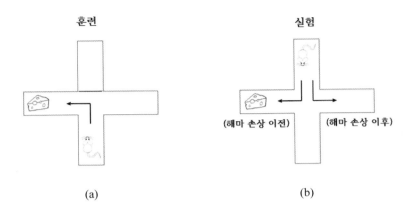

(해마 손상 이전)   (해마 손상 이후)

(a)   (b)

[그림 4-19] 쥐의 공간적 표상 능력을 알아보는 장치. (a) 훈련 조건에서 쥐는 언제나 같은 위치에서 출발하며, 먹이는 미로의 왼쪽 끝에 있다는 것을 학습한다. (b) 실험 조건에서 미로의 장애물이 제거되고, 쥐는 새로운 곳에 놓인다. 표준적 결과를 위해 훈련된 쥐는 먹이가 놓인 장소에 비추어 바뀐 공간의 방향을 바로잡을 수 있어서, 미로의 오른쪽으로 돌지만, 과도하게 훈련된 쥐나 해마 손상을 입은 쥐의 경우 미로의 왼쪽으로 향한다. (L. Farber, W. Peterman, and P. S. Churchland, 2001; M. Packard and L. Teather, 1998b; Patricia Churchland, 2002a, 415-416쪽)

이런 실험 결과에 대해 실험자들은 다음과 같이 해석하였다. 그 쥐는 자신의 위치가 바뀌었으므로, 먹이 위치도 왼쪽에서 오른쪽으로 바뀌었음을 안다. 다시 말해서, 이 실험에서 쥐는 공간적 위치 표상 능력을 지니며, 그 기억 표상으로부터 추론하는 능력을 지닌다. 나아가서, 그 쥐는 행동의 결과를 예측하는 능력도 지닌다.

실험적으로, 그 쥐의 해마(Hippocampus)에 손상을 주면, 학습한 대로 왼쪽으로 돌아가는 행동을 보였다. 그러므로 실험자는 해마가 공간 위치를 표상하고 계산 처리하는 중요 기능을 가진다고 추정하였다. 쥐의 해마가 공간을 표상하는 능력에 관련된다는 다른 실험 연구는 많다.[28] 그리고 실험자는 쥐가 집 안을 돌아다니도록 허용하면서, 해마의 특정 뉴런이 어떻게 반응하는지를 관찰하였다. 쥐가 부엌, 거실, 침실 등등 특정한 장소에 갈 때마다 해마의 서로 다른 특정 뉴런이 격발하는 것을 보여주었다. 물론 그 쥐의 해마에 손상을 주면 공간 위치를 기억하지 못했다. 인간 역시 해마에 손상을 입을 경우 공간 위치를 기억하지 못하는 장애를 가진다. 패트리샤에 따르면, 이 실험 연구로부터 해마가 바로 위치를 기억하는 곳이라고 추론하는 것은 너무 성급한 판단이다. 해마의 뉴런만으로 장소 기억이 일어난다고 확신하기 어렵기 때문이다.

이러한 쥐 실험에 근거해서, 과연 동물이 일반적으로 공간적 위치를 기억하는 표상 능력을 지닌다고 말할 수 있는가? 패트리샤는 『뇌처럼 현명하게』에서 뇌가 장소에 대한 기억, 즉 공간을 표상할 수 있다고 아래와 같이 말한다.

개, 말, 벌, 곰 등등을 포함한 많은 동물은, 집으로 가는 새로운 통로를 찾는 일과 같은, 좋은 공간적 표상을 보여주는 행동을 한다. 많은 동물이 조건화의 이득 없이 집을 향할 수 있으며, 그것도 시도-오류 탐색 방식에 크게 의존하지 않고 자유롭게 할 수 있으므로, 그것들이 '집이 어디에 있는지를 안다'라고, 또는 그보다 더 좋은 표현으로, '안다'라는 말의 특정한 의미에서 그것들은 '집에 어떻게 가는지를 안다'라고 말하는 것은 정당해 보인다. (417-419쪽)

진화론적으로 유기체는 뇌의 진화를 통해 자신의 뇌에 앞으로 일어날지도 모를 사건을 대비하는 능력을 지닌다. 나아가서, 아직 일어나지 않은 사건에 대해서 미리 대비하는 행동 능력까지 갖추게 되었다. 그리고 그런 능력을 위해 뇌는 자신에 관한 표상과 세계에 대한 표상을 가지며, 그것들을 서로 적절히 연관시킬 수 있어야 한다. 간단히 말해서, 동물이 생존하려면, 뇌의 구성요소인 신경세포 집단을 통해 세계에 대해 적절히 대응하는 능력을 지녀야 한다.

앞의 19장에서 알아보았듯이, 신경망인 대응도가 세계에 대해 적절히 반응하고, 행동을 조절하려면, 세계에 대한 정보로서 표상을 담아내야 하고, 신경망으로 들어가는 입력정보와 출력정보 사이에 어떤 체계적 변화가 일어나야 한다. 그러한 변화는 신경망들 사이의, 그리고 뉴런들 사이의 연결 강도 수정에 의한 것이며, 시냅스의 연결 강도의 수정을 통해 일어난다. 이제 뉴런들 사이의 시냅스 연결 강도의 변화가 어떻게 일어나는지, 그리고 그 변화를 통해 세계를 어떻게 표상하고 기억할 수 있는지 알아보자.

* * *

시냅스 연결 강도의 변화가 어떻게 세계를 표상하고 기억할 수 있는가? 이런 질문에 대하여, 패트리샤는 기억에 관한 여러 실험적 연구에 근거해서 대답해준다. 일찍이 도널드 헤브(Donald Hebb)는 저서 《행동의 조직화(The Organization of Behavior)》(1949)에서 시냅스 연결 강도의 변화, 즉 연결 가중치(weights)의 변화를 아래와 같이 가설적으로 주장했다. "하나의 세포 A의 축삭이 세포 B를 격발시키도록 충분한 강도로 반복해서 격발을 일으킨다면, 세포 B가 격발함에 따라 세포 A의 효과가 증대되도록 양쪽의 세포에 어느 정도 성장 또는 신진대사(metabolic, 물질교환)의 변화가 일어난다."[29] 이렇게 시냅스전 뉴런과 시냅스후 뉴런 사이의 상호작용을 통해 뉴런 스스로 학습이 일어난다는 주장은 '헤브 법칙(Hebbian Rule)'이라고 불린다. 그리고 그 법칙은 아래와 같이 수학적으로 해석되었다.

$\Delta W_{BA} \propto V_B \times V_A$
(두 뉴런 사이의 시냅스 가중치 강도의 변화 ΔW_{BA}는, 뉴런 A의 격발률 V_A와 뉴런 B의 격발률 V_B의 곱에 비례한다.)

이 법칙에 따르면, 두 뉴런 사이의 시냅스 강도의 증가는 두 뉴런의 활성 정도의 곱에 비례한다. 즉, 시냅스 변화에 따른 학습 효과는 두 뉴런 사이의 상호작용 정도에 비례한다. 그 이러한 시냅스 강도의 변화는 '시냅스 가소성'으로 불린다. 우리가 학습하는 모든 내용은 시냅스 가소성으로 저장되며, 그에 관한 구체적 연구는 물론 모두 동물에 대한 것이다. 그러므로 그 연구가 인간의 다양한 학습을 모두 설명하기에는 부족할 수 있다. 그렇지만 시냅스 가소성에 관한 연구만으로도 많은 이야기를 해볼 수 있다.

동물의 아주 기초적인 학습 효과에 관한 연구로 꿀벌 행동에 관한 연구가 있다. 일반적인 생각으로, 꿀벌이 학습 능력을 지닌다고 믿기 어려워 보인다. 그렇지만 레슬리 리얼(Leslie Real, 1991)의 연구, "꿀벌 행동과 그 인지적 구조의 진화"[30)에 따르면, 꿀벌은 꿀이 많은 꽃과 그렇지 않은 꽃을 구분하여 기억할 수 있으며, 꽃 종류마다 얼마나 많은 꿀이 있는지 그 양을 기억하여 매우 효율적으로 꿀을 수집한다.

그 연구에 추가해서, 과연 꿀벌이 어떻게 그것을 학습할 수 있는지에 호기심을 가진 연구가 있다. 신경과학자 마틴 해머(Martin

Hammer, 1993)의 연구, "동일 뉴런이 벌의 연합-후각 학습에 무조건적으로 자극을 중재한다(An identified neuron mediates the unconditioned stimulus in associative olfactory learning in honeybees)"[31]에 따르면, 꿀벌의 그런 학습은 꿀이라는 보상에 반응하는 뉴런, '붐(VUMmx1)'이라 불리는 뉴런에 의해 가능하다. 붐은 꿀벌의 뇌 여러 곳에 넓게 연결된 구조를 가지며, 그 활동은 시냅스 가중치를 변화시키는 강화학습을 지배한다.

몬태규(Montague) 연구팀은 붐의 강화학습에 대한 수학적 모델을 아래와 같이 제안하였다.[32]

$$\delta(t_n) = [r(t_n) + V(t_n)] - V(t_{n-1})$$
(임의 시간 t_n에서 붐의 출력은, 그 시간 t_n의 보상(reward)에 대한 함수 $r(t_n)$에 감각 입력(sensory input)의 종합된 값(value) $V(t_n)$을 더하고, 그러한 입력에 방금 전 t_{n-1}에 받은 값, $V(t_{n-1})$을 뺀 결과이다.)

위의 수식에 따른 계산 결과가 0보다 크면, 그것은 '기대보다 좋은' 것에 상응하며, 0보다 작으면 그것은 '기대보다 못한' 것에 상응한다. 이러한 붐의 작용만으로 꿀벌은 기대보다 좋은 것과 그렇지 않은 것을 간편하게 구분하여 반응할 수 있다. 다시 말해서, 붐의 반응은 꿀벌이 기대보다 좋은 꽃을 찾아가는 선택적 행동을 유도한다.

포유류의 뇌 역시, 벌의 학습처럼, 보상 시스템이 행동을 지배하는 방식으로 학습이 이루어진다는 연구가 있다. 1950년대에 제임스 올즈와 피터 밀너(James Olds and Peter Milner)는 쥐의 행동 변화를 실험하기 위한 장치를 고안하였다. 쥐의 뇌에 전기 자극이 주어지는 전극을 삽입하고, 자유롭게 활동할 수 있게 해주었다. 다시 말해서, 쥐의 특정 행동에 따라서, 즉 특정 레버를 누를 경우, 즐거움을 제공하는 뇌의 특정 영역을 스스로 자극할 수 있는 장치를 고안하였다. 쥐가 즐거움을 얻는 뇌 영역은 선조체, 복측피개 영역 등이다. 그곳에 꽂은 전극은 도파민계 뉴런을 자극함으로써, 그 쥐는 스스로 쾌감을 얻을 수 있다. 그러한 장치를 설치했더니, 그 쥐는 먹이활동, 짝짓기 등의 활동을 중단하고, 심지어 물조차 먹지 않은 채, 계속 그 레버를 눌러댔다. 동물도 이렇게 우연한 경험으로 자신의 행동을 스스로 변화시키는 자기 학습 능력을 지닌다. 이런 학습은, '고전적 조건화'와 구분하여, '조작적 조건화(operational conditioning)'라고 불린다.

고등동물인 유인원도 보상 시스템이 학습 및 행동 변화에 관여한다는 것이, 볼프람 슐츠(Wolfram Schultz)의 원숭이 실험에서 드러났다. 그는 원숭이 뇌간(brainstem)에서 보상에 반응하는 뉴런을 발견했다. 그 뉴런은 '보상을 예측하는' 자극에 따라 반응했다. 실험에서 원숭이가 기대하지 않았던 보상을 받을 경우, 보상 시스템의 도파민계 뉴런이 격발을 증가시켰다. 그 원숭이에게 특정 음조를 들려주면서 보상으로 주스 몇 방울을 주는 학습을 반복시켰다. 그러면 그 음조를 들려줄 경우, 1초 후 그 원숭이의 도파민계 뉴런은 격발률을 증가시켰다. 다시 말해서, 그 원숭이는 보상이 주어질 것을 기대했다. 그러나 음조를 들려주면서도 보상을 주지 않을 경우, 그 뉴런의 격발률은 급격히 저하되었다.

그 실험이 흥미로운 것은 '기대와 보상 사이의 대비' 관계가 학습에 영향을 미친다는 사실이다. 원숭이의 처음 학습 시도에서 음조와 함께 뜻밖의 보상이 주어질 경우, 그 도파민계 뉴런은 1초 후 급격히 높은 격발률을 보여준다. 즉, 기대하지 않았던 보상에 의한 학습은 그 효과가 매우 높다. 그리고 음조와 함께 보상이 주어진다는 것을 학습한 후, 그 원숭이 뉴런은 음조만으로도 높은 격발률을 보여준다. 즉, 그 음조는 높은 기대치를 반영했다. 그렇지만 보상이 주어진 것 자체에 대해서는 특별히 격발하지 않는다. 이미 알고서 기대한 것에 대한 보상은 그다지 큰 즐거움을 주지 못한다. 그리고 기대했던 것에 대해 보상을 주지 않을 경우, 그것은 1초 후 고통으로 다가온다.33) (이러한 실험이 인간의 일상사에도 그대로 적용된다고 가정해볼 때, 누군가에게 평소 잘해주다가 어느 순간 그것을 멈추면, 앞서 잘해준 것을 잊고, 지금 제공하지 않은 것을 불평하는 인간의 행동이 이해된다.)

이렇게 보상 시스템의 도파민계 뉴런은 이전의 입력 신호 대비 현재의 입력 신호의 차이를 반영하는 방식으로 학습에 관여한다. 그런 도파민계 뉴런은 넓은 뇌 영역에 축삭을 뻗어 정보를 보내고, 그 영역들이 동물의 행동에 동기를 제공하게 만든다. 그러한 영역으로, 선조체(striatum), 측중격핵(nucleus accumbens), 전전두피질(prefrontal cortex) 등이 포함된다. 그리고 특별히 전전두피질은 정서 균형과 행동의 선택에 중요한 역할을 담당한다.

지금까지 보상 시스템이 동물 행동을 어떻게 지배할 수 있는지 알아보았다. 보상 시스템의 특정 뉴런은 기댓값에 민감하게 반응하며, 기대와 보상의 차이에 따라서 행동의 변화를 일으킨다. 그리고 그러한 행동의 변화는 뉴런들 사이의 시냅스가 강화되는 학습의 결과이다. 이제 그러한 강화학습을 통해서 뉴런 혹은 뉴런 집단인 신경망이 세계를 어떻게 표상할 수 있는지를 알아보자.

■ 표상의 부호화

패트리샤는 뉴런이 세계를 어떻게 표상하는지를 구체적으로 설명하기 위해 스스로 아래 두 질문을 제기하고 대답한다.

질문 (1) 단일 뉴런은 감각수용기(receptor)를 통해 입력된 정보를 어떻게 전달하고 저장하는가?

질문 (2) 뉴런은 세계의 특징에 상응하는 객관적 지표(objective parameter)를 어떻게 표상(표현)하는가?34)

질문 (1)은 감각을 통해 신경계로 들어오는 세계에 관한 정보가 뉴런에 어떤 양태로 입력되는지, 그리고 그것이 어떻게 뉴런에 저장되는지에 관한 의문이다. 질문 (2)는 그 정보로부터 세계의 특징을 뉴런이 어떻게 그려내는지에 관한 의문이다. 패트리샤는 질문 (1)에 대한 대답을 통해 질문 (2)에 대해 대답하려 한다. 즉, 신경계가 어떻게 세계를 표상하는지를 설명하려 한다.

우선, 질문 (1)에 대해 가장 쉬운 대답은 "뉴런은 그 활성 정도로 정보를 전달하며, 다른 뉴런과의 연결 상태를 변화시킴으로써 정보를 저장한다."는 가정이다. 그 가정에 따르면, 감각뉴런은 세계로부터 수용기를 통해 들어오는 자극에 반응하며, 그 반응 정도는 뉴런의 활동성, 즉 극파 발생 빈도수로 전달된다. 다시 말해서, 뉴런은 세계에 대한 반응을 축삭을 통한 평균 격발률(average firing rate), 즉 격발 주파수(spiking frequency)로 정보를 전달한다. 이것이 격발률 부호화(firing rate coding) 가설이다. 쉽게 말해서, 세계에 대한 뉴런의 정보는 축삭으로 전달되는 주파수이다. 그렇게 전달된 격발률은 다음 뉴런에 영향을 주어, 시냅스를 강화하고, 그런 '시냅스 구조의 변형'은 그 뉴런의 격발률을 다시 변화시킨다. 한마디로 세계에 대한 뉴런의 정보는 뉴런의 격발률이다.

이런 가정에서 질문 (2), 즉 뉴런이 세계에 대한 객관적 지표를 어떻게 담아낼 수 있는지의 문제에 대한 대답은 다음 두 가지 가설이 가능하다.

가설 (a) 특정 속성이 단일 '뉴런'에 부호화된다.
가설 (b) 특정 속성이 뉴런 집단 혹은 신경망의 '활성 정도', 또는 '반응 정도'로 부호화된다.[35]

가설 (a), 즉 특정 속성으로 인식되는 지표가 '단일 뉴런에 부호화된다'는 가설을 간단히 이해해보자. 특정 뉴런이 특정 속성에 대해 반응하는 경우, 그 속성에 대한 표상은 단일 뉴런에 '국소 부호화(local coding)'된다. 다시 말해서, 수용기로부터 중추신경계로 들어온 신호 또는 정보가 단일 뉴런의 시냅스 구조에 변형을 일으키며, 그 변형으로 뉴런의 격발률에 변화를 일으킨다. 살아 있는 동물 신경계에서 뉴런 활동이 부호화된다는 것이 (공학적으로) 어떻게 이해되는가? 그리고 단일 뉴런이 세계의 특성을 부호화한다는 구체적 사례가 있는가?

수학적으로, 뉴런은 [그림 4-20]과 같이 작동하는 것으로 분석된다. 시냅스전 뉴런의 축삭 말단으로부터 관심 뉴런의 수상돌기로 들어오는 입력 신호(S_i)는 시냅스 간극으로 전해지는 신경전달물질의 양 또는 수용기 상태에 의해서, 즉 시냅스의 가중치(W_i)에 의해서 변조되며, 그 입력 신호의 총합은 시냅스후 세포막에서 통합(E)

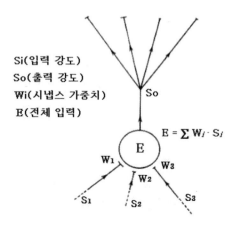

Si(입력 강도)
So(출력 강도)
Wi(시냅스 가중치)
E(전체 입력)

[그림 4-20] 뉴런 작용의 도식적 그림. 인근 뉴런들의 축삭으로부터 수상돌기로 들어오는 입력 신호(S_i)는 세포체에서 E로 통합되고, 이 뉴런의 축삭소구에서 발생하는 출력 신호(S_o)는 축삭을 통해 다른 세포로 신호를 전달한다. 출력 신호(S_o)의 발생은 입력 신호의 강도(S_i)와 시냅스 가중치의 변화(W_i)에 의해 영향 받는다. (Paul Churchland, 1989, p.160)

된다. 이러한 뉴런의 작용은 다음 수식으로 표현된다.

$$E = \sum W_i \cdot S_i$$

이 뉴런의 격발 여부는, 통합되는 입력 신호의 정도에 따라, 역치로 작용한다(그림 4-21). 즉, 입력 신호의 통합으로 인한 뉴런 세포막 전위의 특정 수준에서 격발 또는 불발, 즉 2치로 작동한다. 그 뉴런의 격발 여부에 따라 시냅스의 가중치(W_i)는 스스로 수정되어, 격발 이후 그 뉴런의 격발 패턴이 변화된다. 이러한 전체 작용을 통해 뉴런은 입력 신호에 따라 스스로 특정 활동 패턴을 형성한다.

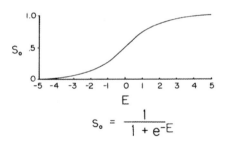

[그림 4-21] 단일 뉴런의 출력 신호가 0에서 1까지로 표시된다고 가정했을 때, 세포체의 출력 신호(S_o)는 위와 같이 비선형(non-linear) 방정식에 의해 역치(threshold), 즉 격발(firing) 또는 휴지(resting)로 반응한다. (Paul Churchland, 1989, p.161)

즉, 단일 뉴런은 외부로부터 입력되는 신호에 따라 스스로 그 특성을 부호로 각인(기억)한다.

　이런 국소 부호화 가설에 대해 다음과 같은 우려가 있을 수 있다. 만약 학습된 반응을 보이는 그 뉴런이 사멸한다면, 그 뉴런에 기억된 정보도 사라질 것이다. 하지만 만약 정보 저장 단위가 단일 뉴런이 아니라, 인근의 뉴런 집단(neuron pool)이 동시적으로 반응하도록 기억한다고 가정해보면, 장기간 살아가야 하는 생명체에 정보가 장기 기억되어야 하는 문제는 해소된다. 그래도 이 가설이 갖는 문제점이 있다. 그것은 우리가 기억해야 할 것들은 무한할 정도로 많은데, 정보를 저장해야 할 뉴런 집단의 수는 한정적이라는 사실이다. 이러한 난점이 있지만, 특별히 제한된 기능을 위해서 국소 부호화가 아주 효과적일 수 있다. 즉, 특정 기능을 위해 작동하는 뉴런 혹은 뉴런 집단은 그 기능을 위해 효과적으로 작동할 수 있다.

　이런 국소 부호화 가설은 '유사 반응 뉴런 집단'이 특정 속성을 표현한다는 가설로 확대할 수 있다. 만약 특정 뉴런 집단이 1차원으로 나란히 위치한다면, 그 위치에 있는 특정 뉴런이 그것에 반응하는 특정 속성을 표상한다는 가설이다. 따라서 뇌 피질의 특정 뉴런 집단이 수용기 위치와 일대일로 대응한다고 생각해볼 수 있다. [그림 4-22]에서 보여주듯이, 귓속의 와우(cochlea)에는 각기 다른 특정 음파에 반응하는 수용기들이 있으며, 그 수용기마다 대응하는 뉴런 집단이 피질에 있다. 그 점에서 국소 부호화는 다른 말로 '장소 부호화(place coding)'라고도 불린다.

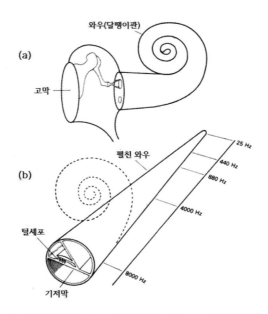

[그림 4-22] (a) 인간 와우(cochlea)의 도식적 그림. (b) 달팽이관에는 서로 다른 주파수에 맞춰 다른 청각 에너지 수준(acoustical energy level)에 반응하는 수용기가 있다. (von Békésy, 1960에 기초해서) (Patricia Churchland, 1986, 188쪽; Paul Churchland, 1996e, p.81)

가설 (b)는 '뉴런 연결집단, 즉 신경망의 반응 정도가 벡터 부호화(vector coding)된다'는 가설이며, 매컬록과 피츠(McColluch and Pitts, 1943)에 의해 제안되었다. 그 가설에 따르면, 뇌의 특정 뉴런 집단이 특정 속성에 대해 일정한 패턴으로 반응하고, 다른 특성에 대해서는 다른 정도의 패턴으로 반응한다면, 그 뉴런 집단은 다른 여러 속성을 표상해낼 수 있다. 이러한 가설을 이해하려면, 뇌 피질의 구조와 기능에 대한 세부적인 이야기가 필요하다.

폴 처칠랜드는 《신경계산적 전망》에서 신경망의 병렬연결 구조의 기능을 아래와 같이 설명한다.36) [그림 4-23]은 실제 복잡한 대뇌피질의 기능을 간략히 설명하기 위해, 소뇌피질 일부를 아주 단순화시킨 전형적 구조이다. 그 구조의 기능을 쉽게 알아보기 위해서 수많은 작은 뉴런들은 그림에서 생략되었다. 그림에서 보여주듯이, 피라미드 세포의 병렬배열 구조는 외부로부터 들어오는 섬유와 병렬로 연결된다. 따라서 외부 입력 신호가 4개의 피라미드 세포로 수평 방향으로 동시에 들어가고, 그 신호는 피라미드 세포에서 변형된 후, 즉 계산 처리된 후, 수직 아래로 출력된다. 여기 그림에서는 소뇌의 피질 일부를 보여주지만, 대뇌피질의 대부분, 그리고 그밖의 신경망 대부분이 이것과 동일 또는 유사 구조를 가진다는 것은 이미 잘 알려져 있다. 여기에서 피질 원주는 피라미드 세포(푸르키니에 세포)로 표현되었다.

이렇게 수평으로 병렬배열된 피라미드 세포 집단은 나름의 기능을 위해서 대응도를 형성한다. 예를 들어, [그림 4-20]에서 알아보았듯이, 망막의 빛 수용기 세포들은 서로 이웃 관계를 유지한 채, 1차 시각피질(V1)로 연결된다. 그러한 연결은 망막의 세포들과 1차 시각피질 사이에 병렬연결을 이루어 대응한다. 그렇게 망막의 국소

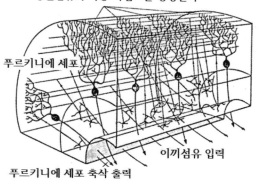

병렬섬유가 다중 시냅스를 형성한다

푸르키니에 세포

이끼섬유 입력

푸르키니에 세포 축삭 출력

[그림 4-23] 소뇌(cerebellum) 단면의 도식적 그림. 입력 신호는 이끼섬유 (mossy fibers)를 통해서 피질로 올라가고, 피질의 평행섬유들을 통해 나란히 늘어선 푸르키니에 세포들(purkinje cells)에 동시에 전달되어, 그곳에서 동시 다발적으로 신호 처리가 이루어진 후, 푸르키니에 축삭(axons)을 통해 출력되는 구조를 보여준다. (Paul Churchland, 1989, p.101, p.182)

조직으로부터 병렬연결로 그 정보를 반영하는 1차 시각피질은 그 감각에 대응하는 정보를 받을 수 있다. 이러한 시각 시스템처럼, 세계와 대응하는 신경망의 대응도는 뇌의 다양한 영역에 존재한다.

그렇다면 피질의 뉴런 연결집단인 신경망 즉 대응도가 세계에 대한 정보를 어떻게 표상하는가? 그리고 그 정보를 어떻게 계산 처리하는가? 이러한 질문에 대한 대답을 더 단순한 신경망으로 이야기해보자. [그림 4-24]는 간소한 설명을 위해 의도적으로 축약한, 피라미드 세포 3개만으로 구성된 신경망이다. 이 신경망은 외부 입력 신호를 수평으로 받아들여서 수직 아래쪽으로 출력 신호를 내보내는 구조이다. 피라미드 세포로 들어가는 입력 신호는 (a, b, c, d)이

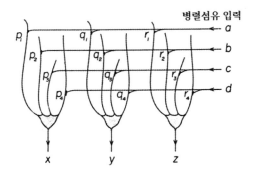

[그림 4-24] 신경망 행렬(neural network matrix)의 도식적 그림. 3개의 뉴런 신경망은, 입력 신호 행렬(a, b, c, d)을 출력 신호 행렬(x, y, z)로 변환시키는 물리적 행렬 변환 장치, 즉 벡터-대-벡터 변환(vector to vector transformations) 계산기로 이해된다. (Paul Churchlan, 1989, p.99, p.182)

며, 그 신호는 시냅스 연결(p_n, q_n, r_n)을 통해 변조된 후, 출력 신호 (x, y, z)를 내보낸다.[37] 벡터 부호화 가설에 따라서, 이러한 신경망이 어떤 표상 능력을 보여줄지는 다음 예를 통해 쉽게 이해할 수 있다.

우리 안구의 망막에는 세 종류의 파장(빛의 삼원색: 빨강, 녹색, 파랑)에 민감하게 반응하는 수용기, 즉 원추세포(corns)가 있다. 그 세 종류의 색 감각 수용기만으로 우리는 무수히 많은 색깔을 구분할 수 있다. 그것이 어떻게 가능한지를 앞서 살펴본 국소 부호화 가설로 설명하려면, 무수히 많은 색깔마다 반응하는 원주 혹은 피라미드 세포를 가정해야 한다. 그런 방식으로 외부에 대한 표상을 가지려면, 뇌는 거의 무한에 가까운 정보 저장 용량을 가져야 한다. 그것은 생존경쟁의 자연적 뇌에서 물리적으로 어렵다. 반면에, 그런 능력을 벡터 부호화 가설로 설명한다면, (폰 노이만이 이미 알아보았듯이) 그런 저장 용량의 물리적 한계가 극복된다.

망막의 세 종류 원추세포는 각기 다른 빛 파장에 반응하는 파장곡선(tuning curve)을 지닌다. 그 세 원추세포의 반응 정도에 따라서 각각 약하게 또는 강하게 격발하여 발생한 신호가 위 그림과 같은 세 뉴런에 전달된다고 가정했을 때, 그 반응 정도는 각각 수치로 표현될 수 있다. 다시 말해서, 외부 세계의 특정 속성에 대한 자극이 수학적 행렬(x, y, z)로 표현된다. 그 행렬은 [그림 4-25]와 같이 3차원 상태공간(state space)의 특정 지점으로 표현될 수 있다. 다시 말해서, 뉴런 집단이 외부 세계로부터 얻은 입력정보로 활동한 출력은 위상공간의 특정 위치, 즉 하나의 벡터로 표현(표상)된다. 이것이 바로 신경망 벡터 부호화 가설이다.

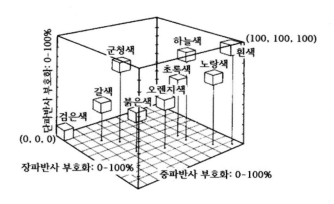

[그림 4-25] 색깔 상태공간(color state space). 세 벡터값의 차이에 의해서 얼마나 다양한 색깔들이 위치 벡터로 표현될 수 있는지를 보여주는 그림. (Paul Churchland, 1989, p.104)

신경망의 벡터 부호화는 한정된 뉴런으로 수많은 표상을 나타내기에 경제적이다. 몇 개의 주어진 뉴런만으로도 수많은 감각 특성을 숫자 조합으로 표현할 수 있기 때문이다. 예를 들어, 벡터 (0.60, 0.56, 0.72)가 노란빛이 도는 오렌지색을 표현한다면, 다른 벡터 (0.60, 0.50, 0.62)는 붉은빛이 도는 오렌지색을 표현할 것이다. 그와 같은 방식으로 동일 뉴런이 많은 다른 항목들, 즉 수많은 색깔 표상에 참여할 수 있다.

벡터 부호화로 표상하는 신경망의 대단한 능력을 아래와 같이 이야기할 수 있다. 우리가 말하는 다양한 색깔은 모두 신경망의 반응인 벡터로, 즉 위상공간의 지점으로 규정될 수 있다. 만약 각 뉴런의 활동 정도인 격발률이 각기 100등급으로 구분된다면, 즉 세 축의 눈금이 100개라면, 세 종류의 파장에 반응하는 신경망이 구분할 수 있는 색깔의 종류는 100^3(백만) 가지에 달한다. 이처럼 벡터 부호화 가설은 불과 세 종류의 색깔 수용기와 연결된 세 뉴런만으로도 신경계가 수많은 색깔을 섬세하게 구분할 능력을 어떻게 가질 수 있는지를 잘 설명해준다.

뉴런 연결망의 활동이 위와 같이 3차원 위상공간으로 한정될 필요는 없다. 뉴런마다 각각 세계에 대한 반응으로서 서로 다른 특징을 숫자로 나타낸다고 볼 때, 많은 뉴런으로 구성된 신경망의 위상공간은 그 뉴런만큼의 차원을 가지기 때문이다. 우리는 3차원 공간을 시각적으로 표현할 수 있으며, 4차원 공간 이상을 보여주기는 어렵다. 그렇지만 많은 차원의 위상공간을 추상할 수 있으며, 추상적으로 이해할 수 있다. 따라서 네 가지 이상의 많은 특징에 반응하는 뉴런들이 있다면, 그 뉴런들의 반응은 4차원 이상의 다차원 공간에 표현될 수 있다. 그것을 우리가 (이론적으로) 이해하기 어렵지는 않다. 신경망의 구조가 일반적으로 [그림 4-24]와 같은 구조를 가진다는 것은, 신경망의 표상 방식이 일반적으로 벡터 부호화 방식을 가진다는 것을 의미한다.

그런 뉴런 연결망이 어떻게 표상을 기억할 수 있는가? 앞서 알아보았듯이, 신경망의 학습은 뉴런들 사이의 연결 강도, 즉 시냅스 강도를 변화시킴으로써 이루어진다. 그러므로 학습의 효과, 즉 기억이란 시냅스 강도의 변화이다. 바다 달팽이 수준에서, 그러한 기억의 변화는 병렬연결된 시냅스 수백 개의 강도 변화를 통해 이루어지지만, 인간의 기억은 삶의 무게만큼이나 무수히 많은 뉴런과 시냅스 강도의 변화를 통해 이루어진다. 여기 설명에서 중요한 것은 그 수가 아니라, 외부 입력정보에 대한 신경망 혹은 대응도의 표상이 뉴런의 시냅스 연결 강도의 변화로 저장된다는 점이다. 한마디로 [그림 4-24]에서 신경망의 기억은 그 시냅스 집단의 연결 상태이다.

좀 더 구체적으로, 신경망이 정보를 저장하는 방식은 크게 두 가지이다. 그 한 가지 방식은 뉴런의 시냅스의 구조적 변화를 통한 기억이다. 뉴런들은 수상돌기를 뻗어 새로운 연결을 만들 수 있다. 또한 축삭돌기에서도 시냅스 변화가 일어날 수 있다. 축삭의 끝에 가지를 새롭게 뻗어 새로운 시냅스를 만들어낼 수 있기 때문이다. 이러한 새로운 연결은 뉴런들 사이의 연결에 변화를 일으키며, 그 결과 시냅스후 뉴런의 격발을 더 쉽게 혹은 더 어렵게 일어나도록 만든다.

다른 방식은 축삭에 격발률을 높여 축삭 말단의 소낭을 방출하게 만들어, 일시적으로 시냅스 연결 강도의 변화를 일으키는 기억이다. 이 방식은 짧은 기간에 시냅스의 강도를 10배까지 변화시킬 수 있다. 전자의 방식이 뉴런의 구조적 변화를 통한 기억이라면, 후자의 방식은 그 구조의 변화 없이 일어나는 기억이다. 지금 이야기의 핵심은 시냅스의 수정 혹은 변화를 통해 기억이 일어난다는 사실이다. 그러한 시냅스의 변화를 통해 우리를 포함한 동물이 학습한 결과를 기억한다.

그렇다면 병렬연결 신경망이 세계에 대한 표상을 어떻게 계산 처리하는지 궁금해진다. 다시 말해서, 신경망의 수학적 계산 처리 방식은 무엇인가?

■ 신경의 계산 처리

앞서 지적했듯이, 패트리샤의 신경인식론의 두 과제는 신경망의 표상과 계산 처리에 관한 의문이었다. 이제까지 첫 의문에 대한 대답이 이루어졌다. 이제 둘째 의문에 대한 대답을 알아보자. 뇌는 신경망의 뉴런 병렬연결 구조 내에 세계에 대한 외적 정보와 사고의 내적 정보를 표상 및 기억하고, 그 표상 혹은 기억 정보에 의해 계산 처리를 실행한다. 다시 말해서, 뇌의 신경망 외에 신체 어느 곳에도 이러한 정보를 저장 및 처리하는 곳이 없다.

앞의 [그림 4-24]에서 볼 수 있듯이, 신경망의 계산 처리 기능은 입력정보 숫자 행렬을 출력정보 숫자 행렬로 변환하는 기능이다. 이러한 변환 기능을 통해서 신경망은 매우 간단하면서도 효과적으로 함수를 계산 처리한다. 그러한 행렬 변환은 시냅스 연결(p_n, q_n, r_n)에 의한 변조 과정과, 그 변조된 신호들이 세포로 유입되어 통합되는 과정에서 이루어진다. 신경망의 수학적 계산을 이해하기 위해 우선 행렬에 대해 간략한 이해가 필요하다.

행렬 변환은 벡터의 행렬 곱에 의한 변환으로 해석된다.38) 이 말의 의미를 알아보려면, 행렬과 벡터의 차원 변환부터 이해해야 한다. 앞서 아인슈타인의 상대성이론을 이야기하면서 차원 변환(demension transformation)에 관한 이야기를 뒤로 미루었다. 여기에서 그것을 알아보자.

[그림 4-26] (a)에서 막대의 길이 혹은 공간의 이동 거리는 하나의 숫자 S로 표현될 수 있으며, 이 길이는 하나의 숫자, 즉 '1차원'으로 표현된다. 그 길이 혹은 공간이동 S가 그림 (b)의 2차원 공간 내에서 고려된다면, 이것은 2개의 숫자 조합으로 다시 표현될 수 있다. 그 길이는 피타고라스 정리($S^2 = x^2 + y^2$)에 따라 계산될 수 있으므로, 2차원으로 변환될 수 있기 때문이다. 즉, 하나의 숫자 S는 두 숫자의 조합(x, y)으로 표현될 수 있다. 다시 말해서, 1차원은 2차원으로 표현 혹은 변환될 수 있다. 그리고 그 길이 혹은 공간이동이 만약 그림 (c)의 3차원 공간에 내에서 고려된다면, 그것은 역시 피타고라스의 정리에 따라서 $S^2 = x^2 + y^2 + z^2$의 수식으로 계산될 수 있으므로, 세 숫자의 조합(x, y, z), 즉 3차원으로 표현될 수 있다. (아인슈타인은 이러한 3차원 공간의 이동에 시간 차원을 더하여 4차원 시공간을 이야기했다. 그는, 뉴턴처럼 시간과 공간이 서로 무관한 것으로 존재한다고 가정하지 않으며, 서로 상관관계로 존재한다고 보았다.)

이러한 차원 변화의 측면에서, 3차원의 표현은 4개의 숫자 조합인 4차원으로 표현될 수 있으며, 그것은 다시 5차원으로, 나아가서 아주 많은 숫자 조합의 차원으로 바꿔 표현될 수 있다. 이러한 수학적 차원 변환의 이야기가 신경계의 기능을 이해하는 데에 어떤 도움이 되는가?

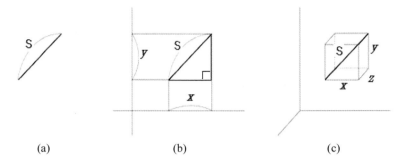

(a)   (b)   (c)

[그림 4-26] (a) 공간적 길이는 숫자 하나(S)로 표현된다. (b) 그것은 2차원 평면에서 숫자 둘의 조합(x, y)으로 표현된다. 다시 그것은 3차원 공간에서 숫자 셋의 조합(x, y, z)으로 표현된다.

앞의 [그림 4-24]의 신경세포에 들어오는 입력정보 행렬(a, b, c, d)은, 4차원 위상공간의 위치, 즉 4차원 위상공간의 벡터(vector)로 해석될 수 있다. 그리고 출력정보 행렬(x, y, z)은 3차원 위상공간의 위치, 즉 3차원 위상공간의 벡터로 해석된다. 이렇게 행렬 수학으로 신경망의 입력정보와 출력정보 사이의 관계를 이해해보면, 신경망의 병렬연결 구조의 역할이 위상공간의 행렬 변환으로 이해된다. 다시 말해서, 신경망의 수학적 기능은 입력 신호(a, b, c, d)라는 4차원 정보를 출력 신호(x, y, z)라는 3차원 정보로 벡터 변환하는 것이다. 다르게 말해서 신경망의 계산 처리는 위상 공간들 사이의 '체계적 좌표 변환'이다. 그 변환은 실제 신경망의 병렬연결 구조에서, 구체적으로 시냅스 병렬연결(p_n, q_n, r_n)을 통해 이루어진다. 그리고 그러한 병렬연결 구조는 상태공간의 좌표 변환을 수행한다.

최근 발전하고 있는 인공신경망 AI는 이러한 신경계의 행렬 변환 원리를 적용한 것이다. 여기에서 행렬 변환의 계산규칙을 조금 더 알아보자. 병렬 신경망이 어떻게 수학적 계산을 수행하는가? 만약 [그림 4-24]의 신경망의 시냅스 연결 $S(p_n, q_n, r_n)$에, 입력정보 $I(a, b, c, d)$가 입력된다면,

$$I(입력정보) = (a, b, c, d) \qquad S(시냅스\ 연결) = \begin{vmatrix} p_1 & p_2 & p_3 & p_4 \\ q_1 & q_2 & q_3 & q_4 \\ r_1 & r_2 & r_3 & r_4 \end{vmatrix}$$

출력정보 $O(x, y, z)$는 아래와 같이 입력정보 행렬과 시냅스 행렬의 곱으로 계산된다.

$$O(출력정보) = I \cdot S$$
$$(a \cdot p_1) + (b \cdot p_2) + (c \cdot p_3) + (d \cdot p_4) = x$$
$$(a \cdot q_1) + (b \cdot q_2) + (c \cdot q_3) + (d \cdot q_4) = y$$
$$(a \cdot r_1) + (b \cdot r_2) + (c \cdot r_3) + (d \cdot r_4) = z$$
$$O(출력정보) = (x, y, z)$$

여기에서 신경망의 수학적 계산 처리를 간략히 이해하기 위해, 아주 단순한 뉴런 연결망, 즉 뉴런 3개의 신경망 모델을 고려하였다. 물론, 실제 대뇌피질의 어느 영역의 대응도 신경망을 고려하더라도, 최소 수십만의 피라미드 세포가 병렬연결을 이루는 구조이다. 그렇다면 그런 대응도는 엄청난 차원의 변환을 손쉽게 변환하는 계산기, 즉 병렬처리 컴퓨터인 셈이다. 그런 대응도 계산기는 단지 입력정보를 받아들이고 출력으로 내보내는 것만으로 복잡한 수학적 계산을 간단히 실행한다.

* * *

처칠랜드 부부는 이러한 아이디어를 펠리오니즈와 이나스 그리고 퍼켈(Pellionisz, Llinás, and Perkel, 1977)의 연구에서 가져왔다고 말한다.39) 그들의 연구로부터, 처칠랜드 부부는 표상 이론을 제안했다. 신경계는 세계의 정보를 감각뉴런 집단을 통해 숫자 조합 즉 행렬로 받아들인다. 그리고 신경계는 그것을 학습의 결과로 조율된 시냅스 연결의 기억 정보로 변환하여, 축삭을 통해 출력정보를 행렬로 내보낸다. 그런 측면에서, 표상이란 병렬연결 신경망의 숫자 조합 즉 행렬로 이해되며, 그 신경망의 계산적 기능은 행렬 변환이다. 이러한 측면에서 뇌는 일종의 행렬 변환 계산기, 즉 컴퓨터이다.

패트리샤 처칠랜드와 세즈노스키는 《계산 뇌》에서 계산의 개념을 새롭게 확장한다. 그들은 '계산(computation)'이란 개념을 좀 더 폭넓게 생각할 필요가 있다고 말한다.

더욱 일반적인 의미에서, 한 물리적 상태가 다른 시스템의 상태를 표현하는 것으로 보인다면, 그것을 계산 시스템으로 간주해야 한다. 그 두 상태 사이의 전이가 바로 표상을 위한 작동이라고 설명된다. 그것을, 쉽게 말하자면, 그 시스템의 상태들과 표현하려는 다른 어떤 상태들 사이에 '대응시킴(mapping)'이라는 말로 설명하는 것이 좋겠다. 즉, 물리 시스템이 곧 계산 시스템일 수 있는 것은, 한 시스템의 '물리 상태'와 계산되는 '기능 요소'들 사이를 적절히 '대응시킨다'는 것 때문이다. (p.62)

위의 이야기를 아래와 같이 해석할 수 있다. 물리 시스템을 계산 시스템으로 만들어주는 것이 '대응시킴'이라고 본다면, 그 대응 기능을 '함수(function)'라 부를 수 있다는 것이다. 사실상 수학적 의미에서 '함수'란 '대응함'을 의미한다.

이렇게 신경망의 기능을 수학적으로 파악함으로써, 우리는 다른 동물을 포함하여 인간의 지적 능력을 새롭게 이해할 수 있다. 이러한 표상 이론은 그 어떤 전통적 입장도 상상할 수 없었던 인간 지성에 대한 새로운 과학적, 철학적 이해를 제공한다. 폴 처칠랜드는 《신경계산적 전망》에서 신경망 이해를 아래와 같이 전망한다.

첫째, 신경망은 비선형적 변환으로 계산 처리한다.
둘째, 그러한 병렬구조 신경망은 빠른 처리 속도를 가진다.
셋째, 신경망에 큰 행렬과 잉여세포가 주어질 경우, 일부 요소세포가 상실되더라도 신경망 전체의 기능에 문제가 발생하지 않는다. (p.101)

위의 전망을 하나씩 구체적이면서도 쉽게 이해해보자.

첫째, 신경망은 비선형적 변환으로 계산 처리한다.

신경망이 비선형적 변환으로 작동하는 이유는, 신경망이 반응 임계치를 가지기 때문이며, 따라서 특정 입력정보에 선별적으로 반응할 수 있다. 그러므로 선별적으로 반응하는 신경망은 동물이 세계에 대처할 능력을 부여하는 구조인 셈이다. 신경망은 그런 능력을 통해서 세계의 특징(figures)을 구분할 분별력을 가진다. 동물의 신경망은 진화를 통해 세밀하고 정교하게 발전해왔다. 예를 들어, 진화 초기의 동물은 빛에 대해 임계치로 반응하는 뉴런을 가져서 밝은 빛과 어둠 사이에 어느 경계를 구분할 수 있었으며, 특정 페로몬의 임계치에 반응하는 뉴런을 가져서 먹이나 짝을 찾을 수 있었다. 그보다 더 복잡한 신경망을 가진 동물은 자신이 마주하는 것이 먹이인지 포식자인지를 분별할 수 있으며, 그보다 훨씬 복잡한 신경망을 지닌 영장류는 혹시 동료가 자기를 기만하지 않는지를 분별할 능력까지 가질 수 있었다. 그런 모든 능력은 신경망이 비선형적 변환으로 작동함으로써 가능해진다.

그리고 신경망이 무엇을 분별할 수 있다는 것은 곧, 그 신경망이 일종의 범주 체계를 가진다는 것을 의미한다. 이런 이야기가 철학적으로 중요한 의미가 있는 것은 전통 철학의 주제인 범주와 관련되기 때문이다. 앞서 1권 5장에서 알아보았듯이, 아리스토텔레스는 세계에 존재하는 것들을 분류할 기준으로 범주(categories)가 있음을 주장하였다. 그리고 2권 10장에서 알아보았듯이, 칸트는 우리가 세계를 그그러하게 파악할 수 있는 것은 사고의 틀로서 범주를 가지기 때문이라고 파악하였다. 그리고 3권 17장에서 알아보았듯이, 현대 철학자 콰인의 인식론적 관점에 따르면, 우리는 세계에 대한 개념 체계(conceptual framework)를 새롭고 복잡하게 갖춤에 따라서, 이전과 다르게 세계를 파악할 수 있게 된다. 이제 우리는 처칠랜드 관점에 따라서, 개념 체계란 신경망의 비선형적 변환에서 나오는 능력이라고 신경과학적으로 이해할 수 있다. 이러한 이해에서, 우리는 자신들의 개념 혹은 범주가 무엇인지 신경망의 측면에서 새롭게 이해할 수 있다.

둘째, 뉴런의 아주 느린 정보처리 속도에도 불구하고, 병렬연결의 신경망은 실시간(real time) 문제, 즉 속도 문제를 해결해준다.

서로 잡아먹고 먹히는 자연의 혹독한 환경에서, 실시간 문제 해결은 동물에게 아주 중요하다. 그런 신경망을 가진 동물이 빠르게 반응하고 행동할 수 있기 때문이다. 뉴런의 축삭을 통한 정보 전달 속도는 인간의 경우 빠르더라도 300m/s 이상일 수 없다. 이것은 전선을 통한 신호 전달 속도보다 너무 느리다. 만약 이렇게 느린 처리 속도를 가진 뇌가 범용 컴퓨터의 순차처리(serial processing) 방식으로 작동해야 한다면, 그것은 그 동물에게 재앙이다. 동물들이 마치 영화 속의 느린 연속동작처럼 움직일 것이기 때문이다. 더구나 많은 인지 정보를 처리해야 하는 고등동물일수록 그 처리 속도가 더 느릴 것이므로, 영장류의 지적 진화는 생태계에서 애초에 불가능했을 것이다. 진화는 그런 생물을 창조하지 않았다. 뇌는 병렬처리 방식을 가지므로, 범용 컴퓨터가 수천 단계로 처리해야 할 과제를 동물의 뇌는 단지 몇 단계만으로 처리한다. 따라서 병렬연결의 신경망은 순간적으로 도망하고 먹이를 포획해야 하는 생존경쟁에서 동물의 실시간 문제를 해결해준다.

나아가서 그러한 병렬연결 신경망은 인간에게 이미 학습한 무수한 정보나 원리를 순간적으로 검색할 수 있는 속도 문제를 해결해준다. 그것은 병렬연결 신경망의 학습이 시냅스 가중치를 변화시켜 저장하는 방식을 따르며, 입력정보가 병렬연결의 신경망의 시냅스를 통과하면서 저장된 정보를 고려한 판단이 이루어지기 때문이다. 쉽게 말해서 신경망의 병렬연결 구조는 그 자체가 범용 컴퓨터의 프로세서(processor)이면서 동시에 메모리(memory)이다. 즉, 계산처리 장치이면서 기억장치이다. 그러한 능력은 모두 뉴런 시냅스의 병렬연결 구조에서 나온다.

셋째, 많은 신경망 연결 구조는 세계로부터 입력되는 일부 정보가 상실되거나 세포 일부가 손상되더라도 정상적 (혹은 정상에 가까운) 기능 혹은 계산 처리를 수행할 수 있게 해준다.

신경망의 수많은 뉴런이 서로 병렬연결 구조를 이루어 정보를 처리하므로, 그중 일부가 손상되더라도 그것으로 인해 신경망 전체 기능이 손상되는 일은 발생하지 않거나, 아주 적을 것이다. 다시 말해서, 신경망 내의 일부 세포가 상실되더라도 그 신경망 전체가 본래의 특정 기능을 상실하지 않으며, 단지 뇌의 전체 기능을 조금 낮출 것이다.

이러한 신경망의 계산방식과 관련하여, 앞서(18장 45쪽) 이야기했던 폰 노이만의 말을 다시 살펴보자. 그는 《컴퓨터와 뇌》에서 이렇게 말했다. "나의 주요 목표는 … '신경계'에 대한 깊은 수학적 연구이며, 이것은 수학 자체에 대한 우리의 이해에 영향을 미칠 수 있다. 실제로 이런 연구는 우리가 수학과 논리학을 바라보는 방식을 올바로 바꿔놓을 것이다."(pp.1-2) 이 말을 여기 처칠랜드의 표상 이론에 따라 이해해보자. 위에서 이야기했듯이 신경망에 의한 계산이란, 시냅스 연결(정보) $S(p_n, q_n, r_n)$에 의한 입력정보 $I(a, b, c, d)$의 벡터 변환이다. 그렇지만 이런 계산은 우리의 쉬운 이해를 위해 극단적으로 축약한 도식적 신경망의 기능이다. 실제 신경망은 매우 많은 원주 집단, 예를 들어 백만 개 유닛에 의해 계산된다고 추정해보자. 그러면 우리의 어느 수식 계산 혹은 추론은 실제로 백만 차원 혹은 숫자들 조합에 의한 벡터 변환이라고 가정된다. 쉽게 말해서 명확해 보이는 숫자 계산이 실제로는 무수한 숫자 조합에 의한 계산이라고 추정된다. 이것은 분명히 전통적 계산의 개념을 바꿔놓는다. 그러한 계산 또는 추론이란 무수히 많은 숫자 정보를 통계적으로 처리하는 것을 의미한다.

* * *

이 시점에서 명확히 말해야 할 철학적 쟁점이 있다. 앞서 이야기했듯이, 지금은 인식론의 문제를 경험적으로 인지과정을 탐구함으로써, 즉 기술적 탐구에 의존하여 해명하는 중이다. 그렇지만 전통적으로 철학은 경험을 멀리하고, 선험적으로 인식론을 다루었다. 예를 들어, 칸트는 자신의 사고 작용에 대한 (의식적) 반성을 통해 인식 구조에 다가서려 했으며, 러셀은 언어에 대한 논리적 분석을 통해 언어적 지식 구조에 다가서려 했다.

반면에 지금 우리가 이야기하고 있는 처칠랜드 부부는 콰인의 자연주의 인식론을 계승하며, 따라서 현대 신경과학의 실험적 연구 성과를 통해 '지식의 본성' 또는 '표상의 본성'에 접근한다. 따라서 그들은 뇌의 표상과 계산에 관한 강력하고 새로운 이론적 접근법을 열어놓는다. 그 표상 이론은 전통 철학자들이 (암묵적으로) 가정했던 표상이란 개념을 명확히 해명해준다. 다시 말해서, 새로운 표상 이론을 통해, 우리는 상식 수준에서 떠올리는 '표상'이란 개념에서 벗어나, 과학적으로 명확히 이해할 수 있게 되었다.

지금까지 이 책을 열심히 읽어왔다면, 이제 누군가는 이러한 질문을 해야 한다. 그렇다면 추상적 표상 혹은 개념이 신경 표상으로 어떻게 설명될 수 있는가? 앞에서 살펴보았듯이, 전통 철학자들이 궁금해했던 근본적 의문 중 하나는, 플라톤에서 시작되어 지금까지 철학자들이 해결하지 못했던 의문, 우리가 추상적 관념 혹은 개념을 어떻게 가지는지의 의문이다. 그 의문을 과연 신경망의 표상 이론으로 대답할 수 있을까? 플라톤이 발견했듯이, 추상적 개념, 즉 기하학적 도형의 개념은 우리의 마음이 그려내는 혹은 상상하는 무엇이다. 만약 그것을 새로운 표상 이론으로 우리가 설명하고 이해할 수 있다면, 인공지능이 추상적 개념을 어떻게 가질 수 있을지도 전망해볼 수 있다. 사실 그런 의문에 대한 이해가 이미 있어서, 현재 인공신경망 인공지능이 다양한 용도로 개발되고 활용되는 중이다. 그것이 어떻게 가능했는지를 이제부터 인식론 관점에서 알아보자.

21 장

인공신경망

전통적 기대와 다르게, 개념 체계는 술어-유사 요소와 비슷하지 않으며, 나아가서 그러한 요소들이 배합된 문장-유사 일반 언어와도 비슷하지 않다. … 고차원의 지도-유사 [대응도] 체계는 전형적으로, 유사(닮음) 및 차이(다름)의 복잡한 관계로 통합되고 상호 조정되는, 고차원의 원형 지점들(prototype points)과 원형 궤적들(prototype-trajectories)의 거대한 덩어리로 이루어진다.
_ 폴 처칠랜드

■ 추상적 표상

지금까지 신경망 즉 뉴런 집단이 세계의 특징을 어떻게 표상할 수 있는지 처칠랜드의 표상 이론을 알아보았다. 철학자로서 처칠랜드의 관심은 그보다 추상적 개념에 맞춰져 있다. 앞서 살펴보았듯이, 신경망의 뉴런 격발이 만약 특정 색깔에 특별히 민감하게 반응하는 패턴을 형성하는 경우, 그 반응 패턴의 벡터는 그 색깔을 인지하고 분류할 기준이 된다. 그렇지만 이러한 이야기만으로 신경계가 추상적 개념 혹은 범주를 어떻게 가질지 이해하기는 쉽지 않다. 그러므로 조금 더 확장된 설명이 필요하다. 범주 혹은 추상적 개념이란 세계를 무엇으로 알아보는 기준이기도 하면서, 그러한 기준에 따라 다른 것으로부터 그것을 분별해내는 기준이기도 하다.

실제 인간 신경계가 이러한 구분하기를 어떻게 할 수 있는지 연구된 실험이 있었는가? 그렇지는 않다. 인간이 이러한 과제를 수행하는 중 뇌에 어떤 작용이 일어나는지 직접 실험하는 방법은 아직 없다. 이런 실험을 위해 뇌를 해부하고, 살아 있는 사람의 뇌에 무수한 탐침을 꽂아 장시간 실험하기는 어렵다. 게다가 어떤 첨단 뇌 영상 장비라도 뇌의 개별 뉴런의 활성화 정도, 그리고 그 뉴런이 속한 집단의 활성 패턴 등에 대한 수학적 벡터값을 직접 알려주지 못한다. 그렇지만 인공신경망을 활용하여 신경망의 구조와 기능을 모방하는 실험 연구가 있으며, 그 연구로부터 폴 처칠랜드는 자신의 표상 이론 가설이 유력하다고 주장해볼 수 있었다.

* * *

인공지능 전문가를 자처하는 누군가는 흔히 언론에서 이렇게 말하곤 한다. 인공지능은 수학적 계산을 매우 빠르고 정확하게 잘하며, 복잡한 추론도 잘하지만, 우리 뇌가 쉽게 할 수 있는 것을 잘하지 못한다. 예를 들어, 개와 고양이를 구분하는 일에서 그러하다. 그러나 이런 이야기는 오늘날의 인공신경망 인공지능에 대한 적절한 평가는 아니다. 인공지능 연구를 '전문가 시스템'과 '인공신경망'으로 구분해볼 때, 위의 누군가의 말은 전문가 시스템에나 적절한 이야기이다. 인공신경망은 이미 그러한 분별 능력에서도 인간을 훨씬 능가한다. 실제 신경망이 아닌, 인공신경망에서 처칠랜드의 표상 이론이 과연 설득되는지 이야기해보자. 인공신경망에서 범주 혹은 추상적 개념이 어떻게 설명될 수 있는가?

고양이와 개를 구분하는 인공신경망의 인식론적 원리를, 폴 처칠랜드는 최근의 저서 『플라톤의 카메라: 뇌 중심 인식론(*Plato's*

Camera: How the Physical Brain Captures a Landscape of Abstract Universals)』(2012)에서 다음과 같이 설명한다. 신경망 연결의 기본 구조는 사다리와 비슷하다. [그림 4-27]에서 볼 수 있듯이, 시각 시스템(visual system)은 망막의 입력정보를, 시상의 외측무릎핵(lateral geniculate nucleus, LGN), 후두엽의 일차시각피질, 이차시각피질 등의 신경망에 단계적으로 연결하며, 그 연결 과정에서 정보를 변형한다. 청각 시스템(auditory system)은 달팽이관의 입력정보를, 시상의 내측무릎핵(medial geniculate nucleus, MGN), 측두엽의 일차청각피질, 이차청각피질 등의 신경망들에 단계적으로 연결하며, 그 과정에서 정보를 변형한다.

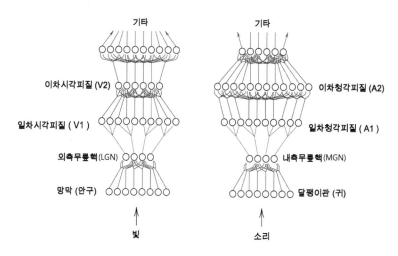

[그림 4-27] 시각 시스템 및 청각 시스템의 연결망 경로의 사다리-유사 구조의 도식적 그림. 여기에서 뉴런은 원으로, 그리고 축삭은 선으로 표시되었으며, 수상돌기는 생략되었다. (Paul Churchland, 2012, 76쪽)

이러한 사다리-유사 구조의 신경망이 감각 입력정보로부터 어떻게 무엇을 분별할 수 있는지 알아보자. 폴은 쉬운 이해를 위해서 극히 단순한 인공신경망을 예로 든다. [그림 4-28]의 인공신경망은, 아래부터 위쪽으로, 1차 입력 뉴런 신경망으로 뉴런 2개(N_1, N_2)만을 가지며, 2차 뉴런 신경망도 뉴런 2개(N_3, N_4)만을 가지며, 3차 뉴런을 하나(N_5)만 가진다. 그러므로 아래 2개의 감각 입력 뉴런 신경망의 반응은 2차원 위상공간의 지점으로 표현되며, 2차 뉴런 신경망의 반응 역시 2차원 위상공간의 지점으로 표현된다. 그리고 3차 뉴런은 1차원 선의 지점으로 표현된다.

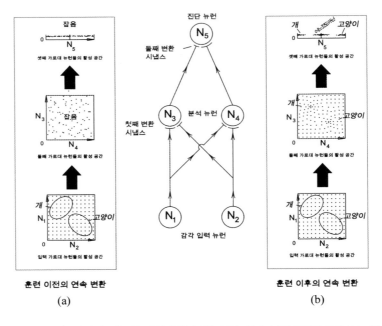

[그림 4-28] 신경망이 범주를 어떻게 학습하는지를 쉽게 이해하도록 도와주는 극히 단순한 신경망의 도식적 그림. (Paul Churchland, 2012, 80쪽)

그림 (a)에서 2차 분석 뉴런 신경망의 위상공간은 훈련(학습) 이전 신경망의 활성 상태를 보여준다. 그림에서 1차 감각 입력 뉴런들의 활성 정도는 위상공간 내에 고른 분포의 격자 내의 지점으로 표시되었다. 그리고 그러한 입력 신호들은 2차 분석 뉴런 신경망의 위상공간 내에 무작위 위치의 점으로 표시되었다. 2차 신경망이 아직 훈련되지 않았기 때문이다. 다시 말해서, 1차 입력정보에 대해 2차 분석 뉴런 신경망은 그것들을 특정 위치로 분류하지 못한다. 따라서 3차 뉴런은 그 입력 신호에 대해 아무런 분별 능력을 지니지 못한다.

그림 (b)는 훈련이 이루어진 후의 신경망 기능 상태를 보여준다. 그림에서 둘째 층 뉴런(N_3, N_4)의 신경망이 입력 뉴런의 정보를 특정 위상공간의 지점으로 모아준다. 어떻게 그러할 수 있는가? 신경망의 학습으로, 1차 입력 뉴런층으로부터 2차 분석 뉴런층으로 들어오는 입력정보에 대해, 두 층 사이의 시냅스의 강도를 조금씩 연이어 (학습 알고리즘에 따라) 변화시켰다. 그러한 시냅스 강도 변화의 학습으로, 1차 입력정보의 위상공간 위치는 2차 신경망 위상공간의 특정 위치로 모여들었다. 그러므로 개 또는 고양이 관련 1차 입력정보는 2차 신경망 위상공간의 특정 위치에 의해 분류된다. 그 결과 3차 뉴런층 N_5는 개와 고양이를 구분할 분별력을 지닌다.

물론, 이러한 인공신경망은 실제 우리 안구와 비교해볼 때 턱없이 단순한 구조이다. 만약 입력 뉴런 신경망의 뉴런 수를 늘리고, 분석 뉴런 신경망의 뉴런 수를 늘린다면, 그만큼 사물에 대한 분류 기준은 복잡하고 섬세해질 수 있다. 그렇지만 그렇게 많은 수의 뉴런 신경망이 성공적으로 훈련하려면, 오류 수정을 위한 무수히 많은 훈련 시도가 필요하다. 훈련의 완성을 위해 시냅스마다 수백만 번의 조정이 필요할 수 있기 때문이다. 그렇지만 이미 인공신경망 훈련의 방법으로 널리 알려진 '오류 역전파(back-propagation-of-error)' 알고리즘, 델타-룰(Delta-Rule)은 그물망의 시냅스 가중치를 매우 성공적으로 조율한다. 다시 말해서, 그러한 훈련은 컴퓨터 프로그램 내에 자동으로 수행된다.

훈련된 신경망 시스템의 중요 분별 능력은 2차 신경망의 위상공간에서 나온다. [그림 4-29] (a)에서 볼 수 있듯이, 1차 감각 가로대 뉴런(N_1, N_2)의 고양이 관련 위상공간의 두 지점은 2차 분석 뉴런 위상공간 내에서 특정 지점으로 좁혀진다. 다르게 표현해서, 신경망

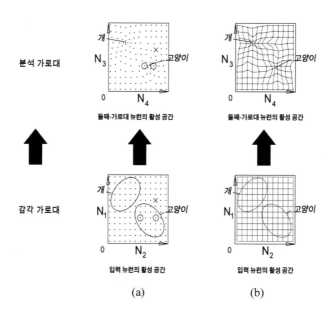

[그림 4-29] 학습 중 일어나는 유사성 계측 규준(similarity metrics)의 변형을 위상의 일그러짐으로 보여주는 도식적 그림. (Paul Churchland, 2012, 86쪽)

에서 학습 효과란, 그림 (b)에서 볼 수 있듯이, 분석 가로대 위상공간의 구겨짐 혹은 응축이다. 이러한 위상공간의 구겨짐에 따라서, 2차 분석 뉴런 신경망은 위상공간의 특정 지점이 다른 지점에 비해 더 가깝고, 더 먼 것으로 반응할 수 있고, 판단할 수 있다. (이런 반응 혹은 판단을 위해서 어떤 인식의 주체자 혹은 인간을 끌어들일 필요는 없다.) 이러한 맥락에서, 2차 분석 뉴런층이 학습을 통해 시냅스의 강도를 변화시켜 성취하는 것은, 그 위상공간을 일그러뜨리는 일이라고 말할 수 있다. 그리고 2차 위상공간 구겨짐의 중심 위치는 '개' 혹은 '고양이'를 표상하는 가장 대표적 위치, 즉 원형(prototype)이다. 1차 뉴런층의 입력 신호가 2차 분석 뉴런층의 원형에 가까운 곳에 있을수록, 그 입력 신호는 원형의 위치로 이끌려 들어갈 혹은 굴러 떨어질 확률이 높다.

그것을 입체적으로 [그림 4-30]에서 이해해볼 수 있다. 마치 오목한 큰 그릇의 중앙으로 구슬이 굴러서 들어간다는 의미에서, 비선형함수에서 원형이란 '끌개(attractor)'로 불린다.

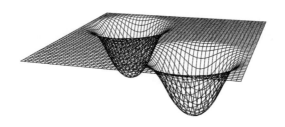

[그림 4-30] 2차 위상공간의 일그러짐을 입체적으로 표현한 그림. 위상공간의 비선형함수에서 원형(prototypes)이란 구슬이 굴러 들어가는 꼭짓점의 '끌개(attractor)'이다.

2차 분석 뉴런의 응축된 위상공간은, 전문용어로, 유사성 계측 규준(similarity metrics)을 가진다고 볼 수 있다. 즉, 개와 고양이를 구분할 기준을 가진다. 신경망의 유사성 계측 규준의 변형, 즉 무엇을 그것으로 인식하고 분류할 수 있는 학습 이야기는 지각 판단의 '범주 효과(category effects)'를 그럴듯하게 설명해준다. 이런 이야기는 정상 인간 혹은 동물이 유사성 판단을 어떻게 하는지, 즉 어떤 두 무리의 범주 항목을, 가까운 다른 항목들보다 더 유사하다고, 혹은 더 가까운 범주 내에 있다고 판단하는 경향을 이해시켜준다. 우리는 명확하게 분별하기 어려운 경우일지라도, 무엇이 무엇과 더 닮았다고, 혹은 더 유사하다고 판단할 수 있다. 그러한 유사성 정도의 판단이 어떻게 이루어지는지는 여기에서 살펴본 2차 분석 뉴런 신경망의 위상공간 내의 거리 관계로 이해된다. 이런 이해에서, 우리가 언어로 명확히 설명하기 어려우면서도 무엇을 그것으로 구분하고 인지하는 많은 분별 능력을 위상공간의 응축으로 이해하고 설명할 수 있다.

결국 2차 신경망 위상공간의 응축된 중심 위치, 즉 지각정보 혹은 감각자료를 분별하는 중심 위치는, 우리가 무엇을 그것으로 분류하고 인지하는 대표적 모델인 원형 혹은 전형(paradigm)이다. 학습된 2차 신경망은 입력정보를 분류하는 범주 효과를 제공한다. 그런 측면에서 추상적 보편 개념(universals) 또는 범주(categories)는 2차 신경망 위상공간의 원형이라고 말할 수 있다. 그 원형이 더 혹은 덜 가까운 정도에 따라서 우리는 무엇이 전형의 모습에 더 가까운지 아닌지를 분별할 수 있다. 예를 들어, 어느 입력정보에 대해 2차 신경망이 학습된 고양이 원형 지점에 더 가깝게 반응한다면, 그것이 고양이와 더 유사하다고 분별할 것이다.

156

2차 분석 뉴런 신경망은 입력 신경망과 출력 신경망 사이의 '은닉 유닛층'으로 불린다. 그러므로 은닉 유닛층 신경망은 세계의 무엇을 그것으로 인지하게 해주는 범주, 즉 추상적 개념의 기능을 담당한다. 여기에서 다음과 같은 질문이 나올 수 있다. 과연 이러한 신경망의 기능이 다양한 인지 작용에도 일반적으로 적용 가능할까? 이러한 의문을 해소하기 위해 2차원 위상공간을 넘어서는 더 복잡한 인지적 작용, 즉 더 많은 인지적 지표를 갖는 다른 신경망의 사례를 검토해보자.

* * *

[그림 4-31]은 인공신경망이 사람 얼굴을 세 가지 특징, '코의 넓이', '입의 크기', '눈 사이의 거리' 등의 3차원으로 표현하는 얼굴 위상공간 모형이다. 이러한 인공신경망은 특정 얼굴에 대해 3차원 위상공간의 위치로, 즉 벡터로 표현할 수 있다. 물론, 실제 사람 얼굴이 이렇게 단순한 3차원으로 표현될 수 있다고 가정하는 것은 무리가 있다. 그렇지만 인공신경망의 은닉 유닛층에 뉴런의 수를 늘려 이것보다 매우 많은 지표 차원을 갖는 위상공간을 고려해보면, 그러한 신경망의 위상공간은 실제 신경계의 위상공간과 유사해질 수 있다.

이 인공신경망이 계층구조로 구성되며, 그래서 얼굴 인지 인공신경망이 그 하부 신경망으로 인종의 특징인 '눈동자 색깔', '머리 색깔', '피부색' 등을 분별하는 위상공간을 갖는다고 가정해보자. 그러한 3차원 벡터값이 얼굴 인지 인공신경망의 한 축, 즉 하나의 지표로 표현된다고 가정해보면, 그런 인공신경망은 다양한 특징을 하나의 벡터값으로 통합하는 위상공간을 지니는 셈이다. 다시 말해서,

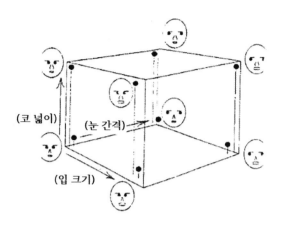

(코 넓이)　(눈 간격)

(입 크기)

[그림 4-31] 눈 사이의 거리, 입의 크기, 코의 넓이가 각 축의 특징으로 표현되는
얼굴 위상공간의 그림. 위상공간의 세 축(차원)의 각기 다른 수치가 각기 다른
얼굴을 나타낸다. 다양한 개별 얼굴은 서로 다른 벡터값으로 부호화될 수 있다.
실제로 포유류의 얼굴을 구분하려면, 많은 특징을 부호화해야 하지만, 여기서 다
만 세 종류의 특징만을 고려하였다. (Patricia Churchland, 2002a, 437쪽)

얼굴에 대한 다양한 여러 위상공간의 벡터값이 상위 위상공간의 신
경망에서 다시 통합된다면, 그런 위상공간은 특정인의 얼굴을 미묘
하게 분별할 배경 지식의 지표를 가진다. 그런 방식으로 여러 인공
신경망이 복잡한 구조로 대응 연결을 이루고, 적절히 학습된다면,
그 학습의 결과 상위층의 통합 위상공간은 우리가 언어로 명확히
말할 수 없지만, 묘한 느낌으로 누구의 얼굴인지 혹은 누구에 가까
운 얼굴인지 등을 분별할 능력을 지닐 수 있을 것이다.
　이러한 표상의 통합 측면에서, 단순한 감각적인 여러 특징적 표
상으로부터 상위의 추상적 특징을 우리가 어떻게 표상할 수 있는지
도 추정해볼 수 있다. 특정 표상의 위상공간에서의 합벡터는 다른

상위 개념 표상을 위한 위상공간의 한 축의 벡터가 될 수 있으며, 그 상위 표상의 위상공간의 벡터는 다시 더 상위 분류 범주인 벡터 공간에서 한 축의 벡터로 병렬연결될 수 있다. 이렇게 세계의 감각 특징에 대한 표상 수준으로부터 전형적 동양인 얼굴 혹은 서양인 얼굴의 추상적 특징이 신경망의 위상공간의 벡터로 표상될 수 있다.

이러한 기초적이며 가설적인 폴 처칠랜드의 모델로부터, 이제 실제 연구되었던 조금 더 복잡한 인공신경망 연구 사례를 살펴보자. UCSD의 개리슨 코트렐과 연구원(Garrison W. Cottrell and M. K. Fleming, 1990)은 얼굴을 학습하는 인공신경망으로 '얼굴신경망(Face net)'을 개발하였다. 폴 처칠랜드는 코트렐 얼굴신경망이 특정 얼굴을 표상하는 계측 규준을 어떻게 담아내는지, 벡터부호화 가설에 근거해서 설명할 수 있음을 주장한다. 얼굴신경망에 흑백 사진으로 여러 연구자의 얼굴을 학습시키면, 그 연구자들의 다른 사진을 보고 정확히 누구인지를 분별한다.

[그림 4-32]에서 볼 수 있듯이, 얼굴신경망은 다음과 같은 구성으로 고안되었다. 망막의 입력층으로 64 × 64(4,096) 화소(pixel)의 그리드(grid)를 가지며, 그 각각의 그리드는 단지 밝고 어두운 정도, 즉 흑백으로 입력정보를 받아들인다. 2차 은닉 유닛층은 80개 유닛을 가지고, 출력층은 8개 유닛을 가진다. 얼굴신경망은 처음 아무것도 인지하지 못했지만, 11인의 얼굴 사진에 대해 64회 훈련을 시키고, 얼굴이 아닌 13개의 사진에 대해 훈련을 시킨 결과, 특정 사진이 사람 얼굴인지, 여성인지 남성인지, 그 이름이 누구인지 등을 효과적으로 맞혔다.

위의 인공신경망이 어떻게 얼굴을 재인해낼 수 있었는지 조금 더

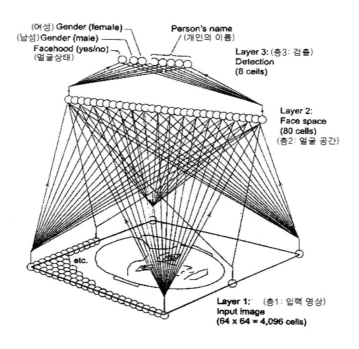

(여성) Gender (female)
(남성) Gender (male)
Facehood (yes/no)
(얼굴상태)

Person's name
(개인의 이름)

Layer 3: (층3: 검출)
Detection
(8 cells)

Layer 2:
Face space
(80 cells)
(층2: 얼굴 공간)

etc.

Layer 1: (층1: 입력 영상)
Input image
(64 x 64 = 4,096 cells)

[그림 4-32] 얼굴 인지 인공신경망(ANN)의 개념적 구조. 입력층의 각 유닛은 중간층의 모든 유닛과 연결되고, 그것은 다시 출력층의 모든 유닛과 연결된다. 이 신경망은 전체 4,184개의 유닛을 가지므로, 실제로 아주 빈약하지만, 학습된 얼굴이 누구인지를 백 퍼센트 정확히 맞혔다. (Paul Churchland, 1996e, p.40)

구체적으로 설명하자면, 둘째 층은 80개 유닛을 가지므로, 4,096개 입력 유닛의 신호를 80차원 위상공간의 지점으로 표상한다. 그 80개 유닛 각각의 출력은 다시 셋째 층의 8개 유닛에 입력된다. 그 8개 유닛은 각기 다른 유형을 구별할 수 있도록 학습될 수 있다. 예를 들어, 첫째 유닛은 사람 얼굴 사진인지 아닌지, 둘째 유닛은 남성 얼굴인지 여성 얼굴인지, 셋째 유닛은 특정 사람의 이름이 무엇인지 등을 판별하는 식이다. 아무튼, 둘째 층에 80유닛만을 가진 얼굴신경망은 80차원 지표를 가진다. 더구나 코트렐 얼굴신경망은 단지 흑백 사진을 분별하는 수준이었다. 그런 측면에서 그 지표가 인간의 의미론적 지표와 같을 수는 없다.

우리가 특정 사람을 알아보기 위해 활용하는 지표가 무엇이고 몇 차원인지 정확히 말할 수 있는 수준의 연구는 아직 없다. 더구나 인간은 사람을 알아보기 위해 단지 얼굴 윤곽에 관한 정보만을 활용하지 않는다. 일상적으로 우리는 다양한 감각 정보를 이용하고 그것을 종합한다. 예를 들어, '목소리', '얼굴 피부색', '옷차림', '걸음걸이 모양', '체형의 크기와 형태' 등등 수많은 정보를 통합적으로 활용한다. 그렇지만 그러한 정보 및 표상의 통합이 어떻게 가능한지는 벡터부호화 가설에 따라서 원리적으로 이해될 수 있다. 그 모든 지표를 인공신경망의 활성 패턴으로 학습한 후, 그 표상들을 통합하는 것이 어렵지 않기 때문이다. 그리고 학습 효과에 따라서, 얼굴신경망은 특정 얼굴에 특별히 민감하게 반응하는 추상적 원형을 획득할 것이다. 그러한 추상적 원형은 인공신경망은 (물론 우리 실제의 신경망도) 무엇을 그것으로 알아보는 추상적 개념일 수 있다.

1권과 2권에서 살펴보았듯이, 전통적으로 철학자들은 추상적 개념이 감각적 경험과 확연히 다르다고 보았다. 이성주의 철학자들은 추상적 개념이 감각적 경험으로부터 직접 얻어질 가능성이 없다고 보았다. 반면에 경험주의 철학자들은 감각적 경험으로부터 추상적 개념을 얻을 것으로 기대했지만, 어떻게 그러할 수 있는지를 마땅히 설명할 방법이 없었다. 이제 처칠랜드의 표상 이론으로 우리는 신경망의 벡터부호화 가설과 신경망 위상공간의 계층적 구조를 통해서, 추상적 개념이 감각적 경험으로부터 어떻게 나타날 수 있는지를 이해하고 설명할 수 있다.

감각의 정도가 신경망의 벡터로 부호화되며, 그러한 벡터부호화가 다시 상위층 신경망의 벡터로 부호화되어 통합된 결과, 하나의 벡터로 표상된다면, 그것이 바로 우리가 아는 추상적 개념이다. 그리고 그러한 추상적 개념을 담아내는, 상위층 신경망의 위상공간의 원형 지점은 물론 현실에 존재하지 않는다. 그 원형 지점은 감각 입력정보를 특정 위치로 편향 혹은 왜곡시킨 위상공간의 지점이다. 그러므로 상위층 신경망의 원형이란, 감각의 입력정보에 의해 형성되지만, 세계로부터 들어오는 입력정보 자체는 아니다. 다시 말해서, 우리의 추상적 개념은 세계로부터 우리의 인지 체계로 들어오는 입력정보 자체가 아니다. 일찍이 플라톤은 '정삼각형' 혹은 '원'과 같은 기하학적 추상적 개념을 결코 감각적 경험에서 얻을 수 없다고 보고, 이데아의 세계를 가정해야 했다. 로크와 흄을 넘어서, 칸트와 러셀도 그러한 추상적 개념이 직접 경험으로부터 어떻게 형성되는지를 결코 설명할 수 없었다. 이제 처칠랜드는 최근 인지신경과학과 인공신경망 연구에서 나온 벡터부호화 가설에 근거해서 신경망이 감각적 경험으로부터 추상적 개념 혹은 범주를 어떻게 학습할 수 있는지를 설명한다. 그리고 과거 철학자들이 해명하기 어려웠던 이유까지 이해시켜준다.

이상과 같이 처칠랜드의 표상 이론은 우리의 추상적 개념이 감각으로부터 신경망에 어떻게 형성될 수 있는지를, 그리고 그것이 원형의 표상이라는 것을 말해줄 강력한 가설이다. 그런데 여기서 누군가는 처칠랜드의 표상 이론에 대해 날카로운 비판적 질문을 할 수도 있겠다. 그 이론에 따르면, 신경망의 뉴런 활동은 벡터로 표현된다. 그런데 사람들마다 뇌의 복잡한 신경 연결은 아마도 모두 다르다고 가정된다. 그렇다면 사람들마다 어떤 사물을 다르게 표상하지는 않을까? 이런 비판적 질문을 하는 학자들이 실제로 있다.

■ 의미론적 동일성[40)]

포더와 르포르(J. Fodor and E. Lepore)는 함께 쓴 저서 《전체론: 구매자 가이드(*Holism: A Shopper's Guide*)》(1992)에서, 그리고 논문 「폴 처칠랜드와 상태공간 의미론(Paul Chruchland and State Space Semantics)」(1996)에서 처칠랜드의 상태공간 표상 이론의 문제와 한계를 지적한다. 그들은 처칠랜드의 위상공간 혹은 상태공간 표상 이론이 결코 의미론적 유사성을 설명할 가능성이 없다고 지적한다.

그들에 따르면, 처칠랜드의 표상 이론은, 같은 사물 또는 추상적 관념에 대해 우리가 서로 유사한 표상을 어떻게 가질 수 있을지 설명할 수 없으며, 따라서 우리가 서로 의사소통을 어떻게 할 수 있는지도 설명해주기 어렵다. 이러한 그들의 지적은 인식론적으로 중요한 지적일 수 있다. 만약 그들의 지적이 적절하다면, 처칠랜드 표상 이론이 주장하는 위상공간 혹은 상태공간의 전형은 결코 범주로서 역할을 할 수 없을 것이기 때문이다. 결국 처칠랜드의 표상 이론은 공허한 이론이라고 평가될 수도 있다. 따라서 그 심각한 반론이 구체적으로 무엇이며, 어떤 가정에서 나오는지, 그리고 과연 처칠랜드 표상 이론이 의미론 유사성을 말할 수 없는지 검토해보자.

포더와 르포르의 해석에 따르면, 처칠랜드의 의미론 설명은 결코 유망해 보이지 않는다. 왜냐하면 관찰자들마다 동일한 것을 같은 것으로 바라볼 수 있으려면, 즉 그들이 서로 내용 유사성을 가지려면, 그들의 서로 다른 신경망이 동일한 관찰 어휘에 대응해야만 한다. 그렇지만 상태공간 표상 이론이 과연 관찰 어휘를 상태공간 위치로 적절히 말할 수 있을지 의심스럽다. 그 이유는 아래와 같다.

당신과 나는 각기 다른 경험을 하면서 같은 감각질(qualia)을 가질 가능성이 있다. 예를 들어, 당신이 잔디 색깔에 느끼는 감각질과 내가 뜨거운 엔진을 바라볼 때 갖는 감각질이 아주 비슷하거나 같을 가능성이 있다고 가정되기 때문이다. 당신의 상태공간 지표가 나의 상태공간 지표와 다를 경우, 그런 일이 일어날 수 있다. 처칠랜드의 표상 이론에 따르면, 감각질 '내용'을 규정하는 것은 상태공간의 '지표'이다. 따라서 당신과 나 사이에 상태공간 차원의 지표가 서로 다를 경우 그 감각질의 내용이 뒤바뀔 가능성이 있다. 포더와 르포르의 지적에 따르면, 특정 감각이 어떤 감각인지 분별하려면, 우리는 그것이 무엇인지, 즉 그 감각의 의미를 이미 알았어야 하는 문제가 발생한다.

더구나 포더와 르포르는 다음과 같은 고려에서도 상태공간 표상 이론은 의미론적 문제를 다룰 가능성을 갖지 못한다고 지적한다.

첫째, '차원의 개별화' 문제에서 상태공간 표상 이론은 의미론적 동일성을 말하기 어렵다.

어려워 보이는 철학적 용어를 쉽게 풀어서 이해해보자. 처칠랜드의 표상 이론에 따르면, 어느 두 표상 혹은 개념이 같거나 유사하다는 것은, 그것들이 서로 동일 위상공간 내에 유사한 지점(벡터)을 가리킬 경우이다. 그런데 만약 당신과 내가 서로 다른 위상공간을 가진다면, 당신과 내가 무엇을 그것이라고 서로 동의할 수 있을까? 철학적 용어로 말해서 우리가 서로 유사한 의미론의 규준을 가질까?

포더와 르포르에 따르면, 우리는 서로 다른 신경조직을 가질 것이며, 따라서 다른 인지신경망을 가질 것이다. 그러므로 당신과 나는 각자 서로 다른 위상공간의 차원을 가질 것이며, 따라서 서로 다른 인지적 규준을 가질 것이다. 그렇다면 당신과 나는 서로 다른 상태공간에 따른, 서로 다른 의미론의 기준을 가지게 된다. 다시 말해서, 처칠랜드 표상 이론이 '의미론적 유사성'을 주장하려면, 우리 인간 모두가 '상태공간의 동일성'을 가져야 하며, 그렇게 되려면 그 상태공간의 '차원의 동일성', 즉 우리가 서로 동일 차원의 상태공간을 가져야만 한다. 더 쉬운 이해를 위해 앞서 이야기했던 얼굴을 인지하는 인공신경망을 예로 들어보자. 어느 인공신경망은 사람 얼굴을 단지 3차원 위상공간의 지점으로 파악하고, 다른 인공신경망은 80차원 위상공간의 지점으로 파악한다고 가정해보자. 그러면 두 인공신경망 사이에 무엇을 그것이라고 동일하게 인지한다고 우리가 인정할 수 있겠는가? 이것이 포더와 르포르의 첫째 지적이다.

다시 말하자면, 상태공간 차원의 동일성을 이야기하려면 '속성의 동일 기준'이 확보되어야 한다. 한마디로, 상태공간의 동일성은 동일 차원의 분류 기준을 전제한다. 그런데 상태공간을 구성하는 서로의 신경망 구조는 조금씩 다를 것이라는 점이 문제이다. 즉, 동일 차원 혹은 동일 분류 기준을 가질 가능성이 없다는 것이 포더와 르포르의 지적이다.

둘째, '부차적 정보'의 문제를 고려해도, 상태공간 표상 이론은 의미론적 동일성을 말하기 어렵다.

우리는 저마다 살아온 인생이 다르며, 따라서 독특한 경험을 가져서, 뇌에 서로 다른 부차적 기억 혹은 정보를 가진다. 그러한 정보가 신경망의 활동 패턴으로 저장되고, 그것이 각자의 인지에 영향을 미친다고 가정해볼 때, 우리 누구의 인지 혹은 개념도 서로 유사하다고 말하기 어렵다. 이런 의문에 처칠랜드는 무엇이라 대답할 수 있을까?

* * *

위의 지적과 의문에 대해 폴 처칠랜드는 두 논문, 「포더와 르포르: 상태공간 의미론과 의미 전체론(Fodor and Lepore: State-space semantics and meaning holism)」(1996c)과 「포더와 르포르에 대한 두 번째 응답(Second reply to Fodor and Lepore)」(1996d)에서 대답한다. 그에 따르면, 포더와 르포르는 연결주의(connectionism) 의미론을 잘못 이해하였다. 따라서 처칠랜드는, 상태공간 표상 이론을 탄생시킨 연결주의 의미론의 실체적 모습을 설명하는 것으로 그들의 의혹에 대답한다.

첫째, 동일 그물망이라도 훈련 과정에서 습득한 세계의 특징에 대한 표상적 양식은 매번 다를 수 있다. 이러한 측면에서, 어느 두 그물망도 정확히 일치할 가능성은 없다. 그렇지만 성공적으로 훈련된 여러 그물망이, 특정 사물 혹은 관념에 대해 각자의 위상공간 내에 매우 유사한 지점을 가리킬 수 있다. 예를 들어, 3차원의 상태공간 시스템의 특정 지점을, 10차원의 상태공간 시스템으로, 동일 지점 또는 거의 인접 지점을 가리키는 일은 얼마든지 가능하다. 신경망의 세포 수에 따라서 혹은 원주 수에 따라서 당신과 내가 서로 다른 차원의 위상공간을 가질 수 있긴 하지만, 그것들은 앞서 20장에서 알아보았듯이, 벡터 차원 변환으로 유사한 위상공간으로 변환될 수 있다. 다시 말해서, 서로 다른 신경망 구성을 당신과 내가 가지더라도, 우리는 유사한 위상공간을 가질 수 있고, 그 신경망이 유사한 위상공간 지점을 가리키도록 학습할 수 있다. 나는 이런 고려에서, 포더와 르포르는 벡터 수학에 대해 이해가 부족하다고, 즉 벡터가 어떻게 통합되고 분할될 수 있는지에 대한 이해 부족으로 그런 오해를 했다고 평가한다.

둘째, 그물망의 표상은 감각적 속성들과 거의 무관한 표상 능력의 내적 인지 경제(체계)(inner cognitive economy)를 갖는다. 따라서 어느 정도 다른 속성을 입력정보에 따라 학습하더라도, 은닉 유닛층은 같은 위상공간 혹은 상태공간을 형성할 수 있다. 그 이유는 서로 다른 좌표계를 가지는 위상공간 사이에 같은 분류 체계를 갖는 일이 가능하기 때문이다.

나아가서 처칠랜드 표상 이론에 따른 표상이란 전혀 언어적 형식을 갖지 않는다. 그 인지적 형식은 인간을 넘어 전체 동물의 기초 인지적 형식이며, 인간 언어 활동의 기초 인지적 형식이기도 하다. 그런 신경망의 인지적 형식은 인간에 의해 (진화적으로) 최근 채용된 언어적 구조보다 먼저 나타났으며, 인간을 포함하는 동물의 인지 활동을 지원한다. 다시 말해서, 처칠랜드 표상 이론은 같은 종의 동물들이 무엇을 그것으로 동일하게 인지하는 일이 어떻게 가능한지를 설명해준다.

따라서 신경망의 은닉 유닛층은 차원의 개별화 문제를 발생시키지 않으며, 차원의 동일성을 전제하지도 않는다. 서로 다른 인공신경망의 은닉 유닛층은 상태공간 내에 유사한 위치를 가리키도록 훈련될 수 있다. 전문가가 가지는 어떤 개념의 지표 또는 차원이 평범한 사람이 갖는 개념적 지표 또는 차원과는 다를 수 있다. 그러나 그렇게 서로 다른 상태공간과 서로 다른 지표를 가지고도 은닉 유닛층 전체 시스템은 동일 또는 유사 위상공간의 지점을 가리킬 수 있다. 예를 들어, 아인슈타인의 특수상대성이론에 정통한 어느 물리학자와 그 이론을 대략적으로만 아는 일반인이 부차적 정보를 동일하게 갖지 못할 것이다. 따라서 둘 사이의 학습된 위상공간이 엄밀히 같지는 않다. 그렇지만 그들 사이에 그 개념의 의미론적 위상공간이 유사하게 형성될 수 있으며, 유사한 위상적 위치를 가리킬 수 있다. 그러므로 일반 대중이 그 의미를 대략 알아들을 수 있으며, 전문가와 어느 정도 대화도 가능하다.

결론적으로, 새로운 표상 이론이 의미론적 유사성의 기준을 제공할 가능성이 없다는 포더와 르포르의 비판적 지적은, 처칠랜드의 새로운 표상 이론을 위험에 빠뜨리지 못한다.

* * *

만약 지금까지 검토한 처칠랜드의 상태공간 표상 이론을 받아들인다면, 그리고 앞으로 우리가 상태공간 의미론을 받아들이고, 그 탐구를 지속한다면, 미래에 우리는 어떠한 인지과학의 전망을 기대할 수 있겠는가?

전통적인 표상 이론의 접근법은 의식 가능한 명제 수준의 탐구 전략이었다. 명제 수준의 언어를 분석하는 탐구 전략은 철학자들이 논리적 분석에서 주로 활용해온 방식이며, 최근까지 철학에서 유력해 보였던 인지적 탐구 접근법이었다. 그 접근법을 통해 철학은 이성적(논리적) 사고의 흐름을 분석할 수 있었으며, 나아가서 인간과 동등한(유사한) 논리적 사고를 수행할 기계적 계산을 구상하였다. 그리고 마침내 그 결실로 인류는 현재 유용하게 이용하는 범용 컴퓨터의 논리 체계를 개발하고 발전시켰다.

반면, 처칠랜드의 상태공간 표상 이론은 그러한 언어적 분석 방법을 회의하였으며, 의식적(이성적) 논리 분석에도 회의하는 측면이 있었다. 오히려 그들 부부는 신경 처리 과정에 주목하였고, 그 과정이 인지적으로 어떤 철학적 의미가 있는지를 탐구해왔다. 이러한 표상 이론은 인지과학의 탐구 분야에 구체적으로 어떤 전망 또는 실제적 유용성을 제공할 수 있는가? 그 전망을 아래와 같이 이야기해보자.

첫째, 상태공간 표상 이론은 인지적 시스템에 대하여 의식적 언어 이하 수준에서 탐구하도록 전망하게 해준다. 그 전망의 관점에 따르면, 전통 철학자들과 언어학자들이 지금까지 지향해온 의식적이며 일상적인 언어분석에 의한 의미론 탐구 접근법은 인간의 표상적 실제를 올바로 반영하지 못하며, 따라서 비록 이제까지 유력했다고 하더라도 앞으로 그 탐구 전략으로는 실제적 소득을 크게 기대할 수 없다. 이러한 입장을 처칠랜드의 초기 저작《과학적 실재론과 마음의 가소성(Scientific Realism and the Plasticity of Mind)》(1979)에서 아래와 같이 찾아볼 수 있다.

우리는 지금까지 인식적 가치의 특성을 믿음의 속성과 그 관계로, 더 정확히 말하자면, 믿음을 표현하는 '문장들 사이의 관계'를 통해 탐구해왔다. 그러나 만약 그러한 탐구에 지표가 되는 상식의 이론적 개념이 상당히 뒤틀렸다면, 혹은 상당히 피상적이라면, 그 '문장에 의한' 인식론이 언젠가는 무언가를 성취할 것이라고 기대할 합당한 이유가 없다. 사실상 지금까지 우리는 그렇게 연구해오고 있다. (p.22)

이러한 처칠랜드의 전망으로부터 나는 다음과 같이 주장한다. 앞으로 상태공간 표상 이론에 의한 우리의 입력정보와 출력정보 사이의 신경계산적 전망은 지금까지 알려지지 않은 우리 인지와 행동 사이의 관계에 대해 이전보다 과학적인 명확한 이해를 제공할 것이다.

고전적 의미론의 탐구는 언어적 항목과 그것에 대응한다고 믿어지는 심적 상태에 관심을 가져왔다. 그러한 관심의 바탕에는 문장에 '믿음' 또는 '지식'이 대응하며, 문장의 구성요소인 단어에 '개념'이 대응한다는 교설이 있었다.41) 반면에, 처칠랜드의 상태공간 표상 이론은 우리 신경계의 입력정보가 신경망의 시냅스 가중치로 인해 출력정보로 변환되는 (현대 유력한 과학이론이 지원하는) 신경계의 인지 시스템에 집중한다. 그러한 실제적 인지 경제(체계) 형식은 언어 구조보다 그 이하 수준의 역학 구조에서 작동한다. 그 기초 인지 구조의 역학은 (진화론적으로 인간에 의해 최근 채용된) 인간 언어 활동을 지원하기는 하지만, 그렇다고 인간 언어 활동 자체에 대한 분석을 통해 우리의 인지 기초를 탐색하는 것은 적절치 않다. 상태공간 표상 이론을 통해 알 수 있듯이, 행동 조절에 대한 상식적이며 의식적인 수준의 설명은, 우리를 포함하여 동물 신경계에 대한 통합된 인지 체계에 근거하지 않은 가설에 기초한다. 실제를 외면하는 고전 의미론의 접근법은 앞으로 우리의 인지 시스템에 대한 이해와 탐구에 도움이 되지 않는다.

둘째, 새로운 표상 이론을 지지하는 관점에서 감성과 이성의 통합적 탐구를 전망해볼 수 있다. 정서 정보 역시 신경계의 신경망을 통해 작동되며, 따라서 그것 역시 상태공간 표상 이론이 제안하는 상태공간의 위치 또는 행렬의 숫자 조합으로 표현될 수 있을 것이다. 어떤 정서 정보의 내용도 인지 정보의 내용과 마찬가지로 신경망에 의해 표상(표현)된다고 가정되기 때문이다. 그러므로 일상적으로 전혀 이질적으로 보이는 두 종류의 정보가 신경망 속에서 서로 통합될 가능성이 원리적으로 가능하다. 뇌과학자 안토니오 다마지오(Antonio Damasio)는 『스피노자의 뇌(*Looking For Spinoza*)』(2003)에서 우리의 정서(emotion)와 관련하여 다음과 같이 말한다.

정서적 신호는, 선택 가능성이나 결과를 긍정적이거나 부정적인 신호로 표지함으로써 의사결정 범위를 좁히고, [지금의] 행동이 과거의 경험과 부합할 가능성을 증가시킨다. (174쪽)

이러한 관점에서, 나는 인지 정보와 감성 정보를 통합적으로 설명할 가능성을 전망한다.

셋째, 상태공간 표상 이론은 인지 기능을 수행할 미래의 기계장치 역시 의식 이하 또는 언어 이하 수준에서 계산적으로 탐구하도록 전망하게 해준다. 입력정보를 출력정보로 변조하는 모델은 크게 계산주의 모델과 연결주의 모델로 구분된다. 최근까지 인공지능 탐구 방법론으로서 (연결주의와 대비되는) 계산주의 모델의 관점은 인지 기능을 의식 및 언어의 논리에 기초하여 분석하고 탐구하도록 만들었다. 그 결과 일정한 계산규칙에 따라 기호 조작하는 범용 컴퓨터를 고안하게 해주었다. 더구나 그 장치는 튜링머신의 원리에 따라서 일정한 주소에 저장된 정보를 불러와 활용하는 방식으로 계산과제를 수행한다. 따라서 융통성을 발휘하거나 배경 지식을 고려한 연산과제 수행에 어려움이 있으며, 실제 신경계가 처리하는 쉬운 과제를 매우 복잡한 계산 처리 단계로 처리해야 한다.

반면, (연결주의) 신경망 모델의 인공지능은 그러한 문제들을 해소할 수 있음을 보여준다. 신경망 모의실험을 통해 밝혀졌듯이, 신경망은 입력정보로부터 출력정보를 산출하는 일반적 패턴을 자체 연결망에 분산적으로 저장할 수 있다. 따라서 그 일반적 패턴은 입력정보를 처리할 배경 지식 또는 배경적 일반화와 동등한 역할을 담당할 수 있다. 만약 그물망의 은닉 유닛층이 입력정보를 변조하는 일반화를 담을 경우, 그 일반화는 의식 이하 수준에서 새로운 입력정보를 분별하게 해주는 반응 패턴일 뿐만 아니라, 예측을 가능하게 하는 이론적 기능을 담당할 수 있다.

만약 미래의 계산 시스템이, 처칠랜드의 표상 이론이 제안하듯이, 여러 표상의 전형을 계층구조에 조성하면서도, 그 유사성의 범례들을 병렬적으로 담아낸다면, 그리고 입력정보가 그러한 계층의 범주 체계를 통해 병렬로 계산 처리된다면, 그러한 계산 시스템은 우리의 다양한 맥락을 계층적이면서도 병렬로 고려하는 인지 체계를 모방할 것이다. 이러한 전망은 지금까지 연결주의 모델 실험이 우리의 인지를 모방하기에 부족함이 있다는 지적42)에도 불구하고, 연결주의 모델에 기대게 하는 이유이다.

넷째, 만약 우리가 지금까지 현대 신경과학이 탐구한 뇌의 사실적 구조를 신뢰한다면, 이제 우리는 처칠랜드의 표상 이론을 통해 뇌가 갖는 표상이 무엇인지 광범위하게 이해하기 시작했다고 말할 수 있다. 특히 대상 일반의 범주 표상이 무엇인지, 나아가서 경험 일반의 표상이 무엇인지 이해하기 시작했다. 이런 이해로부터 다음 과 같이 전망할 수 있다. 미래 인공지능 시스템이 우리처럼 세계에 대한 의미론의 유사성 준거 기준 또는 가족 유사성을 지원하는 개 념 체계 또는 이론 체계를 갖도록 우리가 앞으로 무엇을 어떻게 해 야 할지 내다볼 수 있게 되었다.

이러한 전망을 넘어서 처칠랜드는 우리가 일상에서 착시라고 여 기는 신비한 시각 현상들에 대해서도 새롭게 이해하도록 도움을 준 다. 우리를 포함한 동물은 실제 존재하지 않는 도형 혹은 선을 볼 수 있으며, 사물의 일부 시각적 정보만으로 그것이 무엇인지를 매 우 정확히 인지할 수 있다. 그것이 어떻게 가능한가?

■ 표상의 벡터 완성

처칠랜드의 표상 이론에서, 신경계의 기초 기능은 운동 조절을 위해 입력 벡터를 출력 벡터로 변환하는 계산 기능을 수행한다. 그 러한 신경망 표상은 신경망들의 상호 연결을 통해서 손쉽게 통합되 고 분해될 수 있다. 뇌는 그러한 수많은 신경망으로 구성된 거대한 연결망이며, 그것들이 상호 계층으로 연결됨으로써 세계에 관한 다 양한 특징 표상을 통합하고 추상화할 수 있다. 그러한 방식으로 뇌 는 세계에 대한 추상적 특징을 표상한다. 다시 말해서, 세계에 대한 기초 감각 특징은 상위 위상공간의 추상 개념 혹은 일반 개념을 표 상하기 위한 기초 요소이다. 따라서 상위 추상의 위상공간은 곧 '개 념 공간(conceptual space)'이라고 말할 수 있다.

또한, 각 위상공간에서의 특정 벡터는 어떤 특징의 '대푯값'으로 등록될 수 있다. 앞서 [그림 4-30]에서 살펴보았듯이, 위상공간의 가장 응축된 위치의 활성은 어떤 특징 혹은 무엇에 대한 원형(stereotype)의 표상이다. 그 대푯값에 의해 우리는 지각된 정보가 어떤 원형에 더 가까운지 아닌지를 분별할 수 있으며, 그것이 우리가 개념 혹은 범주에 따라서 세계의 대상을 분류하는 방식이다. 즉, 추상 개념에 대응하는 대표 벡터값은 일종의 위상공간에서의 범주 '전형(prototype)'인 셈이다. 위상공간에서 특정 벡터가 신경망 활동의 전형이라는 것은 그것이 특정 속성에 대한 일반(general) 또는 보편(universal) 개념의 표상임을 의미한다.

그 원형 표상이 가지는 철학적 의미를 이야기하자면, 플라톤이 알아보았듯이, 그것은 세계의 실제적(actual) 존재가 아니다. 그는 다른 의미에서 그것이 있다고 말하고 싶었으며, 그래서 실재적(real) 존재라고 말했다. 1권의 [그림 1-1]에서 살펴보았듯이, 머릿속에 상상으로 그려지는 완전한 원 혹은 삼각형은 실제 존재하는 무엇의 표상이 아니다. 칸트는 인간의 사고 내면에 추상 도형을 상상하는 선천적 공간적 형식을 가정했다. 그러나 그는 그것이 구체적으로 무엇인지 조금도 접근하지 못했다. 이제 우리는 신경망의 표상 및 계산의 기능을 이해함에 따라서, 그것이 상위 신경망의 전형 표상이라고 구체적으로 말할 수 있다. 그리고 그동안 철학자들이 기하학 지식의 특성을 선험적이며 필연적으로 참이라고 말해왔던 것을 신경학적으로 이해할 수 있게 되었다. 이제 우리는 완전한 원과 정삼각형 등등을 상위 신경망 활성 패턴의 전형으로, 그리고 그것이 필연적 참의 지식으로 보였던 것은 그 전형의 표상들 사이의 관계에서 이해해볼 수 있다.

[그림 4-33] 주관적 윤곽선의 사례. 삼각형의 선이 없지만, 실제로 없는 선을 우리는 지각한다. (Paul Churchland, 1989, p.260)

이렇게 추상적 표상 능력을 이해하는 배경에서, 우리는 흥미로운 착시 현상도 신경학의 근거에서 이해할 수 있다. [그림 4-33]을 보면, 삼각형의 세 꼭짓점에 원반 일부를 떼어낸 조각 3개를 놓고, 삼각형 세 변에 일치하도록 막대 선을 각각 2개씩 놓았다. 그랬더니 우리 눈에 뚜렷이 삼각형의 도형이 보인다. 그렇지만 그런 삼각형의 선은 실제로 존재하지 않는다. 이렇게 현실에 존재하지 않지만 우리에게 명확히 보이는 선을 '주관적 윤곽선(subjective outline)'이라 한다. 물론 일반적으로 이것은 '착시' 또는 '환영(illusion)'이라 불린다. 그렇지만 삼각형의 선에 반응하는 뇌의 뉴런은 이런 도형이 실제 존재하는 것처럼 반응한다. 개나 고양이를 이용한 실험에서 그것을 확인할 수 있다. 그런 주관적 윤곽선의 감각 능력이 신경망의 은닉 유닛층의 연결을 통해 어떻게 이해될 수 있는가?

[그림 4-34]와 같은 신경망의 은닉 유닛층이 무엇을 인지할 능력을 학습하기만 하면, 부족한 입력정보만으로 그 사물의 전체 모습을 표상할 능력을 지닐 수 있다. 어떻게 그러할 수 있는가? (a)와

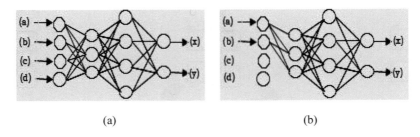

(a)   (b)

[그림 4-34] 주관적 윤곽선을 보는 신경망의 개념적 그림. (a) 입력정보에 따라서 은닉 유닛층 신경망이 학습으로 무엇을 분별할 역량을 가질 경우, (b) 일부 입력 정보의 상실에도 불구하고 은닉 유닛층 신경망이 활성된다. 따라서 부족한 입력 정보만으로도 학습된 은닉 유닛층은 출력으로 그 인지 능력을 발휘한다.

같은 신경망의 은닉층에 학습이 완성된다면, (b)와 같이 입력층의 부족한 입력정보에도 불구하고 상호 연결된 은닉층은 온전히 활성될 수 있다. 그렇게 은닉 유닛층은 부족한 입력정보에도 전체 유닛의 반응으로 주관적 윤곽선의 표상을 만들어낼 수 있다. 처칠랜드는 주관적 윤곽선을 볼 수 있는 신경망의 기능을 '벡터 완성(Vector completion)'이라 불렀다. 그런데 우리는 이런 신경망을 왜 가지도록 진화되었을까? 그 효용성이 무엇인가?

　폴 처칠랜드는 신경망의 벡터 완성이 동물 행동에 어떤 중요한 역할을 부여해주었는지를 아래와 같이 이야기한다. [그림 4-35] (a)는 여우가 수풀 속에 삐져나온 가늘고 긴 모양을 보며 어떤 생각을 떠올릴 수 있을지를 보여준다. 여우 뇌의 신경망이 쥐를 표상하는 능력을 이전에 학습하였다면, 단지 쥐의 꼬리 모양만을 보는 것으로 쥐 전체의 모습을 표상할 수 있다. 그것이 어떻게 그러할 수 있는지는 위의 [그림 4-34]에서 쉽게 이해할 수 있다. 은닉 유닛층의

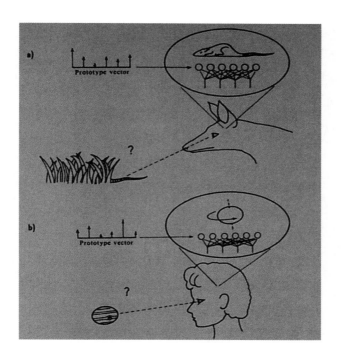

[그림 4-35] 벡터 완성 신경망의 개념적 그림. (a) 여우 시각 시스템의 신경망은 쥐의 꼬리 모습만을 보고도 전체 쥐의 표상을 떠올릴 수 있다. (b) 갈릴레이의 시각 시스템의 신경망 역시 목성의 띠 모양을 관찰하는 것만으로 그것이 회전하는 천체라고 추정할 수 있었다. (Paul Churchland, 1989, p.211)

신경망이 쥐에 대한 표상을 학습하였다면, 일부 입력정보의 상실이 은닉층의 전체 표상 능력을 상실하게 만들지 않기 때문이다. 또한 (b)는 갈릴레이가 목성의 띠 모양을 보고 머릿속에서 어떤 상상을 했을지를 보여준다. 둥근 무엇이 약간씩 변화하는 띠 모양을 가진다는 것을 관찰하고, 그는 그 물체가 회전한다고 상상할 수 있었다. 즉, 그것을 표상할 수 있었다. 그는 이전에 줄에 매달려 회전하는

횃불을 보았으며, 그것이 띠 모양으로 보이는 것을 경험했기 때문이다. 그런 경험이 신경망에 각인되어, 갈릴레이의 회전체 인지신경망은 목성이 회전하는 물체일 수 있다고 표상할 수 있었고, 나아가서 지구도 회전하는 천체일 수 있다고 상상할 수 있었다.

신경망의 벡터 완성을 개념적으로 더 흥미롭게 바라볼 수도 있다. 나는 몇 해 전 전라남도 영암의 월출산을 다녀왔다. 월출산의 구정봉은 큰바위얼굴로 보인다. 어린 시절 교과서에서 읽었던 큰바위얼굴 이야기는 미국의 인디언 전설이 소설로 작품화된 것이다. 여기서 나의 관심은, 어설픈 바위의 모습을 보면서 우리가 어떻게 사람 얼굴 또는 동물 모양으로 볼 수 있는가이다. [그림 4-36]에서 보여주듯이 구정봉 바위는 평소 사람 얼굴로 보이지 않지만, 해가

(a) (b)

[그림 4-36] 영암 월출산의 큰바위얼굴. (a) 시인 박철의 사진(2009). 햇빛이 위에서 비치는 동안 바위의 그림자는 사람 얼굴 모습에 가까운 모습으로 보인다. 이것은 그 입력정보가 사람 얼굴 인지신경망을 자극할 수준이기 때문이다. (b) 내 사진(2017). 햇빛의 각도가 달라져 그림자를 변화시키고, 그 시각 입력정보의 양이 특이점 이하로 줄면, 얼굴 인지신경망은 사람 얼굴로 반응하기 어렵다.

중천에 뜨는 바로 그 순간 햇빛이 바위에 그림자를 만들면서 갑자기 사람의 얼굴 모습이 나타난다. 해가 서쪽으로 기울어 그림자 위치가 달라지면 사람의 형상은 흩어진다. 이것은 벡터 완성의 개념으로 이렇게 설명된다. 우리 뇌의 학습된 은닉 유닛층은 무엇을 그것으로 볼 수 있는 전형의 활성 패턴을 지닐 수 있으며, 일단 그런 활성 패턴을 습득하면, 그 신경망은 부족한 입력정보에도 불구하고, 온전히 출력을 산출할 수 있다. 만약 그 입력정보가 은닉 유닛층을 그 패턴으로 활성화하기에 너무 부족할 경우, 그 전형의 활성 패턴으로 반응하지 않는다.

여기 벡터 완성에 관한 처칠랜드의 설명의 핵심을 정리하자면, 인공신경망의 (학습된) 은닉 유닛층은 부족한 입력정보에 대해서도 그 온전한 활성 패턴으로 반응할 수 있다. 이것은 현대 과학철학의 어려운 의문, 인식론적이며 논리학적인 의문에 대답해줄 가능성을 열어놓는다. 칸트가 명확히 보았고, 콰인이 다시 명확히 지적했던 인식론의 문제는 이렇다. 우리가 무엇을 관찰하더라도 그 관찰에 언제나 배경 지식이 관여한다는 점이다. 그리고 부족한 관찰에 대해서도 우리는 그것을 배경 지식에 의해서 이해할 수 있다는 점이다. 그것이 왜 그러한지를 지금까지 말할 수 없었지만, 이제 은닉 유닛층의 벡터 완성이라고 명확히 이해하고 설명할 수 있게 되었다.

앞서 이야기했듯이, 신경망의 은닉 유닛층은 지식을 저장하는 '메모리'인 동시에 계산 처리 또는 추론하는 '프로세서'이기도 하다. 그러므로 신경망의 은닉 유닛층이 가지는 능력은, 그것에 의해 계산 처리되어야 하는 추론의 능력이기도 하다. 그런 측면에서 신경망 벡터 완성에서 나오는 인식론의 함축은 논리학의 함축이기도

하다. 그래서 벡터 완성이 어떤 논리학의 함축을 제공하는가? 폴 처칠랜드는 『플라톤의 카메라』에서 이렇게 말한다. 신경망의 "벡터 완성은 명확히 확대 추론(ampliative inference)의 한 형식이다. 즉, 가추(abduction, 귀추), 혹은 가설-연역(hypothetico-deduction), 혹은 소위 '최선의 설명에로의 추론(inference-to-the best-explanation)'과 다르지 않다."(119쪽)

벡터 완성으로 작동하는 신경계는, 부족한 입력정보에도 은닉 유닛층은 '벡터 완성'으로 작동하므로, 부족한 관찰 입력정보에서도 학습된 패턴에 따라, 즉 배경 지식을 고려한 판단 혹은 추론을 수행할 수 있다. 다시 말해서, 은닉 유닛층의 벡터 완성은 입력정보에 대한 확대 추론, 가설을 떠올리게 해주는 가추 추론, 또는 가설-연역적 추론을 가능하게 해주는 신경학적 기반이다. 이러한 신경계는, 과학자가 여러 가능한 가설 중 가장 잘 설명되는 가설을 선택한다는 '최선의 설명에로의 추론'도 가능하게 해주는 신경학적 기반이다.

이 시점에서 누군가는 아래와 같은 예리한 질문을 제기할 수 있을 것이다. 지금까지 은닉 유닛층의 벡터 완성 이야기는, 은닉 유닛층 신경망이 추상적 '개념'을 어떻게 가질 수 있으며, 그 추상적 개념이 부족한 입력정보에도 어떻게 반응할 수 있는지에 관한 것이다. 그렇지만 지금 '이론'을 이야기하는 중이다. 어떻게 개념과 이론을 동등하게 보고 이렇게 이야기를 확대하는가?

그렇다. 지금까지 신경망이 어떻게 개념을 담을 수 있는지, 또는 개념의 역할을 할 수 있는지에 초점을 맞춰 이야기했다. 이제 신경망이 일반화를 어떻게 담을 수 있는지, 그리고 신경망이 담아내는 개념과 일반화가 구분되는 것인지 아닌지를 논의할 필요가 있다.

우리는 무엇을 추론할 때 가설을 가져야 하며, 그것으로 어떤 추론도 할 수 있다. 그리고 우리는 관찰과 동시에 가설을 도입하여 추론하는 가추 추론을 할 수도 있는데, 그 설명을 위해서도 가설 혹은 일반화가 신경망에서 무엇인지 알아보아야 한다.

22 장

감각-운동 조절

우리가 자연의 사건 발생 과정을 [억측으로서가 아니라 실질적으로] 알게 되면, 자연을 더 잘 예측할 수 있다. 그러한 가설을 지지하는 가운데, … 뇌가 실제로 합리적인 인과적 추론을 어떻게 하는지 등을 밝혀낼 수 있을 것이다. … 그러한 연구 결과들은 어쩌면 우리가 형이상학의 의문에 이끌리는 이유가 무엇인지, 그 의문이 어떻게 재해석될 수 있는지 등을 이해시켜줄 수도 있다.

_ 패트리샤 처칠랜드

■ 표상의 신경 통합

아리스토텔레스 이래 과학철학은, 과학 지식의 체계가 어떤 합리성을 갖추어야 하는지, 과학의 발견이 어떻게 이루어지는지, 과학을 어떻게 탐구해야 하는지 등등을 밝혀보려는 기획에서 촉발되었다. 이런 목표는 과학을 깊게 이해하고 싶었던 '과학하는 철학자들'이 오랫동안 탐구해왔던 주제이며, 최근까지 밝히지 못한 주제이기도 하다. 그러한 주제가 중요하다는 것을 우리는 아리스토텔레스 이후로, 흄과 칸트의 인식론 연구, 그리고 최근 논리실증주의에서 비롯된 귀납추론의 정당화 및 과학 발전 과정에 대한 논쟁에서 알아볼 수 있다.

귀납추론은, 전통 철학의 이해에 따르면, 개별 관찰 진술문으로부터 일반화 혹은 새로운 관찰 가능한 진술문을 유도하는 추론 형식이다. 따라서 형식적으로 귀납추론은 '제한된 전제로부터 그 이상의 결론을 도출하는 추론'이다. 그런 측면에서 귀납추론은 지식을 확장하는 추론 형식이다. 그러므로 과학의 성장, 즉 새로운 가설 또는 이론의 발견은 귀납추론을 통해 가능하다고 여겨져왔다. 그러한 이유로 귀납추론의 정당성 문제는 과학철학의 중심 주제가 되어왔다. 앞서 1권, 2권, 3권에 걸쳐 살펴보았듯이, 역사적으로 여러 철학자가 시도했던 귀납추론의 정당화 시도는 모두 실패했다.

나는 1988년 그 의문에 대해 새롭고 참신한 대답을 얻을 가능성을 뇌과학에서 찾아보아야 한다고 어렴풋이 추정해보았다. 처칠랜드 또한 '우리가 자연 지식을 어떻게 얻을 수 있는지'를 이해하는 것은 전통적 인식론의 탐구 주제라고 생각했다. 구체적으로, 귀납추론에 관한 그들의 인식론 탐구 주제는 이렇다.

첫째, 우리는 단지 몇 번의 경험만으로도 대담한 가설을 떠올릴 수 있으며, 심지어 아무 새로운 관찰 없이도 의문 혹은 과제를 떠올리는 것만으로 즉시 가설을 제안한다.

둘째, 자연 현상을 바라보는 것만으로 우리는 그 현상을 이해시켜줄 이론을 기억에서 쉽게 불러내어 이론적으로 설명할 수 있다.

셋째, 우리는 많은 과제를 일시에 그리고 무의식적으로 인지 처리한다. 그런 것들이 어떻게 가능한가?

그러한 의문에 대답하려면, 뇌가 가지는 일반화가 무엇이고, 그것이 어떻게 형성되는지를 말할 수 있어야 한다. 다시 말해서, 신경망이 과학이론을 어떻게 발견하고 저장하는지를 설명할 수 있어야 한다. 처칠랜드는 이런 어려운 문제를 마주 대함에 있어, 매우 소박하고 단순한 과제에서 점차 복잡하고 어려운 과제에 대한 대답으로 확장한다. 기본적으로 유기체는 생존을 위해 자원을 발견하고, 그 자원을 획득하는 운동 조절을 성취해야 한다. 그러자면, 신경계는 우선 자원의 위치 표상의 입력정보를 얻어내고, 그 정보를 신체운동 출력정보로 변환하고, 그 정보에 따라서 신체를 적절히 움직여, 마침내 목표를 성취해야 한다. 즉, 그 유기체의 뇌는 감각-운동 조절(sensory-motor coordination)을 성취해야 한다. 그런 성취를 위해, 신경계는 여러 입력정보 표상들을 통합하고, 여러 출력정보 표상들로 분해해야 한다. 신경계가 그것을 어떻게 할 수 있는가?

* * *

앞서 20장의 "신경의 계산 처리"에서 살펴보았듯이, 신경망의 계산 처리 기능은 입력정보의 행렬을 출력정보의 행렬로, 즉 입력 벡터를 출력 벡터로 변환하는 것이다. 그 이해를 위해, 처칠랜드 부부는 [그림 4-37] (a)와 같이 게(crab) 로봇의 계산 처리를 가정해본다. 그 가상적 게는 지각하는 눈앞의 사물 위치를 좌우 눈의 각도(α, β)로 표상하며, 그 물건을 잡으려는 팔의 위치 역시 상박과 하박의 두 각도(Θ, ϕ)로 표상한다. 따라서 대상을 바라보는 눈의 방향은 (b)와 같이 2차원 공간의 한 지점으로 표현되고, 그 지점에 이를 팔의 위치 역시 2차원 공간의 한 지점으로 표현된다. 결국, 게는 사물을 확인하고 팔을 뻗기 위해, 시각 입력정보(α, β)를 운동 출력정보(Θ, ϕ)로, 즉 시각 정보 벡터를 출력정보 벡터로 좌표 변환(coordinate transformation)함으로써, 감각-운동을 조절할 수 있다.

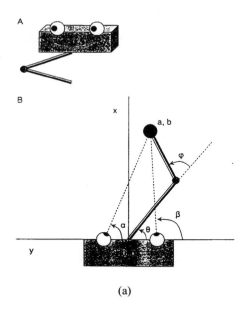

(a)

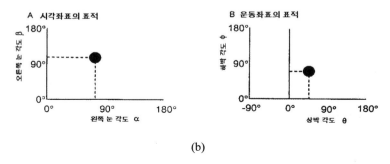

(b)

[그림 4-37] 감각-운동 조절(sensory-motor coordination)의 아주 단순한 문제를
표현하는 그림. (a) 점선으로 표현된 두 눈이 가리키는 표적은 두 눈의 각도(α,
β)로 표현되며, 그 표적에 미친 팔의 위치 역시 관절의 각도(θ, φ)로 표현될 수
있다. (b) 그 두 각도는 두 숫자 조합으로 표현되어, 각각 위상공간의 지점으로
표현될 수 있다. 따라서 감각 정보에 따른 운동 조절이란 좌표 변환, 즉 벡터 변
환의 문제이다. (Paul Churchland, 1989, pp.83-84; Patricia Churchland,
2002a, 134-135쪽)

이제, 단순한 가상의 게가 하는 운동 조율에 관한 이야기에서 조금 더 복잡한 관절을 지닌 실제 동물의 운동 조율로 우리 이해를 확대해보자. 팔과 같은 신체의 여러 관절 부위가 어떻게 움직여야 하는지를 계산하는 운동학적 문제 해결 모델은 이미 공학적으로 잘 연구되어 있으며, '역모델(inverse model)'로 불린다. 역모델이란 '특정 목표를 얻기 위해 어떤 명령을 내려야 하는지'를 규정하는 문제를 다룬다. 예를 들어, 만약 어떤 사람이 눈앞의 사과를 보고 집으려면, 그 위치로 팔을 뻗어 도달해야 한다. 그렇게 하려면, 신경계는 현재 팔의 출발 위치를 표상(파악)하고, 그 위치에서 팔이 움직여야 할 경로를 파악해야 하며, 다리를 포함하여 신체 전체를 어떻게 움직여야 하는지를 알고 조절해야 한다. 평범해 보이는 그러한 행동 조절에도 사실은 상당히 많은 정보가 통합되거나 분해되는 과정이 있어야 한다. 그러므로 이러한 작용을 처칠랜드 표상 이론으로 설명하려면, 여러 표상 정보가 신경망을 통해 어떻게 통합되고 분해되는지 설명할 수 있어야 한다.

예를 들어, 만약 오른 팔꿈치에 모기가 앉았을 경우, 나는 그 모기를 왼손으로 후려쳐 잡으려 할 것이다. 그 상황에서 나의 뇌는 어떤 신경학적 표상의 계산 처리를 할까? 패트리샤(2002a)의 설명에 따르면, 우선 신경계는 모기가 앉아 있는 감각의 위치를 공간적으로 파악해야 한다. 신체에 대응하는, 즉 신체 공간을 표상하는 기능은 대뇌피질 중심고랑 뒤쪽 1차 체성감각 피질 영역에 있다. 따라서 피부의 감각 수용기로부터 전해진 1차 신체감각 영역의 신호가 2차 체성감각 피질 영역에 등록(연결)됨으로써, 뇌는 그 감각의 위치를 알 수 있다. 다음 동작으로, 피를 빨고 있는 모기가 알지 못하도록 왼손을 아주 조심스럽게 천천히 움직여, 모기를 내려칠 위치로 움직여야 한다. 1차 체성감각 피질에 등록된 정보는 그런 동작 정보를 담고 있지 않다. 그 움직임을 위해, 중심고랑 앞쪽 체성 운동 피질 영역이 왼팔의 어깨, 팔꿈치, 손목 등을 어떻게 움직여야 할지 행동을 위한 출력정보를 담아내야 한다. 그러므로 두 대응도 연결 과정에서 감각된 위치 정보는 모기를 내려치기 위한 왼팔의 어깨, 팔꿈치, 손목 등등의 운동 위치 정보로 변환되어야 한다. 즉, 신경계는 감각 정보를 표현하는 위상공간 벡터를 운동 정보를 표현하는 위상공간 벡터로 변환시켜야 한다. 뒤의 [그림 4-40]에서 보여주듯이, 이러한 계산 처리는 단지 두 대응도 사이의 대응 연결만으로 성취된다. 이에 대한 설명을 잠시 미뤄두고, 여기서는 정보의 통합과 분해가 수학적으로 어떻게 가능한지를 알아보자.

다른 예로, 귓전에서 모기가 내는 왱 소리를 듣고 두 손바닥을 마주쳐 모기를 잡으려고 하는 경우를 가정해보자. 그러자면 우선 청각적으로 들리는 좌우 귀의 소리 차이에 의해 모기의 대략적 위치를 파악해야 한다. 즉, 청각 입력 신호를 공간적 표상으로 그려내야 한다. 다음에 그 대략적인 위치로 머리와 어깨 그리고 눈을 돌려 모기를 바라보아야, 즉 청각으로 파악된 공간적 위치 표상을 머리와 어깨 그리고 눈동자 근육의 표상으로 변환해야 우리는 모기를 바라볼 수 있다. 그런 변환은 감각(청각) 입력 벡터를 운동(근육) 출력 벡터로 변환하는 좌표 변환 시스템을 통해 이루어진다. 그 좌표 변환 시스템은 귀로 들어온 정보와 현재 머리의 위치, 어깨의 위치, 팔의 위치 등에 대한 위치 벡터로부터 신체와 눈의 위치 벡터로 변환하는 장치이다. 그 장치는 여러 벡터공간을 통합적으로 처리할 수 있다는 점에서 '통합대응기(arch-mapper)'라 불린다. 이러한 좌표 변환 시스템이 실제로 뇌의 어느 영역에 있는가?

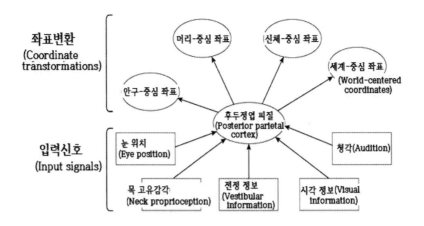

좌표변환
(Coordinate
transformations)

머리-중심 좌표

신체-중심 좌표

세계-중심 좌표
(World-centered
coordinates)

안구-중심 좌표

후두정엽 피질
(Posterior parietal
cortex)

입력신호
(Input signals)

눈 위치
(Eye position)

목 고유감각
(Neck proprioception)

전정 정보
(Vestibular
Information)

시각 정보(Visual
information)

청각(Audition)

[그림 4-38] 안구위상 시각 정보(retinotopic visual information)를 상위계열 항목 단위정보(higher-order reference frames)로 전환하는 후두정엽피질(posterior parietal cortex)의 역할을 보여주는 그림. 눈 위치, 머리 위치, 시선 위치 등은 안구 정보를 수정하기 위해 이용된다. 그러므로 후두정엽피질은 시각과 청각 정보를 눈, 머리, 신체, 세계 등에 대한 좌표 단위정보로 전환하는 중간 단계를 제공한다. (S. W. Andersen et al., 1999; Patricia Churchland, 2002a, 465쪽에서 재인용)

[그림 4-38]에서 볼 수 있듯이, 후두정엽피질은 다양한 감각 시스템으로부터 들어오는 신체의 각 부분의 정보, 즉 눈동자, 목과 어깨, 손, 팔 등에 대응하는 운동 시스템의 위치 정보 표상을 통합한다. 따라서 이 피질 영역은 그런 표상들을 종합한 '추상적' 표상, 즉 모기의 위치 벡터를 산출하는 장치이면서, 반대로 신체 각 부위의 운동을 위한 위치 벡터로 분해하는 장치로 추정된다. 이 피질 영역을 처칠랜드 부부는 '통합대응기'라고 부른다.

통합대응기 가설을 지지하는 신경생물학적 증거, 즉 실제로 뇌가 그러한 구조물을 갖는다는 실험 연구를 패트리샤는 아래와 같이 지적한다. 짧은꼬리원숭이 대뇌의 두정엽 영역 7에 대한 연구에서 신경 연결망이 어떻게 좌표 조절을 이뤄내는지 짐작하게 하는 단서가 있다. 앞의 [그림 4-13]에서 볼 수 있듯이, 브로드만 영역 7의 양쪽에 손상을 입은 원숭이는 손으로 표적을 제대로 가리키지 못하며 (사지 운동장애, ataxia), 현격히 저하된 동작 속도를 보여준다. 또한 스스로 눈동자를 움직여 물체를 바라보는 데 어려움을 보이며, 특히 안구의 초점을 제대로 맞추지 못한다. 이런 증거로 보아 원숭이는 공간지각 처리 능력에 손상을 입은 것으로 파악되었다. 원숭이는 자기 집(철창)을 찾아가지 못하며, 먹을 것이 어디에 있는지 (알았던 곳을) 제대로 찾지 못하고, 사물들 사이에 공간적 판단을 하는 데 장애를 보인다. 예를 들어, 먹이를 두는 곳이 깡통과 가까운 곳이었다는 것 등등을 기억하지 못한다.[43]

인간 역시 두정엽 영역 5에는 팔이 특정 사물에 닿을 때 극도로 격발하는 세포가 있으며, 특정 자극에 대한 기대만으로도 선별적으로 격발하는 세포도 있다. 패트리샤에 따르면, 그 영역 신경세포들의 반응 패턴이 많은 요소, 즉 청각, 신체감각, 전정(vestibular) 신호는 물론 주의 집중, 의도, 기대, 준비, 수행 등에 의해 수정될 수 있다는 점에서, 이 영역의 신경세포들은 단지 감각을 수용하는 곳이 아니라, 여러 입력정보가 모이는 곳이라고 추정된다.[44]

그리고 영역 7은 다중양상(multimodal)을 가지고 있어서, 시각, 청각, 신체감각, 화학적, 전정, 자기감응감각(proprioceptive)[45] 신호 등에 반응하는 세포들이 별도로 존재한다. 흥미롭게도 이 영역의 청각 뉴런은 망막 위상 좌표(retinotopic coordination)를 그려내는 것으로 밝혀졌다. 즉, 청각과 망막으로부터 오는 신호 모두에 반응

한다. 또한 시각과 청각 신호 모두에 반응하는 세포도 있고, 신체감
각과 시각 신호 모두에 반응하는 세포도 있으며, 화학적 신호와 신
체감각 신호 모두에 반응하는 세포도 있다. 그러므로 이 영역은 우
리의 신체감각 벡터공간을 통합하는 것으로 가정된다.

  신체의 다양한 표상이 벡터로 표상된다는 처칠랜드의 표상 이론
에 기초해서, 다양한 양상의 표상들이 신경망에 어떻게 통합될 수
있는지를 이해할 수 있다. [그림 4-39]에서 보여주듯이, 다양한 차
원의 다양한 표상 벡터들(A, B, C, D)은 하나의 상위 통합 신경망
표상으로 통합될 수 있으며, 반대로 상위 신경망 표상은 다양한 차
원의 여러 벡터로 분해될 수 있다. 그것은 단지 여러 신경망의 상
호 연결만으로 작동된다.

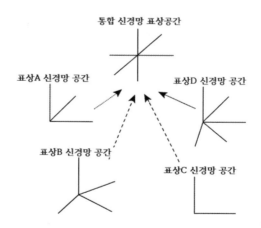

[그림 4-39] 계층적 벡터 통합의 통합 신경망 시스템의 도식적 그림. 이 시스템
에서 각기 다른 다양한 표상의 벡터들(A, B, C, D)은 상위 통합 신경망에서 상
위 표상 벡터로 통합되며, 반대로 상위 벡터는 다양한 여러 하위 벡터로 분해될
수도 있다.

앞서 지적했듯이 이러한 해명은 우리의 다양한 감각을 어떻게 통일할 수 있는지, 전통적으로 철학자가, 특히 칸트와 러셀 등이 관심을 가졌던 주제이다. 여러 다양한 감각 특징은, 일상적으로 보기에, 아주 이질적으로 보이며, 따라서 결코 통합될 수 없을 것처럼 보인다. 소리의 주파수로 규정되는 청각 속성과 빛의 시각 속성은 아주 이질적으로 보이기 때문이다. 우리가 여러 이질적 속성 정보를 하나의 정보로 어떻게 통합해낼 수 있는지, 과거 인식론의 연구로는 전혀 접근할 수 없었다. 그러나 이제 새로운 표상 이론의 관점에서, 그것들이 모두 신경망의 활성 패턴인 벡터(행렬)로 규정될 수 있으며, 따라서 그 통합은 신경망의 병렬연결로 성취된다고 수학적으로 어렵지 않게 이해된다.

지금까지 벡터 부호화 가설이 우리의 운동 조절을 위해 표상을 어떻게 통합하고 분해할 수 있는지 알아보았다. 이제 그 벡터 부호화 가설에 근거하여, 우리를 포함하여 동물이 어떻게 예측 행동을 할 수 있는지 알아볼 차례이다.

■ 신경망의 예측과 일반화

신경철학의 관점에서, 귀납추론의 정당화 문제와 놀라운 우리의 인지 역량에 대해 그동안의 수많은 철학적 노력이 성과를 거두지 못했던 근본 이유가 있다. 전통적으로 철학자들은 아리스토텔레스의 전통에서 일반화를 전칭긍정의 (언어의) 문장 형식으로 보았다. 아리스토텔레스는 자연의 원리와 법칙을 알려면 그 본성을 찾아보아야 한다고 믿었다. 그리고 무엇의 본성은 (언어의) 전칭긍정의 문장으로 나타난다고 보았다. 그러나 현대 인지신경생물학의 연구는 우리의 인지적 기초가 언어 이하의 수준에서 작동한다고 알려준다. 이런 새로운 이해는 고전적 관점에 부합하지 않는다.

폴 처칠랜드의 《신경계산적 전망》(1989)에 따르면, 우리의 인지적 기초를 문장과 같은 언어로 고착시켰던 관점은 여러 문제점을 안고 있다. 그중에서도 특별히 인간을 다른 동물로부터 분리하여, 인간이 진화의 산물임을 망각한다. 그 결과 동물과 인간의 인지 기능을 통합적으로 설명하려고 시도하지 못한다. 그 관점은, 다른 동물을 포함하여 인간이 어떻게 예측 행동을 할 수 있는지, 나아가서 인간이 새로운 가설을 어떻게 가질 수 있는지를 설명할 가능성을 스스로 포기한다.[46]

우리의 일반적 또는 과학적 예측 능력은, 어느 날 하늘에서 뚝 떨어진 것이 아니라, 보잘것없는 인지 기능으로부터 진화한 결과이다. 그동안 우리가 이성적이라 여기지 않았던 동물의 세계에서도 많은 예측 행동을 찾아볼 수 있다.[47] 침팬지는 지난해 과일을 많이 먹었던 장소를 다음해에 찾아가며, 늑대와 사자는 협동하여 사냥할 줄 알고, 까마귀는 물이 든 병 속의 먹이를 꺼내기 위해 병 속에 돌멩이를 넣을 줄 안다. 그러한 행동이 기대를 고려한 예측 역량 없이 이루어졌다고 보기 어렵다. 그리고 그러한 역량은 어떤 일반적 사고 같은 것 없이 가능하지 않다. 그렇지만 그러한 동물이 인간과 같은 언어를 갖지 않았다는 점에서, 그것들이 전칭긍정 문장 형식과 같은 무언가를 가졌을 것으로 가정되지는 않는다. 그뿐만 아니라, 우리의 인지 기반을 문장으로 바라보는 관점은, 아직 언어를 배우기 전의 유아들과 언어를 습득하지 못한 성인이 갖는 역동적 학습 역량을 설명하지 못한다.

인간을 포함한 동물이 과거 경험에 대한 각인을 얻으려면, 그 경험으로부터 일반화를 시도해야 한다. 그렇다면 이제 신경계가 일반화와 같은 것을 어떻게 담아내는지 찾아볼 필요가 있으며, 그 시도를 통해 귀납추론의 문제에 새롭게 다가설 수 있을 것이다.

* * *

앞서 살펴보았듯이, 새로운 표상 이론에 따르면, 세계에 대한 특징은 신경세포 작용의 수치 정보인 행렬로 표현되며, 또한 위상공간의 벡터로 해석된다. 나아가서 그 벡터 중 대푯값인 전형이 보편적 개념에 해당하는 것으로 가정되었다. 그 대표적 벡터값이 다시 상위 신경망의 위상공간 내에 한 지표로 신경 연결될 경우, 그것이 상위 수준의 범주 표상을 조성한다. 그러한 새로운 표상 이론은 인지를 위한 개념을 넘어, 세계에 대한 경험을 일반화하는 경우도 설명해줄 수 있다. 그러한 전망에서 귀납추론의 문제를 신경학의 관점에서 접근해보자.

오래전 밝혀졌듯이, 귀납추론을 통한 '일반화' 또는 '법칙' 같은 것은 우리에게 미래 예측 능력을 부여한다. 따라서 일반화가 제공하는 추론 능력 자체가 무엇인지 이해하려면, 그런 추론 능력을 가능하게 하는 '계산의 기능 및 구조'를 이해할 필요가 있다. 다시 말해서, 학습이 우리 유기체의 뇌에 부여하는 계산 능력 자체를 이해하고 난 후, 우리가 경험에서 습득한 일반화가 어떤 신경망 구조에서 작용하는지를 알아볼 수 있다. 우선, 새로운 표상 이론의 계산 처리 원리에 대한 이해에서 출발하여, 우리가 학습을 통해 얻는 추론 능력이 뇌에 어떻게 각인되는지 알아보자. 그런 후, 일상에서는 물론 과학 연구에서도 우리가 획득하는 이론이나 일반화가 신경학의 관점에서 무엇일지 추정해보자.

신경계가 감각-운동을 조절하려면, 신경계는 감각 입력정보를 운동 출력정보로 변환해야 한다. 신경계는 그러한 정보 변환, 즉 계산 처리를 통해서 감각-운동을 조절할 수 있다. 곤충도 감각-운동을 조절할 수 있다는 측면에서, 그러한 극히 단순한 신경계가 그러한 조절을 어떻게 계산 처리할 수 있는지 고려해볼 필요가 있다. 우리는 그러한 단순한 운동 조절에서 시작하여, 복잡한 운동 조절을 이야기하고, 나아가서 복잡한 예측 행동을 이야기해볼 수 있기 때문이다.

폴 처칠랜드는 두 신경망의 겹쳐진 구조만으로도 그러한 계산 기능이 가능하다는 것을 보여준다. [그림 4-40]에서 보여주듯이, 입력정보를 표상할 수 있는 입력 신경망과 그 정보를 출력정보로 표상할 수 있는 출력 신경망 두 개가 병렬연결되는 구조, 즉 대응도 둘이 겹쳐 연결된 구조는 '가능한 모든' 감각 입력정보를 출력정보로 변환시킬 수 있다. 두 대응도 연결은 그 자체로 매우 간단하면서도 손쉽게 함수를 처리하는 계산기인 셈이다. 다시 말해서, 신경계는 신경망들 사이의 병렬연결을 통해 매우 복잡한 함수를 간단하고 빠르게 처리하는 계산기이다.

패트리샤 처칠랜드와 세즈노스키는 《계산 뇌》에서 뇌가 실제로 위와 같은 대응도를 가지고 있다는 증거를 제시한다. 고양이 뇌의 상구(superior colliculus)에 신경계로 만들어진 열람표와 같은 구조가 있다.48) 상구에는 여러 층(layer) 또는 층판(laminae) 신경망 구조가 있다. 상구의 상위 층판의 특정 지점은 망막의 시각 자극에 반응하며, 하위 층판의 특정 지점은 안구 근육 위치에 대응한다. 상부 신경망과 하부 신경망은 서로 병렬연결을 이룬다. 그렇게 상부

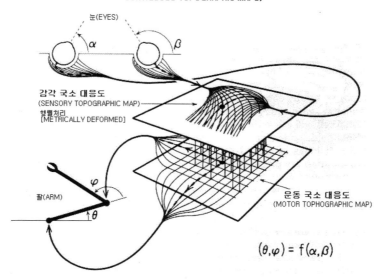

연속적 국소 대응도에 의한 좌표변환
(COORDINATE TRANSFORMATION BY
CONTIGUOUS TOPOGRAPHIC MAPS)

눈(EYES)

α β

감각 국소 대응도
(SENSORY TOPOGRAPHIC MAP)
행렬처리
[METRICALLY DEFORMED]

팔(ARM)
φ
θ

운동 국소 대응도
(MOTOR TOPHOGRAPHIC MAP)

$$(\theta,\varphi) = f(\alpha,\beta)$$

[그림 4-40] 물리적 좌표 변환 시스템의 도식적 그림. 두 눈의 위치는 감각 국소
대응도(map)의 단일 교차점에 등록된다. 앤드게이트(and-gates)처럼 활동하는 수
직 연결을 통해 두 눈의 동시적 정보가 정확히 그 위치 아래의 운동 국소 대응도
로 신호를 내려 보낸다. 그럼으로써 두 운동섬유를 통해 활동 정보가 출력되어,
팔 관절이 적절한 각도를 맞출 수 있다. (Paul Churchland, 1989, p.89)

의 시각 대응도 신경망에서 하부의 운동 대응도 신경망으로 내려오
는 연결을 통해서, 고양이는 시각 자극의 위치에 안구의 초점을 자
동으로 (매우 간단하면서도 신속하게) 맞춘다. 그 외에 다양한 연구
에서 뇌가 일반적으로 대응도의 연결만으로 빠르고 간편하게 계산
을 처리한다는 증거가 있다.49) 대뇌피질에 층판의 신경망 대응도들
이 있으며, 그것들 사이에 연결선이 이어져 있다는 점이 무엇을 의

미하는지 패트리샤 처칠랜드와 세즈노스키는 아래와 같이 이야기한다.

> 순수한 열람표 구조와 복잡한 해부학적이고 생리학적인 상구(colliculus)와의 차이가 시사하는 것은, 진화가 참 청사 열람표(true-blue look-up table)를 꾸며내어 보다 복잡한 일을 처리하게 하였다는 점이다. (p.75)

위의 이야기는 아래와 같은 의미로 이해된다. 진리표와 같이 확정된 순수한 수치 열람표는 대응의 문제를 이미 규정된 대로 처리할 수밖에 없다. 그러나 뇌의 대응도는 가소성을 가진 열람표이다. 동물들은 진화를 통해서 그 열람표에 해당하는 대응도를 추가해왔으며, 또한 그 열람표를 수정할 수 있어서 새로운 환경에 대한 적응 또는 학습 능력을 지닌다. 동물들이 실제 세계에 적응하며 살아가기 위해 대응도의 행동 목록을 업데이트한다는 점에서, 대응도는 (실제 세계에 대응하는) '참 청사 열람표'를 담는다고 볼 수 있다.

대응도의 수정은 동물의 운동 패턴을 바꾸는 일이다. 만약 땅에서만 살던 동물이 갑자기 나무 위 생활에 적응해야만 한다면, 지금까지의 운동방식을 조금 수정할 필요가 있다. 돌을 던져서 사냥하던 원시인이 활과 화살이란 도구를 만들게 되어 새로운 방식으로 사냥하려면 새로운 운동 조절 기능을 습득해야 하고, 그러자면 그 신경계는 이전과 다른 계산 처리를 위해 대응도를 수정해야 한다. 활시위를 당기고 놓는 연습을 통해 팔 동작을 위한 대응도를 새롭게 변환시키거나, 대응도들 사이의 연결을 새롭게 변화시켜야 하며, 관련된 여러 신체 부위를 조절하는 운동 대응도들 사이에도 역시 변화가 필요하다.

일단 그 대응도들 사이의 연결을 수정하기만 하면, 그 동물은 아주 능숙하게 나무 위를 걸을 수 있고, 어려움이 없이 화살을 명중시켜 사냥에 성공할 수 있다. 우리가 처음 스케이트를 신고 미끄러운 얼음 위에 서면 한 걸음도 옮기기 어렵겠지만, 연습하여 대응도와 그 연결을 수정한다면 얼음 위를 능숙하게 달리고 묘기를 부릴수도 있다. 그 새로운 동작을 위해 뇌에 특별히 복잡한 의식적 추론이 필요한 것은 아니며, 다만 신체적 운동을 통해 여러 신체 부위를 움직이는 대응도와 그것들 사이의 관계를 수정하는 것만으로 문제를 해결할 수 있다. 따라서 연습과 훈련의 주된 목적은 사실 신경계의 대응도 수정 관련 과제를 이행하는 것이다.

(새로운 운동 능력을 습득하기 위해 동물이 여러 대응도 사이의 연결을 수정할 수 있다는 것은, 이후 진화된 인간에게 창의성을 열어주는 신경 기반이 되었다. 처칠랜드 표상 이론으로부터 추론되는 내 가설에 따르면, 운동을 조율하는 여러 대응도 사이의 연결을 수정하듯이, 같은 방식으로 우리의 추상적 개념 또는 일반화를 담은 여러 대응도 사이의 연결도 수정할 수 있기 때문이다. 생물학을 공부하는 어느 학자가, 지질학을 통해 화석과 지구 역사를 공부하고, 맬서스 인구론을 공부하였으며, 농부가 품종 개량을 하는 것을 보았다면, 그 모든 학습 내용을 담은 여러 대응도 사이의 연결을 통해 지구의 환경이 동물의 품종을 개량했을 것이라는 새로운 진화론, '자연선택설'을 제안할 수 있었을 것이다. 그 생물학자가 바로 다윈이었다. 그런데 이러한 다양한 통섭 연구를 하더라도 모두 창의적 발견을 이루지는 못한다. 새롭게 학습한 대응도와 과거에 학습한 대응도 사이에 새로운 연결을 촉진할 촉매가 있어야 한다. 그

것이 바로 비판적 사고이다. 그러므로 철학의 비판적 사고는 과학의 창의성을 위한 촉매라는 것이 내 주장이다. 좀 더 구체적인 이야기는 24장으로 미룬다.)

* * *

지금까지 설명해온 운동 조절 이야기는 신경계가 감각 정보의 표상을 운동 정보의 표상으로 변환함으로써 어떻게 감각-운동 조절을 할 수 있는지에 관한 것이며, 그 조절이 행렬 계산 처리 방식으로 이해될 수 있다는 것이었다. 그리고 그 계산 처리를 감각 신경망과 운동 신경망 사이의 연결만으로 간단히 해결할 수 있다는 가설적 설명이었다. 그러나 동물이 그 운동 조절만으로 치열한 경쟁의 실제 세계에서 생존하기란 매우 어렵다. 예를 들어, 좌우로 방향을 틀면서 뛰어가는 쥐를 잡아야 하는 올빼미는 그 쥐를 바라보며 날개를 퍼덕여 몸을 공중에 멈추고, 정확히 그 쥐를 향해 돌진하여 발톱으로 움켜쥐어야 한다. 그러자면 올빼미는 쥐가 달아나는 방향을 미리 '예측'하고, 쥐의 예측된 위치로 날아들어야 한다. 사람 역시 그러한 동작을 한다. 야구 경기에서 외야수는 높이 날아오는 야구공을 잡기 위해 야구공에서 눈을 떼지 않은 상태로 뛰면서 팔을 뻗어 그 공을 잡아야 한다. 그러자면 그 공이 어느 방향으로 날아갈지 그리고 어느 위치에서 잡을 수 있을지 미리 '예측'하면서 뛰어야 한다.

이러한 예측 기능이 인지신경생물학의 기반에서 어떻게 설명될 수 있을까? 만약 올빼미나 사람이 감각 입력정보를 운동 출력정보로 변환하는 [그림 4-40]과 같은 감각-운동 국소 대응도의 벡터 변환 장치만을 가진다면, 올빼미는 쥐의 위치 입력정보로부터 운동 출력정보를 계산할 것이다. 그리고 외야수는 현재 공의 위치 입력 정보를 가지고 운동 출력정보를 계산할 뿐이다. 그렇게 현재의 위치를 보고 뒤쫓는 방식으로는 올빼미와 외야수 모두 목표물을 잡아내지 못한다. 즉, 피드백(feedback) 시스템만으로 정보처리를 한다면 언제나 간발의 차이로 목표물에 뒤늦게 도달할 수밖에 없다.

패트리샤는 『뇌처럼 현명하게』에서, 위의 문제를 해결할 공학적 해결책으로 [그림 4-41]과 같은 오류예측 선행모델(error-predicting forward model)을 소개한다. 이 선행모델은 목표를 성취하기 위해 신경 에뮬레이터(neuronal emulator, 신경 모의실행기)에서 명령을 처리함으로써 오류수정은 물론 예측된 행동을 가능하게 해준다.

패트리샤에 따르면, 이 모델의 아이디어는 다니엘 울퍼트(Daniel Wolpert)가 창안했으며, 릭 그러쉬(Rick Grush)가 '에뮬레이터 모델(emulator model)'이라 명명하였다. 패트리샤는 에뮬레이터 모델이 아래 세 가지 전제에서 제안되었다고 분석한다(132-133쪽).

첫째, 감각을 수용하는 입력 뉴런 집단은 수용기를 통해 세계와 대응해야 하며, 신체를 움직이는 출력 신경세포 집단은 신체의 장치를 통해 세계와 대응해야 한다.

둘째, 신경 에뮬레이터는 감각 입력정보를 운동 출력정보로 전환하는 데 도움을 주고, 추적 중 장애물에 가려져 안 보이는 대상도 가로챌 수 있게 해줄 뿐만 아니라, 문제에 대한 가능한 해결책을 상상할 수 있게도 해준다.

셋째, 에뮬레이터로부터 되먹임은 감각 입력정보로부터 오는 되먹임보다 빠른 입력을 제공하여, 움직이는 사물을 낚아챌 수 있게 해준다.

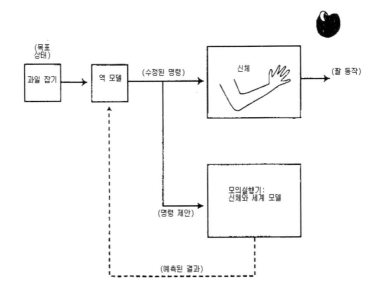

[그림 4-41] 역모델(inverse model)이 선행모델(forward model)인 에뮬레이터 (emulator, 모의실행기)와 연결된 도식적 그림. 역모델은 문제에 대한 최초의 응답을 제공하지만, 그 명령은 내 팔이 과일에 이르게 하기에는 부족할 수 있다. 그 경우 역모델은 자신이 응답한 명령을 선행모델로 보낸다. 그러면 신경 에뮬레이터에서 그 명령을 운영하고 오류를 계산하여 역모델에 제시함으로써, 역모델은 개선된 명령으로 오류 신호에 응답한다. (Patricia Churchland, 2002a, 138쪽)

따라서 위와 같은 에뮬레이터는 동물에게 다음과 같은 장점을 부여한다.

첫째, 예측된 행동을 할 수 있다. 예를 들어, 외야수가 날아오는 공중 볼을 잡으려 할 때, 공을 보며 신체의 각 부분을 적절하게 조절하는 '역모델에 의해' 감각 정보를 신체 정보로 (벡터 변환으로) 계산 처리하여 그 공에 가까이 다가갈 수 있다는 것은 앞에서 설명되었다. 그러나 그 역모델로 공에 가까이 다가갈 수 있을 뿐, 늘 간발의 차이로 공을 잡지는 못한다고 하였다. 이전의 감각된 정보에 의해서만 행동을 유발하기 때문이다. 이 문제를 해결할 수 있는 것이 '선행모델'이다. 역모델에 선행모델을 결합한 능력으로 인해서 목표물에 가까이 쫓아가는 외야수는 공이 떨어질 곳을 미리 계산하여 공 앞에 글러브를 미리 위치시켜 공을 잡아낼 수 있다. 만약 그러한 에뮬레이터가 충분히 개선될 경우, 그것은 현재의 감각 정보 이외에도 풍부한 배경 지식, 예를 들어 당시의 바람의 속도와 방향 등과 목표물 예상치 등을 동원하여 적절한 예측을 가능하게 해줄 수 있다. 다시 말해서, 배경 지식(표상)에 의한 행동 조절이 가능해진다.

둘째, 에뮬레이터는 동물이 감각 입력정보 없이도 적절한 행동을 할 수 있게 해준다. 예를 들어, 여우가 간발의 차이로 굴속에 들어간 쥐를 잡아채기 위해서 앞발을 쥐구멍에 밀어 넣는 경우를 상상해보자. 쥐의 움직임을 볼 수 없지만, 여우는 (에뮬레이터에 의해서) 달리던 쥐의 속도에 비추어 굴속 어느 정도의 거리에 있을지 예측하고 굴속에 앞발을 밀어 넣어 발톱으로 쥐를 움켜쥐는 것이다. 또한 우리는 대화하면서 앞에 놓인 과자 그릇에 무의식적으로 손을 뻗어 과자를 집어 입에 넣을 수 있다. 때로는 눈을 감고도 앞에 놓인 과자를 집어 입에 넣을 수도 있다. 눈을 감으면 입력되는 감각 입력정보가 전혀 없지만, 에뮬레이터는 이미 가지고 있던 정보에 의해 명령 벡터를 입력할 수 있기 때문이다.

나아가서, 에뮬레이터는 추상적(추론되는) 행동 선택의 결과를 평가하는 역할을 오프라인(off-line)으로 수행할 수 있다. 예를 들어, 외야수는 높이 날아가는 야구공을 무작정 따라가지는 않는다. 날아가는 공을 보고 (에뮬레이터에 의해) 홈런이라 예상되면 잡으려 뛰어가는 행동을 멈춘다. 그러한 선택적 행동을 하기 위해서 외야수는 행동의 결과를 예측할 수 있어야 한다. 행동의 결과를 '오프라인 상상하기(off-line imagining)'는 어떤 행동의 결말이 원하는 것일지 아닐지를 예상하도록 최종 데이터를 읽는 능력을 제공해준다. 또한 '오프라인 계획 수립(off-line planing)'은 동물들이 현재 존재하지 않는 목표를 세우고 그 목표를 위해 준비하도록 해준다. 사람 역시 추상적(추론적)이며 구체적인 어떤 문제를 해결하기 위해 실천에 앞서 '결과 상상하기', '숙고하기', '어림짐작하기' 등등을 한다.

셋째, 에뮬레이터는 동물이 경쟁 세계에서 살아남기 위한 속도 문제에 도움을 준다. 에뮬레이터가 계획적 실행의 결과를 되먹임하는 것이 신체감각 입력정보를 받아 계산 처리한 후 실행 명령을 내리는 것보다 빠르기 때문이다. 신경전달 및 처리 속도로 보아, 에뮬레이터에서 명령 신호를 받음으로써 뇌가 이득을 보는 단축 시간은 약 200-300밀리초 정도이며, 이 시간은 경쟁 세계에서 무시할 수 없는 시간이다.

지금까지 에뮬레이터에 대한 공학 이론에 비추어 신경계의 계산 처리 회로에 관한 가설적 논의를 소개했다. 그렇다면 신경계가 에뮬레이터를 이용한다는 증거는 무엇인가? 후두정엽피질, 복측두정내 영역(ventral intraparietal area, VIP), 그리고 전두엽피질(frontal cortex)의 배외측 영역(dorsolateral region)은 상호 신경 연결을 이루고 있으며, 그 영역의 뉴런들은 온라인(on-line)으로 목표 위치를 계속 지시할 수 있게 하는데, 목표물이 사라진 후에도 실제 공간에서 그 목표물이 날아가는 공간을 추적해볼 수 있어서, 마치 에뮬레이터의 예측 기능처럼 작용하는 것으로 파악된다. 더구나 두정엽피질이 손상되면 손으로 표적을 잡는 행동에 장애를 일으키는 것으로 알려져 있다. 그 외에 소뇌(cerebellum)와 기저핵(basal ganglia)도 에뮬레이터의 기능을 수행하는 것으로 알려져 있다(139-142쪽 참조).

에뮬레이터의 역할을 다음과 같은 간단한 이야기를 통해 더 쉽게 이해해볼 수 있다. 만약 개구리가 날아가는 파리를 잡기 위해 직전에 바라본 파리의 위치로 혀를 뻗는다면, 그 개구리는 굶어 죽을 것이다. 직전에 바라본 파리는 이미 그 위치에 없기 때문이다. 따라서 개구리는 표적의 움직임을 예측하여 운동을 제어해야만 한다. 그러한 일을 순차처리 방식으로 계산 처리하려면 매우 많은 열람표의 수치를 일일이 대응시키느라 분주할 것이다. 실제 세계에서 동물이 처리 속도가 느린 신경세포를 가지고 그 일을 수행했다간 역시 굶어 죽을 것이다. 따라서 동물은 매우 간단하면서도 빠른 계산 처리 방식을 가져야 한다. 다시 말해서, 그 동물은 아주 간단한 반응 계산 처리만으로 정확한 예측 행동을 실행해야 한다.

패트리샤는『뇌과학과 철학』에서 이 문제를 해결할 아래와 같은 [그림 4-42]를 소개한다. (이 그림은 폴의 생각이라고 밝힌다.) 이 그림은 앞의 [그림 4-40]에 비해 실제 공간 대응도를 하나 더 갖는다. 감각 대응도와 운동 대응도에 대응도를 하나 더 추가함으로써 예측 운동 조절의 문제가 간단히 해결된다. (b)에서 볼 수 있듯이, 눈이 가상 표적의 위치 t_1을 보고 팔을 뻗어 그 위치에 이르면, 이미 파리는 위치 t_2에 있을 것이다. 이것은 역모델에 의한 감각-운동 조절 방식이다. 그런데 그 역모델에 (a)와 같이 실제 공간 대응도를 추가할 경우, 그 대응도는 표적의 움직임에 의해 팔이 실제로 미치지 못하는 오류를 보정하는 계산 기능을 담아낼 수 있다. 그렇게

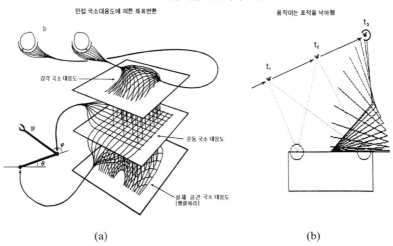

3층피질의 도식적 그림

인접 국소대응도에 의한 좌표변환

감각 국소 대응도

팔

운동 국소 대응도

실제 공간 국소 대응도
[행렬처리]

움직이는 표적을 낙아챔

(a)   (b)

[그림 4-42] '실제 공간'을 행렬로 변형시킨 대응도가 로봇 게(crab)의 피질 하부 층에 추가되어 상부층과 수직으로 연결된 도식적 그림. 이 추가된 층은 실제 공간 내의 대상 위치에 대한 내적 표상을 제공한다. 실제 공간에서 두 연속 지점 (t_1, t_2)이 주어지면, 세 번째 층에 새겨진 예측 특성이 같은 선상에 세 번째 지점 (t_3)을 가리킬 수 있다. 하부 대응도에서 나온 이 지점에 대한 신호는, 운동 대응 도에 백업(back up)되어, 움직이는 표적 파리를 잡도록 팔을 이동할 것이다. (Patricia Churchland, 1986, 647쪽)

함으로써 사실상 실제 공간 대응도는 움직이는 가상의 표적 속도에 따른 팔의 보정 값들을 담아낸다. 다시 말해서, 추가된 실제 공간 대응도는 움직이는 물체의 속도마다 계산된 열람표이며, 이를 통해 게는 운동 대응도가 움직이는 표적의 위치를 보정할 수 있다.

이렇게 추가된 대응도로 인해서, 로봇 게는 단지 위치 t_1에서 위 치 t_2로 움직이는 표적을 바라보는 것만으로, (의식과 무관하게) 팔을 위치 t_3로 뻗어 표적을 잡을 수 있다. 따라서 추가된 대응도가 에뮬레이터와 같은 역할을 한다고 가정된다.

이러한 실제 공간 대응도가 추가될 경우, 대응도는 그 게가 계산해야 할 예측 가능한 모든 표상을 담아낸다. 다시 말해서 그 대응도 자체가 바로 가능한 경우들에 대한 행렬(벡터)들을 담아내는 저장소인 셈이며, '예측 가능한 모든 사례'를 계산해낼 함수(속도 × 시간 = 거리)를 처리할 계산기, 즉 열람표인 셈이다. 그 대응도가 예측 행동을 수행할 능력을 담아낸다는 점에서 대응도는 행동 일반을 저장하는 셈이다.

예를 들어, 우리는 말을 달리며 화살을 날려 목표물에 명중시킬 수 있다. 반복된 훈련은, 대응도의 연결을 수정함으로써, 그 계산적 기능을 개선하여 이전보다 정교한 계산이 이루어지도록 할 수 있다. (그런 수정이 어떻게 가능한지는 20장에서 설명되었으며, 24장에서 더 구체적으로 설명된다.) 그 경우에 대응도에 조성된 계산기는 말을 타고 달리는 자신의 속도, 화살의 속도, 자신과 물체와의 거리, 시위를 당긴 활이 손에 느껴진 압력 등등을 순간적으로 처리하는, 즉 종합적으로 고려하는 '계산 법칙'의 기능(함수)을 수행하는 것이다. 그것이 명시적인 언어로 표현되지 않으며, 단지 대응도의 하드웨어로 구현되지만, 그 함수 기능은 알고리즘과 다름없는 역할을 실행한다. 그러한 측면에서 이제 대응도는 세계를 표상하는 기능을 넘어, 함수와 같은 수식의 (추상적) 기능을 담당할 수 있다고 가정된다.

이것은 무리한 가정이 아니다. 신경계가 추상 공간을 조성하는 대응도를 추가할 경우, 우리는 그 추가 대응도를 추상적 '일반성'을 담는 계산기라고 말할 수 있기 때문이다. 물론, 대응도가 운동 조절을 넘어 어떻게 추상적 일반성으로 작용할 수 있는지 구체적으로 보여주는 일은 앞으로 발달될 실험적이고 기술적인 (학문간 혹은 학제간) 탐구로 성취될 몫이다. 그러나 적어도 신경계가 대응도를 통해 일반 사례를 담아내어 임의 상황에서 즉각적으로 그 일반성을 활용할 수 있다는 것을 상상하기는 어렵지 않다. 이러한 대응도 이야기는 이제 일반성의 문제를 넘어, 가설과 이론 그리고 개념 체계를 이해하게 해줄 단서가 된다. 어떻게 그러한가?

* * *

앞서 대응도에 의해 어떻게 예측하는 운동 조절이 수행될 수 있는지를 논의했다. 그러나 고등동물의 생존 문제를 고려하면 그러한 운동 조절의 대응도 기능은 아주 초보 수준이다. 고등동물이 복잡한 생존 환경에서 생존의 유리함을 가지려면, 과거의 경험 정보를 미래 행동을 위한 교훈 정보로 활용할 수 있어야 한다. 그렇게 하려면 신경계는 수많은 경험을 대응도에 각인할 수 있어야 한다. (그 경험 정보에 의한 인간의 모든 복잡한 상위 수준의 심적 기능이 진화의 산물이라면) 경험으로부터 우리가 상위 수준의 심적 기능을 가질 수 있었던 것은, 예측하는 운동 조절 역량이 진화를 통해 꾸준히 개선된 결과이다. 그러므로 인간의 고차원 심적 기능에 대한 해명을 운동 조절 방식의 진화에서 찾아볼 필요가 있다.

신경세포 집단(또는 원주)의 작용이 표상의 벡터공간을 형성한다고 보고, 그 신경세포 집단마다 세계에 대한 다양한 정보를 표상하는 능력을 지닌다고 보았을 때, 그 다양한 표상 정보가 상위 수준의 다른 신경세포 집단에서 어떻게 통합될 수 있는지 앞에서 논의되었다. 그 논의에 따르면 표상공간을 조성하는 신경망들은 서로 계층적 구조를 이루어 통합되거나 상호 영향을 미친다.

이제 그 논의를 확장하여 사례 일반을 담아내는 수많은 대응도가 서로 계층적 연결을 이룬다고 상상해보자. 그 하위 대응도의 합벡터는 상위 대응도 벡터공간에서 한 축의 벡터값을 담당할 것이다. 그러므로 여러 경험의 일반화를 담는 대응도 벡터값은 더 추상적인 경험의 일반화를 담아내는 상위 대응도 위상공간에서 각기 하나의 지표 요소 벡터이다. 다시 말해서, 상위 벡터공간이 갖는 일반화는 하위 공간이 갖는 여러 일반화를 다시 일반화한 벡터인 셈이다.

그렇게 특정 대응도가 추상적 (일반적) 개념의 전형을 내재한다면, 그 대응도는 사실상 가능한 모든 유사 사례를 담는다. 또한 대응도들 사이의 연결이 반드시 계층으로만 조성되지는 않을 것이며, 상호 그물망 구조를 조성하리라 추정해볼 수도 있다. 그 그물망들 사이에 표상공간이 상호 영향을 주고받아 스스로 그물망을 수정하게 될 것이다. 이와 같은 고려에서 대응도들이 연결된 구조물인 연결망 전체는 하나의 통일된 이론 체계를 담는 벡터공간을 조성한다고 가정된다. 이로써 운동 조절을 위한 계산기로서 대응도는 진화를 통해 개념의 저장소가 되었으며, 이론의 저장소가 되었을 것이다. 이러한 측면에서 대응도들 사이의 계층구조가 엄밀한 공리 체계는 아닐 것이다. 이렇다는 것은 콰인의 그물망 의미론과 부합한다. 그 관점에서, 대응도들 사이의 연결, 즉 신경망들 사이의 연결은 그물망 구조일 것이다. 그리고 그것들 사이에 더 긴밀한 연결과 덜 긴밀한 연결도 있을 것이다.

이 주제와 관련하여 뇌 기능의 국소화 이론을 주장했던[50] 입장과 전체주의 이론을 지지했던[51] 입장 사이의 쟁점이 어떻게 결말이 났는지도 주목할 필요가 있다. 분명히 두 관점을 지지하는 증거들이 있었으며, 따라서 잭슨은 두 이론을 통합하는 관점에서,[52] 뇌의 '국소(local)'란 말을 명확하지 않게 이해하는 입장에서 다양한 계층의 다양한 곳에서 다중표상(multiple representation)이 있을 것이라는 주장을 이미 내놓은 바 있었다.

대응도들이 한편으로는 계층구조로 연결되면서도, 다른 한편으로는 그물망의 전체적(global) 구조를 가져서, 어느 쪽만으로도 만족스럽게 설명하기 어려울 것이다. 대응도들 사이의 연결이 표상들 사이의 행렬(벡터)로 계산된다고 가정해보면, 우리 인간의 (신경계의) '원초적' 논리와 추론의 본성은 대응도들 사이의 연결에 의한 계산이라고 말할 수 있다. 그 원초적 논리와 추론의 본성은, 명제 표상의 논리와는 거리가 있으며, 언어 논리 이하의 계산이다. 지금까지의 신경인식론의 논의로부터, 우리가 언어로 설명(표현)하기 어려운 추론 및 판단이 구체적으로 어떤 수학적 계산 처리로 이루어지는지를 설명해줄 신경과학 연구 및 인공신경망 인공지능 기술을 전망해본다.

■ 철학적 전망

이상의 논의로부터 나는 신경인식론이 전통 철학 및 논리학에 어떤 영향을 미칠 것인지 다음과 같이 전망해본다.

첫째, 신경인식론의 관점에서, '대상'과 '사실'의 구분에 따라 언어의 '명사'와 '문장' 수준을 나누어 바라보았던 전통의 관점은 퇴색될 운명이다. 그뿐 아니라, 특정 사물을 그것으로 인식하게 해주는 것은 '개념'이며, 사건을 의미 있게 다가오도록 해주는 것이 '일반화'라는 전통의 구분도 포기되어야 한다. 이제 처칠랜드의 표상 이론에 따라, 우리가 개념과 일반화를 상태공간 내의 대표 벡터값으로 이해하는 관점에서, 언어로 단어 수준과 문장 수준을 특별히 구분할 필요성이 사라지기 때문이다. 사실, 개념이든 일반화든 모두 단어나 문장으로 표현될 수 있다.53)

그러므로 언어 표상 체계와 신경망 표상 체계는 서로 부합하지 않는다. 언어는 신경망 벡터 표상을 대화로 전달하기 위한 표현이라고 볼 수 있다. 즉, 소통을 위해 창안된 혹은 고안된 체계이다. 이러한 점에서 언어를 엄밀히 분석함으로써 철학의 목적을 달성하려던 분석철학의 노력이 적어도 인식론 탐구에서 앞으로 발전 및 성과를 거두기는 어려워 보인다. 그런 측면에서, 지금까지 현대 컴퓨터공학자와 언어학자가 공동 연구하는 인공지능 연구에서 언어분석에 의한 프로그램 연구 접근법이 유행했으나,54) 그 방식은 인간의 인지 구조에 적절한 접근법이 될 수 없다고 전망된다.

그러나 오히려 이러한 나의 전망을 어둡게 바라보는 학자도 있다. 핑커와 프린스(S. Pinker and A. Prince)는 논문 「이상한 출처에서 나온 인간 개념/증거의 본성(The nature of human concepts/ evidence from an unusual source)」(1996)에서 아래와 같이 지적한다.

고전적 범주는 어떤 대상이 어느 범주에 포함되는지 아닌지 결정하는 필요충분조건에 의해 규정된다. (그러나) 인기를 얻고 있는 현대 관점에 따르면, 개념들은 전형 범주에 대응한다. 전형 범주들은 필요충분조건을 갖추지 못했다. (p.306)

이러한 지적은, 전통의 언어적 접근을 고집하는 관점, 즉 '일상 언어가 완결성을 갖추고 있으며, 연결주의로는 그러한 언어를 제대로 모의하지 못한다'는 전제로부터 나온다. 위와 같이 연결주의가 제안하는 전형 범주들이 필요충분조건을 갖지 못한다는 지적에 대해서, 나는 언어 범주 역시 그러하다는 것을 지적하고 싶다.

3권 17장에서 알아보았듯이, 콰인은 어떤 수학의 체계도 그리고 어떤 언어의 재구성도 완결성을 보여줄 가능성이 없음을 주장했다. 그의 관점에 따르면, 언어 범주는 자연종(natural kind)이 아니다. 이러한 점에서 연결주의가 범주로서 완결성을 갖지 못하며, 오히려 언어 문장 구조와 체계가 완결하므로, 이런 방식으로 인지 연구를 추진해야 한다는 주장은 논리적으로도, 그리고 현대 철학의 관점에서도 설득력이 없다. 오히려 그런 지적은 연결주의 입장을 지지하는 근거가 될 수도 있다. 연결주의가 내세우는 전형의 범주가 범주로서 필요충분조건을 갖지 못하지만, (언어 범주 역시 그 한계에서 벗어날 수 없으며) 인지의 범주 특성에 '상대적으로' 더욱 잘 부합한다는 주장이 가능하기 때문이다.

둘째, 신경인식론의 관점은 연역추론과 귀납추론의 구분에 관하여 새로운 이해를 제공한다. 우리는 신경계가 입력정보에 대하여 어떻게 출력정보를 산출하는지 그 계산 처리 과정을 아래와 같이 추정해볼 수 있다. 우선 입력정보는 여러 대응도에 각기 행렬(벡터)로 표현된 후, 다시 여러 은닉 유닛층 대응도와 출력정보 대응도에 의해 또 다른 행렬(벡터)로 변환된다. 그 과정에서 그것이 연역추론과 유사한 추론이 되기 위해서는 출력정보가 여러 입력정보를 넘어서는지 아닌지를 알아볼 필요가 있다. 다시 말해서, 계산 처리 과정에 참여하는 여러 대응도에 어떤 변화도 유발하지 않는다면, 그것에 대해 전제를 넘어서지 않는 연역추론과 유사하다고 말할 수 있다. 반면에 그 과정에 참여하는 여러 대응도 중 특정 대응도에 변화를 유발하거나 연결망의 유닛들 사이의 가중치에 변화를 유발한다면, 즉 새로운 학습을 유발한다면, 그런 것에 대해서는 전제를 넘어서는 귀납추론이라고 말할 수 있을 것이다. 이런 가정에서 출력정보가 입력정보를 능가하는 정도는 각자의 대응도에 형성된 개념체계가 어떤지에 달린 문제이다. (물론 사회적 동물인 우리는 어느 정도 공유하는 대응도의 개념 체계를 가진다.) 그러므로 연역과 귀납, 두 형식이 자연종은 아니다. 근본적으로 신경계의 계산 처리는 연역과 귀납 자체의 구분을 위해 진화되고 설계되지 않았다. 한마디로 신경인식론의 관점에서 연역추론과 귀납추론의 구분은 흐릿하다.

셋째, 신경인식론의 관점은 분석판단과 종합판단의 구분을 (콰인보다) 더욱 흐리게 만든다. 칸트의 관점에서, 종합판단과 분석판단의 구분은 주어 개념이 술어 개념의 의미를 넘어서는지 아닌지와 관련한다. 그러나 신경인식론의 관점에서, 명사나 문장의 구분은 무의미하다. 입력 표상인 특정 행렬(벡터)이 출력 표상인 특정 행렬(벡터)로 변화되는 계산 처리에서 언어 표현의 개념어와 판단의 형식적 구분은 적용되지 않는다. 단지 배경 지식을 갖도록 형성된 신경망 대응도가 어떤지에 따라서, 저마다 분석판단으로 보일 수도, 종합판단으로 보일 수도 있을 뿐이다. 예를 들어, "지구는 둥글다."라는 명제는 배경 지식에 따라서 분석판단으로 보일 수도, 종합판단으로 보일 수도 있다. 신경망에 분석판단과 종합판단을 별도로 처리하는 장치가 있지 않으며, 이 범주의 분류 역시 자연종이 아니다. 또한 신경인식론의 관점에서 전통적으로 구분했던 '추론'과 '판단'의 구분도 흐릿해진다. 모두 신경망의 계산 처리를 통해 나오는 결과물이다.

넷째, 신경인식론의 관점은 필연적 지식의 본성에 관해 새로운 이해를 제공한다. 전통적으로 철학자들은 특별한 학문적 가치를 지닌 지식에 관심이 많았다. 대표적으로 수학과 논리학의 지식이 그것이다. 철학자들은 그러한 지식은 선험적이며 필연적 참이라는 믿음에서, 그것에 특별한 가치를 부여했다. 더구나 칸트는 수학, 유클리드 기하학, 뉴턴 역학 등의 지식이 필연적 참이면서도 지식의 확장이 이루어지는 '선험적 종합판단'으로 구분했다. 우리에게 일부 지식이 그렇게 보였던 것이 신경인식론의 입장에서 어떻게 설명되는가? 추상적 보편 개념을 표상하는 대응도들 사이의 계산 처리가 특정 대응도의 교정을 일으키지만, 전체 개념 체계의 대응도 전형에 변화를 일으키지 않을 경우, 선험적이며 필연적 참이고, 지식의 확장이 일어난다고 이해될 수 있다.[55] 이러한 이해에서 칸트가 『순수이성비판』에서 스스로 물었던 질문, 즉 '선험적 종합판단'이 어떻게 가능한지는 이제 새롭게 이해될 것으로 전망된다.

다섯째, 신경인식론의 관점에서 일반적(general) 문장과 보편적(universal) 문장은 엄격히 구분된다고 말하기 어렵다. 일반적 문장과 보편적 문장이 가리키는 표상은 모두 대응도의 전형이라고 생각해볼 때, 양자 사이에 엄격한 구분은 의미가 없다. 그 대응도의 전형이 특정 상황들에 맞추어 적용되지 않는 예외 사례가 보이는 경우, 우리는 그것을 '보편적'이라고 부를 것이다. 그렇지만 새로운 배경 지식의 습득으로 관련 대응도에 수정이 일어난다면, 그것을 '일반적'이라고 부를 것이다. 예를 들어, "모든 물체의 운동은 뉴턴 역학의 원리에 따른다."라는 명제가 과거 보편명제로 보였지만, 아인슈타인의 상대성이론의 배경에서 그 명제에 "물체가 광속보다 현격히 느린 속도를 가질 경우에만"이란 단서를 달아야만 했다.

여섯째, 신경인식론의 관점에서 일반화의 본성을 새롭게 명확히 설명할 수 있다. 상위 차원에서 이론의 일반화를 담는 곳은 에뮬레이터를 포함한 모든 은닉 유닛 대응도(입출력 대응도를 제외한)라고 말할 수 있다. 에뮬레이터는 반사실적 상황에서 결과를 미리 가늠해보는 기능을 실행할 수 있다. 그러한 기능은 기대와 예측을 가능하게 한다. 에뮬레이터의 전형인 벡터값이 고려된 인지 기능은 일반화를 고려한 판단이라고 볼 수 있다. 이미 가지고 있던 여러 요소의 전형 벡터값은 상호 대응도 연결망을 통해 통합될 수 있으며, 그중 일부 벡터값은 새로 형성되는 다른 요소 전형의 벡터값에 의해 수정 또는 포기되는 일이 일어날 수 있다. 그 경우 개념 혹은 이론의 수정 및 제거가 뇌에서 일어날 수 있다. 그리고 그러한 변화를 통해서 지식의 수정과 확장, 새로운 이론의 채택 또는 폐기가 일어난다고 이해된다.

일곱째, 신경인식론의 탐구는 귀납추론의 전통적 문제를 해소할 수 있다. '경험 관찰이 어떻게 일반화를 지지할 수 있는지', 거꾸로 말해서 '일반화가 경험 관찰로부터 어떻게 추론(연역)될 수 있는지'에 관한 정당성 의문은 새로운 (기술적, descriptive) 해명에 따라서 그 물음 자체가 해소될 수 있다. 개별 관찰로부터 어떻게 일반화가 이루어지는지의 문제는 관찰된 감각 정보들이 은닉 유닛층 신경망에 행렬로 등록된 후, 그 대응도에 전형을 형성하는 것으로 이해된다. 그리고 특정 증거가 결론을 더 강하게 지지한다고 생각하는 이유도 그것이 대응도의 전형에 가까운 출력 벡터를 산출하기 때문이라고 이해될 수 있다. 나아가서, 우리가 특정 현상을 설명해줄 여러 가설 중 어느 것을 왜 그리고 어떻게 선택하는지도 설명될 수 있다. 특정 가설의 제안은 입력과 출력 사이에 에뮬레이터가 새로운 전형을 만드는 작용으로 이해될 수 있다. 같은 관점에서, 특정 가설이 다른 가설에 비해서 왜 더 우수하다고 판단되는지도 설명될 수 있다. 이미 형성된 대응도 전형에 비추어 바람직한 출력 벡터를 산출하기에 적절한 전형을 에뮬레이터가 선택하기 때문이라고 이해될 수 있다.

여덟째, 신경인식론의 관점에서 우리가 어떤 이유로, 때로는 엉성함에도 불구하고, 일반화를 과감히 시도하는지도 설명할 수 있다. 전형으로 기억하고 인지하는 것은 뇌의 한정된 용량에 비추어, 뇌의 효율성을 높여준다. 그 방식을 채택하는 뇌로서는 무엇이든 일반화하려는 속성을 지닌다. 그러한 속성을 가진 뇌는 "언제나 내가 응원하는 야구팀의 경기를 내가 직접 관전하면, 게임에서 승리하지 못한다."와 같은 통속적 가설을 지어낼 수 있으며, 따라서 "내가 응원하는 팀이 이기도록 그 야구 경기를 관전하지 말아야 한다."는 판단을 추론하도록 만들 수도 있다. 나아가서 "우주는 음과 양으로 구성되어 있다."는 통속적 일반화를 지어내어, "그가 건강이 나빠진 것은 양기가 부족하기 때문이며, 양기를 보충할 음식을 섭취할 필요가 있다."는 예측을 허용할 수도 있다. 우리는 그러한 통속적 이론에 기만당하지 않도록 비판적 사고력을 갖출 필요가 있다. 그러자면 뇌의 작용을 이해하고, 자신의 사고에 풍부한 배경 지식을 조성할 필요가 있다. 그러한 배경 지식의 대응도들이 더 현실적이며 유용한 이론을 갖게 해주기 때문이다.

아홉째, 이러한 신경인식론의 이해에서, 인공지능 연구자들은 인공신경망 연구에 대한 확신을 넘어, 그 연구 기획의 방향을 결정할

214

수 있다. 대부분 인공지능 공학자들은, 은닉 유닛층은 블랙박스와 같다고 믿는다. 그들은 그 은닉 유닛층 내부에서 어떤 일이 이루어지는지 알 수 없지만, 하여튼 인공신경망 AI가 연구자의 기대를 만족시켜준다고 신뢰할 뿐이라고 말한다. 이제 앞으로 인공신경망의 딥러닝에서 어느 은닉 유닛층이 어떤 개념 혹은 일반화를 담아내는지 혹은 그것이 학습한 알고리즘이 정확히 무엇이며, 그것으로 어떤 추론의 계산이 이루어지는지 연구될 수 있어야 한다. 지금까지 막연히 귀납추론은 연역추론과 다른 것으로만 이해되었지만, 신경계 부분마다 어떤 일반화에 따라서, 즉 어떤 알고리즘에 따라서 추론이 이루어지는지 구체적인 연구와 인공지능 제작이 추진될 수 있을 것이다.

지금까지 신경인식론의 표상 이론을 통해 얻은 이해를 아래와 같이 요약할 수 있다. 만약 대응도들의 계층적 구조가 세계와의 직접 대면을 넘어서는 특징을 전형으로 조성할 경우, 그것은 '보편적 (또는 일반적) 개념'에 준하는 추상적 표상으로 이해된다. 그러므로 이제 우리는 (추상적인) 개념 지식 또는 도식을 어떻게 갖는지 이해할 단서를 얻었다. 나아가서 그러한 신경계 표상의 특성에 비추어 볼 때, 인지 기능을 언어로 표현하기 어려웠던 이유도 이제 이해된다.

* * *

전통 철학 탐구를 지속해온 누군가는 아래와 같이 질문할 수 있다. 지금까지 논의한 신경계의 '표상 능력', '표상의 본성', '표상의 계산 처리 방식' 등이 실제 신경계의 작용인가? 인공신경망 이론에 따라 컴퓨터에서 구현해본 인지 프로그램들이 실제 인지 작용이라고 인정해야 하는가? 이런 의문과 유사한 쟁점의 논의가 과거에 있었으며, 그 논의 결과를 돌아보는 것은 유익하겠다.

과거에 '제1속성'과 '제2속성'의 구분은 적지 않게 여러 철학자의 마음을 붙들었다. 2권에서 소개되었듯이, 그 논의는 이렇다. 후자는 전자와 달리 주관적 판단이 개입된 속성으로, 실재 자체를 드러내지 못한다. 따라서 객관적 지표에 의해 탐구될 수 없다. 그러므로 제2속성은 전자와 달리 수치로 표현될 수 없다. 물론 이제 그러한 가정은 누구라도 인정하지 않는다. 오늘날 알코올 온도계의 눈금이 정말로 우리가 느끼는 온도의 객관적 속성인지 의심하는 사람은 없다. 이러한 사례가 벡터 표상의 객관성 문제와 비유될 수 있다. 그 사례는 처칠랜드의 표상 이론이 제시하는 벡터 표상이 우리의 객관적 표상인지 아닌지 의문에 대답해준다. 처음에는 어색하고 실재적이지 않아 보이는 새로운 개념어가 학술적으로든 일상적으로든 흔히 사용됨에 따라서 이전보다 익숙해질 수 있으며, 새롭게 정립될 수 있기 때문이다.

이러한 논의는 우리가 과학 탐구로 획득한 수많은 과학이론이 실제 세계를 반영하는지 의문에 대한 과학적 실재론(scientific realism)의 논쟁과도 관련된다. (물론 처칠랜드는 과학적 실재론을 지지한다.) 과학적 실재론과 도구주의(instrumentalism) 중 어느 입장을 선호하는 경향은 어디에서 나올까? 과학자들은 각자의 탐구 주제가 무엇이냐에 따라서 서로 다른 경향, 즉 과학적 실재론과 도구주의를 달리 선호하는 경향을 보여준다. 예를 들어, 실험 연구 수준을 탐구하는 학자라면 자신의 이론이 실재와 잘 부합한다는 믿음에서 과학적 실재론을 지지하기 쉽다. 그렇지만 천문학을 탐구하는 스티븐 호킹(Stephen Hawking) 같은 학자라면 실험으로 검증하기 어렵다는 측면에서 도구주의를 지지할 것 같다.56) 다시 말해서, 각기 다른 교설 입장의 차이는 자신의 탐구 영역, 즉 배경 지식과 깊은 관련이 있다. 과거 합리주의를 표방했던 철학자들이 주로 수학이나 기하학을 탐구하고, 경험주의를 내세웠던 철학자들은 주로 의학이나 생물학을 탐구한 것도 이런 맥락에서 이해된다. 아무튼, 인공신경망 연구에서 나오는 가설이 과연 실제 신경계 작용을 잘 반영하는지는 지금까지 신경계를 모방한 다른 인공신경망 연구에서 성공적인 실험적 연구 성과가 드러나고 있다는 점에서 긍정된다.

23 장

표상 이론과 환원 문제

환원은 이론들 사이의 관계이므로, 한 현상이 다른 현상으로 환
원되는 것은 그 관련 '이론'이 환원됨으로써 가능하다.

_ 패트리샤 처칠랜드

■ **표상 이론과 제거주의**[57]

살펴보았듯이, 최근까지 마음이 가지는 능력이라고 가정되었던
개념과 일반화, 그리고 추론 등이, 처칠랜드 부부의 새로운 표상 이
론에 따라서 신경학적으로 그리고 인공신경망의 측면에서 새롭게
이해된다. 이러한 최근 신경과학 연구와 비교해볼 때, 전통적으로
그리고 최근까지 일반적으로 철학과 심리학에서 이루어지는 우리
의 마음에 관한 연구는, 상식적이라고, 더 낮추어 말하자면, 주먹구
구식이라고 말할 수 있다. 그러한 연구를 통속심리학 연구라고 부
른다.

구체적으로 통속심리학 연구가 무엇인가? 전통적으로 학자들은,
전래하는 세속적(통속적) 이론에 따라서, 우리의 행동은 '믿음', '욕

망', '지각', '기대', '목표', '의도', '의지' 등의 결과라고 가정한다. 다시 말해서 누군가의 어떤 행위는, 그가 어떤 '욕망' 혹은 '욕구'를 지녔고, 그런 욕구와 함께 무엇을 성취할 수 있다는 '믿음'에서 나온 결과이다. 이러한 가정은 오랜 역사적 배경을 가지며, 따라서 지극히 상식적으로 인정받아왔다. 그런 상식적 가정에 따라서 지금까지 철학자들은 우리 마음의 상태를 언어적 문장에 따라서 분석하였다. 예를 들어, 존스(Jones)가 "매는 쥐를 먹는다."라는 믿음을 가질 경우, "매는 쥐를 먹는다."라는 명제(proposition)는 그의 믿음의 내용으로 규정된다. 그러한 명제로부터 생물학자인 존스는 "매가 쥐를 향해 날아가는 것을 관찰할 것이다."라는 행동이 합리적으로 추론될 수 있다. 이렇게 존스의 심적(마음) 상태 내용과 그의 행동 사이에 합리적 관계(rationale)가 성립한다. 일부 철학자의 주장에 따르면, 존스의 믿음으로부터 그의 행동이 일어나는 그 합리적 관계는 존스의 마음이 지니는 지향성(intentionality)에서 나온다. 지향성은 물리적인 인과관계와 전혀 무관하며, 따라서 신경과학으로 탐구될 대상이 아니다. (오직 철학자들만의 탐구 영역이다.) 그런 통속심리학의 배경에서, 일부 연구자는 마음의 상태와 행동 사이의 관계를 이해하기 위해 여러 언어적 명제 혹은 문장 사이의 논리적 분석에 매달린다. 그러므로 그 연구의 가정에 따르면, 우리 마음이 문장을 논리적으로 추론하며, 특정 마음 상태의 표상은 언어적 문장이다. (이에 관한 더 풍부한 설명과 논의는 Patircia Churchland, 1986, 7장 참조)

그렇다면 이제 처칠랜드 부부의 새로운 표상 이론의 등장으로, 그러한 통속심리학 가정, 혹은 언어적 표상 이론은 어떻게 될 것인가? 그들 부부는 통속심리학에 기대온 통속적 믿음이 제거될 것으로 전망한다. 그러한 전망에서, 전통적으로 우리가 믿어온 많은 통속적 이론과 개념 또한 제거될 수 있다.58) 이러한 처칠랜드 부부의 전망은 '제거적 유물론(eliminative materialism)'으로 불린다.

그러나 이러한 처칠랜드의 전망을 부정적으로 바라보는 비판적 지적이 있다. 앤디 클락(Andy Clark, 1957-)은 논문 「미래를 다루기: 인지과학에서의 통속심리학과 표상의 역할(Dealing in Future: Folk Psychology and the Role of Representations in Cognitive Science)」(1996)에서, 처칠랜드의 표상 이론이 전통 철학에 충격을 주기는 하지만, 두 가지 이유에서 그 표상 이론이 통속적 이론을 제거하지 않는다고 주장한다. 첫째, 언어적(문장의) 표상 이론이 아직 유용하기 때문이다. 그리고 둘째, 통속적 이론과 새로운 표상 이론, 즉 언어적 표상 이론과 신경망 표상 이론은 각기 다른 수준을 다룬다. 이러한 측면에서, 처칠랜드가 주장하는 표상 이론과 통속적 이론은 양립 가능하며, 따라서 그 새로운 표상 이론이 통속의 언어적 범주를 제거하도록 요구하지도 않는다.

클락의 그러한 비판적 지적에 대해 다음과 같은 의문을 검토해볼 필요가 있다. 새로운 표상 이론이 제거적 유물론을 함축하는가? 새로운 표상 이론에 의해 통속심리학의 언어적 범주들이 환원적으로 대체 또는 제거될 것인가? 이러한 의문을 고려하면, 클락의 논점은 '환원'의 문제와 '학문간 통섭' 가능성의 문제와도 관련된다. 나아가서, 이러한 철학적 의문은 인공신경망 AI 연구 전망과도 다음과 같이 관련된다. 인공지능 연구자는 자신의 연구에 대한 철학적 전망을 이해함으로써, 자신의 연구 방향을 확신할 수 있다. 철학적 논의에 약한 인지과학 및 인공지능 연구자들이 환원주의에 대한 격렬한 반대에 밀려 자신의 연구 방향을 확신하지 못하여 앞으로 나아가지 못하고 연구를 머뭇거린다면, 그것은 학문의 진보를 가로막는 방해일 수 있다. 이러한 고려에서, 다음 논의가 전문 철학적 논의이긴 하지만, 그리고 다소 복잡해 보이는 논의이긴 하지만, 과학 연구자들도 그 논의를 살펴볼 필요가 있다.

클락의 분석에 따르면, 처칠랜드의 표상 이론이 갖는 핵심 전망은 아래와 같다.

전망 (1) 통속심리학은 미래에 제거될 것이며, 제거되어야 한다.[59]
전망 (2) 인지 활동을 설명하는 이론은 하부-인지 표상 이론이란 새로운 자원을 통해 다시 설명되어야 한다.

전망 (1)은 전망 (2)의 실천에 따라서 구체적으로 성취된다. 앞서 살펴보았듯이, 처칠랜드의 새로운 표상 이론은 유력한 현대 인지신경생물학 연구와 연결주의 AI(인공신경망 AI) 연구로부터 나왔으며, 앞으로 심적(마음) 이론의 기반은 통속심리학 이론이 아닌 새로운 표상 이론으로 다시 설명될 전망이다.[60]

클락에 따르면, 처칠랜드의 새로운 표상 이론은 세계의 다양한 특징들을 신경망 내의 내적 벡터공간의 위치로 표현한다. 따라서 그 표현 방식은 위상공간에서 특정 표상, 즉 특정 벡터가 서로 어떻게 통합되고 다시 분해될 수 있는지 계산적으로 설명해줄 수단이다. 그것은 생물학적으로 극히 사실적이며, 그 표상의 기초 자원은 우리를 포함한 모든 동물 신경계의 인지 활동 기반이다. 그 새로운 표상의 기초 자원은 문장 구조와 전혀 무관하다. 따라서 언어적 문장에 의해 탐구되는 통속적 인지심리학은 우리의 인지를 연구하는 올바른 접근법이 아니다. 이러한 논의는 과학철학과 심리철학 그리고 인지과학의 방법론과 관련된다. 따라서 새로운 표상 이론은 미래 인지과학의 탐구에 대해 다음과 같은 직접적 함축이나 역할을 갖는다.

첫째, 추론을, 내적 표상의 데이터 구조를 넘어 규정되는, 증명 이론으로 모델화하려는 시도를 의심하게 한다.

둘째, 지각과 인지과정을 명확히 구분하는 경계의 개념을 의심하게 한다.

셋째, 기억, 데이터, 계산 처리, 계산규칙 등의 친숙한 개념적 구분의 유용성에 제동을 건다.

넷째, 전통적으로 인지에 대해 기호 처리 이론으로 접근했던 방법론이 근본적으로 사실적이 아닌 가정들에 근거하고 있음을 보게 한다.61)

클락은 새로운 표상 이론이 제공하는 이러한 함축을 매우 의미 있게 바라본다. 그러므로 그는 처칠랜드의 전망 (2)에 대해서 긍정적으로 지지한다. 그리고 그러한 연결주의 접근은 표상 자체의 기원을 설명해주며, 인지 활동의 미래 연구에 중심이 될 전망이다. 결국 우리의 친숙한 통속심리학으로 규정되는 인지과학 연구는 새로운 표상 이론에 의해 종말을 맞는 것으로 클락은 전망한다. 위와 같이 클락은 대체로 새로운 표상 시스템이 가져올 처칠랜드의 전망 (2)에 동의한다. 그러나 클락은 전망 (1)을 수용할 수 없다고 아래와 같이 밝힌다.

통속심리학을 위한 그 함축, 더 적확히 말해서, 통속심리학 체계 전체에 대한 우리의 신중한 평가를 위한 함축은 그다지 명확하지 않다. 통속은 다른 사람의 심적 상태를 규정하기 위한 수단으로 정말로 문장의 형식화를 이용한다. (p.89)

위와 같이 클락이 처챌랜드 전망 (1)에 반대하는 이유는, 통속심리학이 근본적으로 우리 일상의 사고와 행동을 풍부하고 유익하게 설명한다는 점을 무시할 수 없기 때문이다. 클락은 그러한 고려에서 과연 새로운 표상 이론의 자원이 통속심리학의 운명을 바꿔놓을 것인지를 다시 묻는다. 과연 통속심리학이 새로운 내적 표상 이론으로 설명될 수 없다는 점이, 언어적 접근이 제거될 것임을 함의하는가? 클락은 이 질문에 부정적인 대답을 하는 근거를 아래와 같이 제시한다.

첫째, 통속심리학은 인간의 심적 상태를 규정하기 위해 문장 형식화를 이용한다. 그렇다고 반드시 통속심리학의 '언어적 논의'를 금지해야 할 이유는 없다.

둘째, 통속심리학 논의에서 다루는 내용은 연결망 시스템의 일부가 아니라, 그 '전체 속성'이라고 보는 것이 옳다. 그러므로 통속적 이론의 내용을 신경망의 위상공간으로 부호화하는 것은 어렵다. 그런 증거를 뇌 손상 환자 연구에서 찾아볼 수 있다. 특정 뇌 영역의 손상은 빈번히 전혀 예측하지 못한 결핍과 분열을 보여준다. 한마디로, 통속심리학의 문장 언어적 접근법이 연결주의 접근법과 모순적이지 않다.

셋째, 같은 맥락에서, 추상적 내용을 나타내는 위상공간의 특정 벡터가 여러 하부 위상공간의 요소 벡터로 분해된다는 처칠랜드의 표상 이론이, 심적 상태에 관한 통속심리학의 존재론을 무너뜨리지 못할 것이다. 복잡한 인간 신경계가 무엇을 '수행하는 것'은 하부 시스템이 아니며, '전체 시스템(global system)'의 기능이기 때문이다. 다시 말해서, 통속심리학 이야기가 해석하려는 것은 시스템 전체의 복잡한 능력이며, 파편화된 내적 자원에 의해 지원되는 능력이 아니다. 따라서 뇌의 내적 경제가 통속심리학과 상관없는 비문장적이며 파편적이라는 점이 결코 통속심리학을 제거할 근거는 아니다(pp.89-91).

이상의 근거에서 클락은 다음과 같이 반론 (1)을 주장한다.

> 반론 (1) 통속심리학이 새로운 내적 표상 이론으로 설명될 수 없다고 해서, 그것이 문장적 접근이 제거될 것임을 함의하지 않는다.

그의 주장에 따르면, 통속심리학이 엉성하게 획득되었다지만, 일상적으로 잘 작동한다. 그뿐만 아니라, 둔감한 통속심리학은 내적 표상이 작동하기 위한 기반이다. 통속심리학이 비문장적 표상을 자극하여, 결국 통속의 믿음과 욕망 등이 잘 작동한다고 생각하면, 무엇을 제거해야 할지 의심된다. 예를 들어, 우리가 주위 사람들과 또는 문서를 통해 '언어로' 정보를 주고받는 것이 서로의 뇌 내적 표상에 영향을 미칠 것이며, 그 내적 표상은 우리의 일상적 사고 및 행동 패턴을 위한 유용한 지식과 기대를 이끌 것이다. 그 유용하고 풍부한 기능은 내적 신경망 표상으로 작동되지만, 그것에 영향을 주는 것이 바로 일상 언어 구조에 의한 정보들이다. 그렇게 통속심리학 내의 언어적 문장은 우리의 지식을 풍성하게 지원한다. 그 점에서 클락은 내적 표상에 의해 통속심리학이 제거될 이유가 없으며, 오히려 통속심리학은 내적 표상을 작동시키는 기반이라고 주장한다.

나아가서, 통속심리학의 언어적 표현이 내적 표상 이론을 자극하여, 우리가 새로운 사고를 얻을 수 있는, 지식의 풍부함을 열어놓는다. 그 정보 교환으로 우리는 새로운 유형의 행동 패턴 목록을 확대할 것이다.62) 바로 그렇게 통속심리학 논의는 우리 설명의 이해를 긍정하고 확장하게 해준다.63) 이런 근거에서 클락은 아래 반론 (2)를 주장한다.

반론 (2) 통속심리학은 엉성하게 획득된 것이긴 하지만, 내적 표상 이론을 풍성하게 지원할 것이다. 따라서 제거되지 않는다.

이러한 클락의 논리는 나름 매우 설득력이 있어 보인다. 우선 반론 (1)은 통속심리학 수준과 신경과학 수준이 각각 설명의 목적과 기능을 달리한다는 관점에서 나온다. 사실 세계와 대화하는 것은 유기체 전체의 기능이지, 그 부속 요소의 기능이라고 말하기 어렵다. 이 논증의 힘은 콰인 인식론의 전체론과 관련시켜볼 때 더욱 돋보인다. 처칠랜드(1979)의 기본 입장은 콰인의 인식론 관점에서 출발하였다. 따라서 콰인의 인식론과 자연주의 관점을 지지하는 처칠랜드가 반론 (1)을 넘어서기 쉽지 않아 보인다.

다음으로 반론 (2)는 하위 표상 자원이 상위 통속심리학의 언어적 탐구를 제거하기보다 설명해주어야 한다는 관점에서 나온다. 이런 반론 역시 수준의 차이에 대한 인식에서 나온 주장이다. 사실상 심리 현상과 생리 현상을 설명하는 이론들, 즉 상하 수준의 이론들은 각기 다른 목적과 기능을 가지며, 따라서 하위의 설명이 상위의 설명을 제거하기보다, 오히려 풍부하게 지원해줄 것이라고 기대될 수 있다. 그런 시각에서 보면, 처칠랜드의 하부-인지 표상 자원을 밝혀주는 이론이, 상위-인지 문장 언어적 표상 자원에 근거하는 통속이론의 제거, 즉 제거적 유물론으로 우리를 안내할 것으로 믿기 어려워 보인다. 이상과 같은 클락의 전망에서, 처칠랜드의 전망 (2)로부터 전망 (1)의 정당화는 불가능해 보이며, 처칠랜드의 표상 이론은 오히려 통속심리학 논의를 풍부하게 확장해줄 것으로 기대되는 측면이 있다.64)

* * *

클락의 논리를 분석해보았으니, 이제 그의 논리를 다시 비판적으로 검토해보자. 과연 전망 (1)이 전망 (2)로부터 지지받는가, 즉 전망 (2)가 전망 (1)을 함의하는가? 나는 그렇지 않다고 두 가지 관점으로 반론한다. 첫째는 수준들 사이의 관계에 비추어 논의되는 문제이고, 둘째는 통속심리학의 유용성에 비추어 논의되는 문제이다.

첫째, 수준이 다른 이론들 사이의 관계에서도 어느 수준 이론이 다른 수준 이론의 제거에 영향을 미칠 수 있다. 즉, 두 경쟁 이론 사이의 관계에서 어느 이론의 제거 여부는 수준 차이의 문제와 별개이다.

클락의 주장에 따르면, 통속심리학과 하부-인지 표상 이론은 각기 다른 수준의 설명 목적과 기능의 역할을 갖는다. 그러므로 새로운 표상 이론이 통속심리학의 제거를 요구하지 않으며, 양자가 양립 가능하다. 그러나 만약 그러한 수준별 차이에도 불구하고, 새로운 표상 이론이 통속심리학을 제거할 수 있다면, 전망 (2)로부터 전망 (1)을 추론할 수 있지 않은가? 이 논의를 위해 이론들의 수준 사이의 관계 자체가 어떤 본성을 갖는지 살펴볼 필요가 있다.

처칠랜드에 따르면, 통속심리학은 근본적으로 우리의 일상 행동을 설명하고 예측하게 해준다. 그런 측면에서 하나의 이론65)이며, 그것은 우리의 외적 행동을 내적 믿음, 욕망 등의 자원으로 설명하려 한다. 그렇다면 통속심리학의 제거 여부는 서로 다른 수준의 '두 이론 사이의 관계'의 문제로 조명된다. 그 논의의 쟁점은 우리의 인지 또는 심리의 상위 수준과 그 내적 표상을 설명하는 하위 수준의 양 이론 사이에 환원적 관계가 성립하는지의 문제이다.66) 처칠랜드의 관점에 따르면, 상위 수준의 이론과 하위 수준의 이론은 다양한 관계에 놓인다. 여기서 양립 가능성 여부의 문제는 처칠랜드 논의에서 쿤의 '공약 불가능성 문제'로 파악된다. 만약 두 이론의 관계가 양립 가능할 경우, 즉 공약 가능할 경우 상위 수준 이론은 하위 수준 이론과 부드러운 환원으로 동일성이 확보된다. 그러나 만약 두 이론의 관계가 그렇지 못할 경우, 즉 공약 불가능할 경우 두 이론 중 어느 쪽 일부가 수정되거나, 아니면 그 이론 자체가 제거되는 일이 일어날 수도 있다.67) 어떻게 그럴 수 있는가?

처칠랜드는, 쿤(1962)의 패러다임 개념을 끌어들여, 이론들 사이의 관계를 이론 체계 또는 개념 체계의 관계로 확대한다.68) 쿤에 따르면, 과학 발전에 따라 이전 이론과 새로운 이론의 공약 불가능성이 높아질 경우, 이론 체계인 패러다임이 교체되는 일이 불가피하게 일어난다. 그것은 우리의 전체 개념 체계의 통일성을 위해서이다.69) 이런 이해를 새로운 표상 이론과 통속심리학의 관계에 비추어보자. 만약 통속심리학이 새로운 표상 이론과 양립 불가능성 즉 공약 불가능성이 높아진다면, 즉 새로운 표상 이론의 개념 체계와 통속심리학의 개념 체계 사이에 공약 불가능성이 높아진다면, 어느 쪽이든 개념 체계의 교체가 불가피하다.70) 그러므로 두 이론 사이에 설명의 수준이 다르더라도, 어느 쪽 이론이 다른 이론을 제거하는 일은 일어날 수 있다. 다시 말해서, 전망 (2)에 의해서 전망 (1)이 불가피하다, 즉 전망 (2)는 전망 (1)을 '함의한다.'

그러므로 클락의 반론 (1)과 반론 (2)에서, 클락이 가정했던 통속 심리학 이론과 새로운 표상 이론 사이의 수준 차이는, 처칠랜드의 제거주의를 논박하기에 적절한 근거가 되지 못한다. 통속심리학 이론의 제거 여부는, 두 이론 사이의 관계가 양립 가능한지, 그리고 공약 가능한지에 달린 문제이다. 그리고 두 이론이 양립 가능한지 아닌지는 각자의 배경 이론 사이의 관계에 달려 있다. 새로운 표상 이론은 인지신경생물학과 연결주의 AI 배경 이론에서 탄생한 것이다. 그리고 그러한 분야는 통속심리학을 지지하지 않는다. 이러한 근거에서 통속심리학 이론과 새로운 표상 이론 사이에 양립 가능성이 전망되지 않는다.71)

두 이론이 공약 불가능할 경우, 한 이론이 다른 이론을 제거하는 일은 왜 일어나며, 어떻게 일어나는가? 이것을 새로운 패러다임의 이론, 즉 현대 신경과학 이론이 설명해줄 수 있는가? 우리 뇌가 왜 그렇게 개념 체계의 통일성과 단순성을 추구하는 경향으로 되어 있는지 에델만(Gerald M. Edelman)의 책 『신경과학과 마음의 세계 (*Bright Air, Brilliant Fire, On the Matter of the Mind*)』(1992)72) 에서도 찾아볼 수 있다. 그의 주장에 따르면, 뇌의 각 부위 혹은 영역들은 나름대로 특정 기능을 수행하는 또는 정보처리 하는 여러 부분의 국소 대응도(local maps)를 가진다. 그 대응도는 개념적 도구로서 범주를 담아낸다. 범주를 담은 여러 대응도 사이의 상호작용을 통해 전체 뇌는 정보처리를 수행한다. 그런데 그런 기능 중 어느 대응도가 다른 대응도를 수정하는 일이 발생할 수 있다. 그런 수정을 그는 '재입력(reentry)'이라 말한다. 어느 대응도 출력이 자체 대응도에, 또는 다른 대응도에 재입력되는 과정에서 서로 다른 대응도 사이에 개념적 수정이 일어난다. 여러 대응도 사이에 상호 전체적 대응 연결(global mapping)이 이루어지며, 그것을 통해 상호 행동 레퍼토리를 수정하는 전체적 조율이 이루어진다. 이렇게 뇌는 나름의 개념 체계의 통일성을 가지려는 본성을 갖는다. 이러한 작용은 개별 뇌의 차원을 넘어서도 작동할 수 있다. 나의 개념 체계는 정보 교환의 수단(언어)을 통해 타인의 개념 체계와 일치할 요구한다. 그 요구 목적이 바로 정보 교환의 의미이며, 나아가서 사회적 생활에서 생존의 유리함이다.

뇌는 통속심리학의 개념 체계와 새로운 인지적 표상 이론의 개념 체계 사이에 가능한 일치점을 찾으려 하겠지만, 만약 그럴 수 없다면, 여러 대응도 전체 체계의 일관성을 위해 통속심리학의 개념을 제거할 것이다. 그런데 부정되어야 하는 편이 왜 통속심리학 쪽이어야 하는가? 그것은 각 이론 체계를 지지하는 배경 이론과의 관계에 의해서이다. 새로운 표상 이론을 지지하는 배경 이론이 유력하고 발전 전망이 높은 이론이라면, 통속심리학을 지지하는 배경 이론이란 말 그대로 통속의 것에 불과하다. 그 점에서 우리는 통속심리학 이론이 근본적으로 수정 또는 제거될 것으로, 즉 제거적 유물론에 강요된다고 전망된다.[73]

둘째, 일상적으로 우리가 언어 사용을 중지하지 않더라도, 인지적 표상 이론의 전문 연구는 통속심리학 이론 또는 언어적 접근에 따라 이루어지지 않을 전망이다.

클락의 주장, 즉 통속심리학의 문장적 접근의 유용성과 관련한 논의에 따르면, 통속심리학에 기초하는 공적 언어는 정보 소통의 수단이다. 사실 우리는 대부분 언어문장을 통해서 상호 정보를 교환한다. 그러므로 우리는 통속심리학의 바탕에서 상호 정보 교환한다. 그러한 유용성의 이유로 우리에게 통속심리학이 불필요해지는 일은 결단코 발생하지 않는다고 전망될 수 있어 보인다. 오히려 우리는 통속심리학의 방식에 의해 더욱 풍부한 정보를 교환하고 발전시켜야 한다.

그러나 이런 논박은 처칠랜드의 제거적 유물론의 입장에서 반대로 적용될 수 있다. 처칠랜드에 따르면, 공적 언어의 문장적 접근은 (앞서 살펴보았듯이) '인지적 본성을 탐구'하기에 한계가 있다. 따라서 공적 언어 구조에 의해 인지적 기초를 탐구하는 것은 적절하지 않다. 오히려 우리의 인지적 표상의 본성은 신경망의 구조와 알고리즘의 본성을 탐구하려는 태도에서 새롭게 출발해야 한다. 물론, 이런 전망이 앞으로 일상생활에서 공적 언어 사용 자체를 중지할 것을 주장하지 않는다. 처칠랜드 자신도 공적 언어를 통해 자신의 이론을 주장하고 설득한다. 그렇지만, 우리의 인지적 능력에 관한 탐구 방향이 언어적 수준의 분석에 근거해야 한다는 주장, 즉 학술 연구의 방향까지 유지되기는 어렵다.

나아가서, 처칠랜드는 공적 언어가 우리 일상생활에서조차 필수적이지 않을 가능성을 조심스럽게 전망한다. 미래 신경과학과 전자통신 문명의 발달로, 우리 각자의 두뇌에 각자 통신 장비를 장착하여, 대화 없이 서로의 생각을 소통할 가능성을 가정해보자. 그 경우, 우리는 정보교류를 위해 반드시 문장 구조의 언어를 주고받을 필요는 없을 것이다.74) 그 점에서 소통의 유용성에 근거하여, 인지적 탐구 방법에서도 우리가 문장 구조에 집착할 이유는 없어 보인다. 이미 우리 전자 문명의 소통 자원인 디지털 신호는 사실상 문장이 아니다. 그러므로 공적 언어의 유용성에 근거하여 통속심리학의 문장적 접근이 우리의 인지적 탐구와 관련하여 옳은 연구 방법이라고 주장하거나, 우리가 언어로 소통한다는 점에 근거하여 현대 인지신경생물학과 연결주의 AI 연구 결과가 지지하는 처칠랜드의 제거주의를 무력화하려는 노력은 사실 사소한 논의이다.

오히려 인지적 탐구의 목적에 비추어, 통속심리학의 문장적 접근과 새로운 표상 이론의 벡터적 접근 중 어느 것이 더 유용성을 가질지 이 시점에서 반문해볼 수 있다. 통속심리학의 문장적 접근은 인지적 탐구에서 몇 가지 근본적인 중요한 결함을 가진다. 그 접근은 인간을 포함한 동물의 인지 연구에 도움 줄 가능성이 없으며, 인간의 경우 언어 장애를 가지거나 아직 언어를 배우지 못한 어린 아이의 인지적 능력을 설명해줄 가능성이 없어 보인다.75) 그 점에서 통속심리학 이론에서 제안되는 표상 이론의 탐구와 문장적 접근은 유용성보다 빈약함을 드러낸다. 반면에 새로운 표상 이론은 분명 현대 신경과학의 여러 분야로부터 지지받고, 공약 가능하다는 점에서 미래 더욱 풍성한 결실을 가져다줄 전망이다. 이러한 고려에서, 그리고 두 이론 사이에 공약 불가능성이 유지된다는 점에서, 우리는 제거주의 전망을 이해하고 지지할 수 있다.

* * *

우리가 특정 이론의 동일성(환원적 설명), 수정, 교체 등을 일으키도록 강요하는 것은 우리의 전체 개념 체계에 의해서이다. 그 점에 대해서도 현대 신경인지생물학과 연결주의 AI에서 나온 새로운 표상 이론의 개념 체계 내에서 설명될 수 있다. 뇌는 세계에 대한 적절한 반응을 위해 뉴런 집단인 대응도의 활성 패턴 전형을 담아낸다. 만약 그런 대응도가 경험에 대한 전형으로 추상적 위상공간에 형성된다면, 그것은 다음의 경험을 위한 예측과 설명을 제공해줄 이론인 셈이다. 그런 대응도 전체가 일관된 계산 처리를 위한 수정이 이루어진다는 측면에서 대응도 사이에 상호 수정이 일어날 수 있고, 일어나야만 한다. 이러한 수정은 낡고 유용하지 못한 개념 체계를 수정할 것이다. 그러한 수정으로 '이론들 사이에 환원'이 일어난다.

그러나 지금까지 클락에 대한 비판적 논의로, 이론들 사이에 환원적 제거를 주장하는 처칠랜드 주장에 대한 반론은 사라지지 않고 재등장할 수 있다. 과학이론은 저마다 설명의 목적과 수준이 다르다는 근거에서, 이론들 사이의 관계를 바라보는 다양한 시각이 있기 때문이다. 이런 논의를 살펴보려면, 이론들 사이에 환원, 짧게 말해서, '환원주의(reductionism)'에 대한 세밀한 논의가 필요하다. 철학자를 포함하여 많은 분야의 학자들은 환원주의를 긍정적으로 바라보지 않는다. 앞서 3권 17장에서 살펴보았듯이, 하버드 철학자 콰인은 전통적 데카르트식 환원주의의 잘못을 명확히 지적하였다. 처칠랜드 부부 역시, 콰인 철학의 기본 입장을 계승하는 만큼, 그러한 환원주의에 반대한다. 그들 부부가 주장하는 환원은 '이론간 환원'이다. 그들은 '환원주의'에 대한 많은 거부감을 의식해서인지, 최근 '부합(통섭, consilience)'을 이야기한다. 현재에도, 특히 한국에서, '이론간 환원'을 올바로 이해하든 못하든, 많은 학자가 환원주의에 격렬히 반대한다. 그런 이유에서 환원주의에 대한 면밀한 검토가 더 필요하다.

232

■ 이론간 환원과 제거주의[76)

과학사를 살펴보면, 특정 분야 내에서든, 서로 다른 분야들 사이든, 이론들 사이에 어떤 관계, 즉 '이론간 관계(intertheorical relation)'가 성립한다. 논리실증주의 시대 과학철학자들은 특별히 '이론들 사이의 환원적 관계'에 관심을 가졌다. 그들에 따르면, 만약 이론들 사이에 환원적 관계가 성립하는 경우, 하위의 이론은 상위 이론의 현상을 설명해주며, 그 설명을 통해 상호 연관성이 없어 보이는 현상이 체계적이며 통합적으로 이해될 수 있다. 그리고 그런 이해의 확대는 우리가 여러 이론의 통합과 단순화를 이룰 기반이다.[77)

특별히 네이글(Ernest Nagel, 1901-1985)은 『과학의 구조(*The Structure of Science*)』(1961)에서 환원을 통해 그러한 통합과 단순화가 어떻게 일어나는지를 설명한다. 그에 따르면, "환원이란 특정 영역의 탐구에서 성립된 이론들 또는 일련의 실험법칙을 다른 영역을 위해 체계화된 이론으로 설명함이다."[78) 구체적으로 말해서, 하나의 이론 T_1의 법칙을 다른 이론 T_2로부터 추론할 경우, T_2가 T_1을 환원한다고 말할 수 있다. 그러나 특정 영역의 이론과 이질적인 다른 영역의 이론 사이에 직접적인 환원 가능성은 상대적으로 어렵다. 이질적인 두 분야 사이의 환원을 위해 형식적 조건, 즉 연결 가능성(connectability)과 도출 가능성(derivability)의 조건이 충족되어야 하기 때문이다. 만약 연결 가능성이 교량 법칙(bridge laws)으로 확보될 경우, 환원하는 이론은 환원되는 이론의 법칙을 충분히 설명할 수 있다. 그러나 네이글이 제안한 교량 법칙 개념은 모호하여 논란이 되기도 하였다.[79)

일부 학자는 특히 이론들 사이에 환원적 통합과 단순화가 발생하기 어려워 보이는 두 영역이 있다고 가정하기도 한다. 매우 이질적으로 보이는 두 현상을 다루는 이론들 사이의 관계, 즉 정신현상을 다루는 심리학 이론과 뇌의 조직, 구조, 작용을 탐구하는 신경과학 이론 사이의 관계가 그러하다. 이러한 두 이론 사이에 환원 관계가 성립할 수 있는지의 문제는 관점에 따라 다르게 해석되고 첨예한 의견 대립이 있다.80) 또한, 입장에 따라서, 두 이론 사이에 통합적 설명이 이루어질 수 있는지, 만약 그렇지 않다면 그 관계를 어떻게 이해해야 하는지 등의 문제도 나타난다.

* * *

그렇다면 '제거적 유물론(eliminative materialism)'81) 혹은 '제거주의(eliminativism)'를 주장하는 처칠랜드 부부는 이론간 환원을 주장하는 가운데, 어떤 존재의 제거를 주장하는가? 그들은 콰인의 전체론의 배경에서 과학적 실재론(scientific realism)을 지지하지만, 그 실재론을 최소화해야 한다는 전통 경험주의 입장을 지지하기도 한다. 그들 입장에 따르면, 관찰되는 대상과 (추상적) 과학이론 모두 우리의 전체 개념 체계에 의존한다. 그러므로 만약 우리가 관찰 대상의 존재를 인정한다면, 추상적 개념 혹은 이론의 존재(실재론) 역시 수락할 것이다.82)

우리는 통속심리학에 따라서 또는 일상적 믿음에 따라서, 여러 심리적 개념에 대응하는 것들이 실재한다고 일반적으로 믿는다. 예를 들어, 나의 행동은 내 정신이 가지는 '의도' 혹은 '의지'가 있기 때문이며, '욕구'가 있기 때문이다. 이렇게 우리가 심리적 현상을 설명하기 위해 끌어들이는 이론으로서 통속심리학(folk psychology)

은 상식적이고 직관적인 관점에서 나왔다. 그러므로 처칠랜드 부부가 제거될 것으로 고려하는 통속심리학의 용어는 '욕구(욕망, desire)', '믿음(belief)', '의도(지향성, intention)' 등이다. 이러한 용어가 가리키는 존재는 미래에 나타날 신경과학의 연구 성과에 따라서 제거되거나, 적어도 새롭게 정의될 것이다. 다시 말해서, 정신 혹은 마음이 가지는 '욕구'라는 것은 미래의 신경과학이 다른 방향으로 새롭게 이해되고 규정될 전망이다. 미래의 신경과학은 뇌 조직을 넘어서는 어떤 정신이 존재한다고 인정하기 어려울 것이다.

이런 논의가 왜 철학적으로 중요한 쟁점인가? 많은 철학자의 기초 가정을 흔들기 때문이다. 많은 심리철학 논의들, 특별히 현상학 논의들은, 인간은 본성적으로 (비물리적 혹은 비물질적) 마음 혹은 정신적 '지향성'을 가진다고 가정한다. 그런데 앞으로 지향성이 존재하지 않는 것으로 드러날 것이라는 처칠랜드의 전망은 그러한 철학자들에게 대단히 위협이 된다. 그러한 철학자들이 연구하는 기초 가정이 사라진다면, 그들의 상당한 수고가 헛발질로 드러날 수 있기 때문이다.

처칠랜드 부부가 이론간 환원의 관계에서 환원주의를 내세우면서도 '제거적 유물론'을 주장하는 이유 혹은 논증을 더 세밀히 알아보자.

첫째, 통속심리학은 우리의 행동을 예측하고 설명하며, 일상적으로 거칠지만 유용하게 활용된다는 측면에서 하나의 '이론'이다.
둘째, 통속심리학 이론은 현대 신경과학 이론을 설명하지 못하며, 현대 신경과학 이론 역시 통속심리학 이론을 설명할 수 없다. 즉, 두 이론은 서로 '공약 불가능'하다.

셋째, 통속심리학 이론보다 현대 신경과학 이론이 동물의 행동을 포함하여 인간의 행동을 더 잘 설명하는 우월한 이론이다.

넷째, 따라서 현대 신경과학 이론은 통속심리학 이론을 대체하고, 제거할 전망이다.83)

위의 두 번째 근거는 (쿤이 주장하는) 과학이론 사이의 공약 불가능성 개념을 포함한다. 쿤의 공약 불가능성 개념은 이론간 관계를 미시적 환원(micro-reduction)의 모델로 보는 전통적 개념(네이글의 개념)과 크게 다르다. 전통 미시적 환원의 모델과 쿤이 말하는 공약 불가능성이 일어나는 이론간 환원의 관계를 잠시 살펴보자.

미시적 환원의 모델에 따르면, 거시 현상을 설명하는 이론이 미시 현상을 설명하는 이론으로부터 연역적으로 귀결되면, 존재론적 경제성이 달성된다. 다시 말해서, 환원하는 이론은 환원되는 이론을 포괄적으로 설명한다. 환원하는 이론은 환원되는 이론 전부는 아닐지라도 대부분을 설명할 수 있으며 그 이론의 결함까지도 설명할 수 있다. 나아가 환원하는 이론은 환원되는 이론을 넘어 새로운 설명을 제공할 수 있다. 예를 들어, 케플러의 행성 운동 법칙이 뉴턴의 운동 법칙으로 환원되는 일이 일어날 경우, 뉴턴 이론은 케플러 이론을 포괄적으로 설명한다. 그럼으로써 케플러의 행성 운동 설명은 뉴턴 운동 법칙 설명의 특수한 경우임이 드러난다. 즉, 뉴턴 역학 이론은 케플러 이론보다 일반적이다. 그렇다면 뉴턴 이론은 케플러가 설명하려던 행성 운동은 물론 기체분자 운동까지 포괄적으로 설명할 가능성을 갖는다. 다시 말해서, 뉴턴 역학 이론은 행성 운동 이론과 기체분자 운동 이론을 통합적으로 이해시켜준다. 이

236

경우 이론들 사이에 공약 불가능성은 발생하지 않는다.

　반면, 쿤이 주장했듯이, 과학이론에 혁명적 변화가 일어날 경우, 경쟁적인 두 이론 사이에 공약 불가능성이 나타나며, 새로운 이론은 옛 이론을 대체하는 일이 발생한다. 예를 들어, 연소를 설명하는 플로지스톤 이론은 현재 사라졌는데, 그것은 현대 산화 이론이 더 우월하게 연소 현상을 설명하기 때문이다. 이제 플로지스톤의 존재와 그것을 설명하는 이론은 과학자들에 의해 인정받지 못한다. 그 이유는, 그것들이 훗날 등장한 우월한 산화 이론으로 설명되지 못하는 공약 불가능성 때문이다. 즉, 전자는 후자로부터 연역적으로 추론되지 않는다. 따라서 과학자들은 경쟁적인 두 이론 중 우월한 이론을 선택하며, 그 결과 플로지스톤 이론은 산화 이론으로 대체되는 운명을 맞이했다.

　처칠랜드 부부는 위와 같은 공약 불가능성이 통속심리학 이론과 현대 신경과학 이론 사이의 관계에서도 발생할 것으로 전망한다. 그들의 전망에 따르면, 대부분 통속심리학 이론은 현대 신경과학에 설득력을 주지 못하므로, 이론으로서 수용되지 못한다. 따라서 그것은 플로지스톤 이론처럼 대체될 것이며, 그 자리를 현대 신경과학 이론의 설명이 대신할 것이다. 그 이유를 폴 처칠랜드는 《과학적 실재론과 마음의 가소성》에서 아래와 같이 밝힌다.

　　P-이론[통속심리학 이론]은 분명히 아주 복잡한 현상에 대해 허울 뿐인 설명을 줄 뿐이다. 따라서 그것의 실제적 성공이란 가는 실에 궁극적인 운명으로 많은 신념을 매달고 있으며, 다방면의 허약하고 소박한 피상적 설명은 의심의 씨앗이 성장할 비옥한 배양기를 제공 한다. … P-이론은 수천 년 동안 의미 있는 발달 혹은 발전을 전혀

이루지 못했다. 이런 점에 비추어, P-이론은 인간 본성의 문제에 대해 이미 끝난 연구 방법으로 보인다. … 물론 환원 가능성은 정도의 문제이며, P-이론이 사물에 대한 참된 설명과는 어떤 관련도 없음이 드러날 것 같지 않아 보일 수도 있지만, 제거적 유물론자에게는 그것이 쉽게 인정된다. … P-이론의 경험적 덕목은 너무 빈약하여 그것이 충분히 부드럽게 환원되어 존재론적 환원을 기대하는 것은 합리적이지 못하며, 본질적으로 더욱 예쁜 얼굴을 위해 생략되고 버려질 것으로 기대하는 것이 더욱 합리적이다. (Paul Churchland, 1979, p.115)

물론, 아직 통속심리학 이론을 대체할 만한 충분히 발달한 신경과학 이론이 나타나지는 않았으며, 따라서 현대 신경과학 이론이 심리적 상태와 과정을 만족스럽게 설명하고 있지 못하다는 지적이 있을 수 있다. 그렇지만 미래에 우리가 신경생리학의 활동을 충분히 설명해줄 이론을 구성하게 된다면, 앞으로 통속심리학 이론이 대체 혹은 제거될 것으로 예측된다. 통속심리학 이론은 우리의 심리 상태를 단지 관습적으로만 친근하게 설명해준다는 장점이 있을 뿐이다. 그러나 그러한 친근성, 즉 용어의 익숙함이 인식론적이고 존재론적인 가치를 함의하지는 않는다. 처칠랜드에 따르면, 심적 상태의 존재론은 "스토아학파의 심령(Stoic pneumata), 연금술의 '정수'(alchemical essences), 플로지스톤, 열소(caloric), 발광하는 에테르(luminiferous aether) 등과 같은 길을 걸을 것이다."84)

처칠랜드의 이러한 주장을 더 쉽게 예를 들어 이해해보자. 우리는 아주 오랜 세월 동안 자신의 어떤 행동에 대한 이유를 그렇게 행동할 '욕구'를 가졌기 때문이라고, 통속심리학적으로 쉽게 이해해왔다. 그렇지만 '욕구'가 우리에게 일상적으로 쉽고 익숙한 용어라고 해서, 그 용어가 세계를 잘 이해시켜줄 인식적 가치가 있다거나, 그 용어가 가리키는 심리 상태가 실제적이라는 존재론을 인정해야 하는 것은 아니다. 왜 그렇다는 것인지 아래와 같은 질문만 해봐도 알 수 있다.

간질 환자가 갑자기 발작을 일으키는 경우 그 환자의 발작 행위는 어떤 욕구 때문일까? 그 환자는 무엇을 간절히 원하여 길을 걷다가 땅바닥에 쓰러져 그리 힘겹게 버둥거리는 행동을 해야 했는가? 이러한 한마디 질문만으로도, 우리 행동에 욕구가 있어서라는 통속심리학 설명의 빈곤함과 초라함이 드러난다. 위의 질문은 또한 욕망으로 행동을 설명하려 했던 프로이트 심리학 내지 그 유사 심리학의 빈곤함을 드러낸다. 현대 신경과학 이론에 따르면, 간질 발작은 신경망의 '외측 억제(lateral inhibition)' 작용의 손상 때문이다. 그러한 이해에 따라서, 아주 심하지 않은 간질 증세의 환자라면, 현대 신경외과 의사들이 그 손상 피질 부위를 레이저 수술로 제거하여 어렵지 않게 치료한다.

그러나 처칠랜드 부부의 제거주의 전망에 대해 적지 않은 철학자들이 저항한다. 특별히 이론간 환원의 전망을 다르게 바라보는 철학자로 매컬리가 있다.

* * *

매컬리(Robert N. McCauley, 1952-)는 처칠랜드 부부의 '이론간 환원'의 주장, 즉 통속심리학이 신경과학 이론으로 대체될 운명이라는 것에 동의하면서도 '제거적 유물론'을 주장하기는 어렵다고 반론한다(McCauley, 1986, 1996). 그는 윔샛(Wimsatt, 1976)의 견해를 이용하여 '이론들 사이의 관계'를 두 가지, 즉 '수준간 관계 (interlevel relation)'와 '수준 내 관계(intralevel relation)'로 구분한다. 그 구분에 따르면, 서로 다른 이론들이 다른 수준의 관계에 있다면, 그 이론들은 각기 다른 고유한 설명 목적을 갖는다. 따라서 어느 한 이론이 우세하다는 것이 다른 수준 이론의 대체를 일으키지 않는다. 그는 이론간 관계를 좀 더 분석해보면 다른 관계가 성립한다고 주장한다.

첫째, '수준 내 관계' 또는 연속적 맥락(successional contexts)이다. 동일 현상에 대한 이론적 설명의 발전을 고려할 경우, 이론들 사이에 수준 내 관계, 즉 동일 수준 관계가 성립한다. 이 경우 동일 현상에 대한 서로 다른 여러 설명 이론 중 일부가 제거되는 일이 일어날 수 있다. 예를 들어, 만약 중세 후기의 천구 역학을 케플러 이론이나 뉴턴 이론으로 설명하려는 경우, 또는 그 반대의 경우에도, 그 두 가지 이론은 아주 상이하여 상대 이론의 용어로 번역 불가능하다. 그것들이 서로 다른 개념 체계에서 사용되기 때문이다. 만약 이론들 사이에 그와 같은 일이 발생한다면, 환원하는 이론은 환원되는 이론과 그 존재론의 대체를 일으킬 수 있다.

둘째, '수준간 관계' 또는 미시환원적 맥락(microreductive contexts)이다. 동일 현상에 대한 다양한 상하 수준에서, 이론들의 수준간 관계, 즉 다른 수준 관계도 있다. 이 경우 상위 이론이 하위 이론으로부터 연역적으로 설명되는 미시환원이 일어날 수 있다. 예를 들어, 상위의 화학 이론은 하위의 아원자 물리학 이론으로 설명될 수 있으며, 상위의 세포생물학은 미시의 생화학 이론으로 설명될 수 있다. 이 경우 환원되는 이론에서 존재의 폐기는 일어나지 않는다. 화학 이론이 아원자 물리학 이론으로 설명된다고 해서 화학 이론이 존재적으로 제거되지 않으며, 세포생물학이 생화학 이론으로 설명된다고 해서 세포생물학 이론이 존재적으로 제거되지도 않기 때문이다.

이런 지적에 이어, 매컬리는 처칠랜드의 주장에 대해 아래와 같은 의문을 제기한다. 첫째, 공약 불가능성으로 어떤 이론이 실제로 사라지거나 인정받지 못하게 되었는가? 둘째, 심리학과 신경과학이 그런 관계에 있다고 말할 수 있는가?

위의 의문에 매컬리는 부정적으로 대답할 수밖에 없다고 주장한다. 그의 주장에 따르면, 심리학 이론과 신경과학 이론 사이의 관계는 다른 수준 사이의 관계이며, 처칠랜드가 주장하는 제거적 유물론은 상위 이론(혹은 존재론)을 상대적으로 하위 이론(혹은 존재론)으로 환원하려는 측면에서 암암리에 미시적 환원의 관계를 전제한다. 미시적 환원의 관계에서 수준별 이론들은 특정 현상에 대해 각기 다른 수준의 이해, 즉 '기능적 이해'와 '구조적 이해'를 다르게 제공한다. 따라서 특정 수준의 이론이 다른 수준의 이론을 제거하는 일은 발생하지 않는다. 우리가 만약 상위 이론들의 '존재', '속성', '원리들'을 하위 이론의 '존재', '속성', '원리들'로 철저히 설명하고 예측할 수 있다면, 철저한 환원이 이루어졌다고 볼 수 있다. 그렇지만 그러한 경우에 두 이론 중 어느 하나를 제거하는 단순성은 일어날 필요가 없다.

다른 예로, 식물의 동화작용에 관한 기능적 이론이 생화학적 수준 또는 원자 수준의 구조적 이론으로 설명된다고 해서, 식물의 동화작용에 관한 기능적 이론이 제거되는 이론의 단순성이 일어나지 않는다. 왜냐하면 우리에게 한편으로 기능적 이해와 설명이 필요하며, 다른 한편으로 구조적 이해와 설명도 필요하기 때문이다. 물론 수준이 다른 맥락의 이론들 사이에 설명과 예측이 서로 충돌하는 경우가 발생할 수 있다. 그렇지만 매컬리는 그러한 경우라고 할지라도 수준 사이의 관계에서 상대 이론을 수정하는 경우는 발생하지 않는다고 전망한다. 왜냐하면 수준간 번역이 어렵더라도 그로 인해 다른 수준의 이론을 대체하게 하지 않는 것은, 관련 수준의 설명은 그 자체로 고유하기 때문이다. 더구나 "하위 수준 이론이 설명하려는 것이 상위 이론은 아니며, 문제의 특정 현상"85)이다. 그리고 오히려 "심리학적 발견은 뇌 기능의 하위 모델링을 위한 증거로서 지원과 전략적 안내를 제공한다."86) 그러므로 이론들 사이의 수준간 관계에서 특정 이론이 다른 어떤 이론을 제거나 수정하지 않는다.

그렇지만 매컬리는 다른 측면에서 통속심리학이 결과적으로 제거될 것으로 본다. 어떻게 그렇다는 것인가? 그는 통속심리학 이론을 제거할 이론은 하위의 신경과학 이론이 아니라 동일 수준의 새로운 심리학이라고 주장한다.87) 만약 누적적이든 혁명적이든 두 이론 사이에 체계의 일관성이 위험스럽게 되어 공약 불가능성이 커진다면, 옛 이론의 용어를 새 이론의 체계로 번역할 수 없는 일이 일어난다. 그렇게 되면 과학자들은 불가피하게 옛 이론을 제거하며, 결과적으로 통속심리학은 (심리학 분야에서 최근 발전하는) 새로운 인지심리학 이론에 의해서 환원적 제거가 일어난다. 그러나 현재 심리학 이론과 현재 신경과학 이론은 각기 설명하려는 '수준이 다르며', 따라서 두 이론 사이에 공약 불가능성으로 심리학 이론의 제거는 일어나지 않는다. 그보다 현재 심리학 이론이 '동일 수준'의 미래 인지심리학 이론으로 발전한 후, 그것이 서로 공약 불가능할 경우 환원적 제거가 일어난다.

지금까지 살펴본 매컬리의 입장은 매우 명쾌하여 높은 설득력이 있는 것처럼 보인다. 처칠랜드가 제거적 유물론을 계속 고집하려면, 그러한 매컬리의 수준간 이론들 사이의 관계에 대한 지적을 넘어서야만 한다. 그 점에서 매컬리의 비판적 논증은 처칠랜드의 입장에서 적지 않은 부담이다.

* * *

그러나 매컬리가 제시했던 예들88)을 처칠랜드의 관점에서 다시 살펴보자. 화학이 아원자 물리학으로 환원되는 경우, 처칠랜드는 화학 이론이 제거될 것이라고 주장하지 않을 것이다. 또한, 세포생물학이 생화학으로 통합 설명되고 예측되는 경우에도 세포생물학 이론이 제거될 것을 기대하지 않을 것이다. 그리고 유전학이 생화학으로 설명된다고 존재론적 단순성을 위한 대체를 기대하지도 않을 것이다. 처칠랜드는 분명히 그렇지 않다고 말한다.

> 환원주의를 자주 오해하는 일이 있기에, 그것이 무엇을 의미하지 않는지 명확히 해둘 필요가 있다. … 이론의 환원은 환원되는 현상이 하여튼 사라질 것이며 신뢰를 잃을 것을 의미하지 않는다. 광학 이론이 전자기파 이론으로 환원되었으나, 빛 자체가 사라지거나 거시적 차원에서 빛에 관한 연구가 평판을 잃지도 않았다. 환원되는 이론이 불필요하거나 평판을 잃는 것도 아니며, 반대로 그것은 상위 기술 차원에 현상을 설명하기에 여전히 유용하다. (P. Chruchland and T. Sejnowski, 1990, p.350)

처칠랜드의 관점에서, 케플러의 이론이 뉴턴 역학 이론으로 환원된다는 것은 뉴턴 역학 이론이 케플러의 이론을 포함하여 더 일반적인 설명을 제공한다는 것을 의미하며, 케플러 이론은 뉴턴 역학의 설명에서 특수한 경우로 이해된다는 것을 의미한다. 이론들 사이의 환원적 관계에서(수준 내 관계라도) 특정 이론의 제거를 반드시 요구하는 것은 아니다. 왜냐하면 환원 관계는 공통의 대상에 대해 한 이론이 설명하는 현상적 속성과 다른 이론이 설명하는 현상적 속성이 같다고 표현할 뿐이기 때문이다.89)

　더구나 매컬리가 처칠랜드의 제거주의 문제점을 지적하기 위해 제시하는 사례들은 모두 현대 과학이 인정하는 이론들이며, 그 환원은 상호 인정되는 이론들 사이의 관계이다. 그 사례들은 처칠랜드가 보기에 서로 공약 가능하다. 따라서 매컬리가 수준간 관계에서 제거주의 반대 주장을 위해 제시하는 사례들은 처칠랜드 주장의 문제점을 지적하기에 부적합하다.

　처칠랜드가 제거 혹은 대체의 대상으로 보는 것은 상식적 심리학의 개념인 '믿음', '욕망' 등의 통속심리학 개념들과, 그것들에 의해 그려지는 상식적인 '합리성' 개념이다. 그리고 신경생리학 이론에 의해 환원적 설명이 이루어질 후보는 통속심리학의 인지심리학 이론이 아니며, 미래의 과학적 심리학(scientific psychology) 이론이다. 물론 그러한 과학적 심리학은 아직 완성되지 않았다. 그렇지만 그 가능성을 보여주는 많은 연구 자료들이 있는데, 앞서 [그림 4-19]에서 살펴보았듯이, 미로(T-mazes)에서 길을 찾는 쥐의 학습이 신경생리학적으로 설명될 수 있으며, 뇌의 해마와 소뇌에 관한 연구가 있다. 현대 과학적 심리학 연구에서 주장되는 일반화로서 "쥐의 해마는 공간을 표상하는 능력과 긴밀한 관련을 보인다."와 같은 일반화는 통속심리학의 일반화와는 달리 현대 신경과학의 다른 많은 연구 자료들에 의해 무리 없이 환원적으로 설명되며, 그 점에서 미래의 심리학 이론은 현대 신경과학 이론과 공약 가능할 수 있다.

이런 점에서 이론들 사이에 공약 불가능성에 의해 제거되는지 아닌지는 수준의 맥락과 무관하며, 공약 가능성에 의존한다. 미래의 심리학이 통속심리학과 현대 신경과학 중에 어느 것에 더 공약 가능한 이론을 제안할지 생각해보자. 더구나 통속심리학 이론의 대체 또는 제거가 미래 심리학과의 공약 불가능성 때문인지, 아니면 현대 신경과학과의 공약 불가능성 때문인지 생각해보자. 두 이론 사이에 공약 불가능성이 나타나는 것은 그것들을 지지하는 개념 체계가 다르기 때문이다.

공약 불가능한 이론들이 수준간 관계에서도 상대 이론에 영향을 미쳐 수정과 대체 혹은 제거를 강요할 수 있고, 반대로 서로 격려하고 고무할 수도 있다. 따라서 수정은 양방향으로 일어날 수 있다. 그런 점에서 이론들은 수준간 관계든 혹은 수준 내 관계든, 상호 진화의 관계에 있다. 바로 그 점을 패트리샤 처칠랜드는 이론들의 '공진화(co-evolution)'라고 말한다.90) 상하 수준 사이의 이론들은 진화의 과정에서 상대 이론을 수정 혹은 변형시키는 일이 일어나며, 때로는 그 변형이 근본적이어서 특정 현상을 기술하고 설명하는 데 이용된 범주에 재구성을 함의할 수 있다.91)

환원적 제거와 관련하여, 수준간 공약 불가능성 관계가 수준 내 공약 불가능성 관계보다 특별한 지위를 가질 이유는 없다. 인식론적 측면에서, 이론간 관계를 수준간 관계와 수준 내 관계로 분석하는 작업은 환원적 제거 여부의 문제와는 별개이다. 또한, 상위 이론과 하위 이론이 각기 기능적 설명과 구조적 설명을 제공하는 다른 역할을 담당한다는, 즉 수준간 이론들 사이에 역할이 서로 다르다고 환원적 제거를 요구하지 않을 것이라는 매컬리의 주장은 수용되

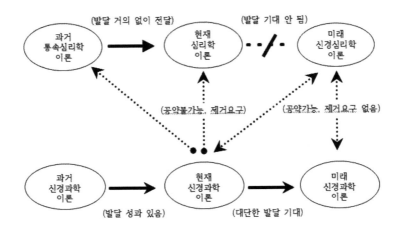

[그림 4-43] 처칠랜드 관점에서 본 통속심리학과 신경과학의 관계

기 어렵다. 이런 비판적 검토로부터, 처칠랜드가 이론들 사이의 관계를 세심하게 분석하지 못했다는 매컬리의 지적은 근거를 상실한다.

이상의 논의를 통해 매컬리의 이론간 환원의 관계에 대한 분석은 처칠랜드의 제거주의에 결함이 있음을 지적하기에는 부족함이 드러난다. 그 점을 명확하게 그림으로 다시 알아볼 수 있다.

[그림 4-43]을 보면, 현재 신경과학은 과학이론으로서 상당한 발전의 성과물이며, 앞으로도 대단한 발전이 기대되는 이론이다. 반면 현재 심리학 이론은 과거 통속심리학의 배경을 가지고 있어 거의 발전되었다고 인정받기 어려우며, 앞으로 발전 가능성이 기대되지 않는다. 그것은 현대 과학이론들과 공약 가능성을 갖지 못하고, 경험적으로 지지받지 못하는 이론이기 때문이다. 따라서 과거 통속심

리학 이론과 그것에 기초한 현재 심리학 이론은 모두 제거되어야 할 대상이다. 현재 심리학 이론이 미래 심리학 이론으로 발전하려면, 현재 심리학 이론이 갖는 심리 상태와 과정에 관한 이론들은 상당히 수정되거나 대체 혹은 제거될 운명이며, 그 이론이 채용한 용어들 역시 폐기되거나 수정 혹은 제거되는 일이 자연스럽게 일어날 수 있다. 이미 미래의 심리학은 '신경심리학(neuropsychology)'[92]이란 이름으로 탐구되고 있다.

* * *

여러 철학자가 다양한 관점에서 처칠랜드의 제거적 유물론에 반대한다. 그들이 제거적 유물론에 반대하는 많은 근거는 기본적으로 아래의 두 가지 관점에서 나온다. 심리학 이론 혹은 심리학적 일반화 중 일부는 환원될 수 없는 본성을 가진다. 혹은 통속심리학이 옳으며, 그것은 환원될 수 없다. 이러한 관점에서 나오는 환원 반대 논증들은 다음과 같이 다양하다.

첫째, '잭슨 논증(Jackson's argument)'으로 알려진 입장에 따르면, 우리의 주관적 감각질(qualia), 즉 생생한 감각적 느낌은 본성적으로 객관화시켜 설명될 수 없다. 감각질은 오직 우리의 마음, 즉 내성적 성찰에 의해서만 접근할 수 있으며, 물리적으로 알 수 있는 속성이 아니기 때문이다. 그러므로 아무리 신경과학 이론이 발달하더라도 그것이 주관적 감각질을 설명해주는 환원은 일어나지 않는다(Jackson, 1982; Nagel, 1974).

둘째, '지향성(intensionality) 논증'으로 알려진 입장에 따르면, 우리는 비물리적 마음을 가지며, 오직 마음을 지니는 인간만이 세계의 대상에 대한 지향성을 가진다. 그러므로 신경계의 이론이 비물리적 현상인 지향성을 환원적으로 설명하는 일은 없을 것이다 (Popper and Eccles, 1978; Searle, 1980).

셋째, '창발성(emergent) 논증'으로 알려진 입장에 따르면, 마음은 물리적 뇌의 신경계로 설명할 수 없는 창발성, 즉 '도덕성'과 '자유의지'를 가진다. 이러한 것들은 비물리적 속성들이므로, 결코 신경과학 이론에 의해 환원적으로 설명될 수 없다(도덕적 속성, Taylor, 1971, 1987; 자유의지, Popper and Eccles, 1978).

넷째, '다중실현 논증'으로 알려진 논증에 따르면, 컴퓨터 작동에 있어서 하나의 소프트웨어는 다양한 컴퓨터 기종인 하드웨어에서 구동될 수 있다. 그것은 소프트웨어가 일종의 '기능'이라면, 하드웨어는 '구조' 또는 '장치'이기 때문이다. 이렇게 기능과 구조(장치)를 구분해보면, 논리적 기능이 결코 물리적 기계로부터 나올 것이라 기대할 수 없다. 그러하듯이 신경과학 이론이 비물리적 마음의 기능을 환원적으로 설명하지 못한다(Putnam, 1967; Fodor, 1975).

이렇게 이론간 환원을 반대하는 견해들의 기본적 논지에 따르면, 우리에게 명확히 나타나는 정신적 속성들, 즉 감각질, 지향성, 창발성, 기능성 등은 신경과학 이론이 제안하는 물리적 속성들로 결코 설명될 수 없다. 이러한 환원주의 반대 논증들은 직관적으로 보기에 매우 설득력이 있어 보이며, 환원적 설명이 원리적으로 불가능한 영역이 있다고 주장하는 측면에서 매우 강력해 보인다. 이러한 다양한 반대 논증들에 대해 처칠랜드 부부는 어떻게 방어할까?

패트리샤 처칠랜드는 『뇌과학과 철학』에서 여러 반대 논증의 논리적 구조를 살펴보고, 그 논증들이 모두 증명해야 할 것을 전제하는 논증이라고 지적한다. 그 오류는 논리학에서 '선결문제 요구의 오류'로 불린다. 처칠랜드 부부의 논리적 분석에 따르면, 환원주의를 반대하는 여러 논증은 이론간 환원의 주장이 틀렸음을 결코 증명하지 못한다.[93] (여기에서 그 세부적 논의를 다루는 것은 철학 전공이 아닌 독자를 힘들게 만들 것 같다. 관심이 있는 독자는 『뇌과학과 철학』 6-9장을 참고할 수 있다.)

지금 환원주의 관련 논의는 대단히 중요한 논제를 포함하고 있다. 그것은 학제적 연구 혹은 통섭적 연구의 정당성 문제와 관련되기 때문이다. 우리는 왜 자신의 전문 분야를 넘어 다른 분야까지 탐구해야 하는가? 그리고 타 분야의 연구가 자신의 학문 연구에 과연 도움이 되는가? 혹시 서로 다른 연구 분야마다 그 고유한 독립성을 지니며, 그 연구 분야마다 서로 연구 방법과 목적이 달라서, 통섭 연구는 자신의 연구에 그다지 도움이 되지 않거나 불필요한 것은 아닌가? 이러한 의문에 대한 대답을 역시 처칠랜드의 신경철학, 신경인식론의 입장에서 대답해볼 수 있는지 알아보자.

■ 통섭과 융합

처칠랜드 부부와 거의 비슷한 입장에서 환원주의를 내세우면서 학문간 지식의 통합을 주장하는 학자로 하버드의 생물학자 에드워드 윌슨(Edward O. Wilson, 1929-)이 있다. 그는 과학철학 저서 『통섭: 지식의 대통합(Consilience: The Unity of Knowledge)』(1992)에서, 인류의 여러 학문 사이의 '통섭(부합, Consilience)'을 주장하는 가운데 환원주의를 지지한다. 이 책이 한국에서 2005년 번역된 이후, 국내 학자들 사이에 그리고 대학에서 통섭 연구가 주목되었다. 윌슨의 주장에 따르면, 통섭 연구의 목표는 자연과학과 인문학 및 사회과학 등을 관통하는 지식의 대통합이다. 그렇지만 한국에서 윌슨이 주장하는 통섭의 가능성을 회의적으로 바라보는 철학자들의 저항이 격렬하다.

특히 한국에서 통섭 연구를 부정적으로 바라는 비판적 시각으로 『통섭과 지적 사기』(이인식 외, 2014), 『통섭을 넘어서』(이남인, 2015) 등의 저서 및 논문들은 통섭에 대한 부정적 인식을 제공한다. 더구나 통섭을 내세운 최재천 교수는 생물학자이며, 그들의 저항에 철학적으로 적절히 대항하지 않았다. 그 결과 현재 한국 학계에서 통섭을 부정적으로 바라보는 시각이 지배적이다. 이러한 저서 및 논문에서 나오는 인식은 대학 행정 및 학술 연구 방향에 혼선을 초래하며, 그것은 한국의 학문 발전에 결코 도움이 되지 않는다.

지금 한국 학자 사회에 통섭적으로 연구해야 하는지, 아니면 융합적으로 연구하는지 혼란도 있다. 이인식은 한 일간지 칼럼에서, '통섭'이 아니라 '융합'만이 옳은 길이라고 주장하기도 한다.94) 또한, 철학 외의 분야 학회에 참석해보면 학자들이 가끔 묻는다. "나는 통섭이 무엇인지 이해되지 않는데, 그게 뭔가요?" "환원주의를 말하는 통섭이란 스스로 모순 아닌가요?"

학자들 대부분은 자신의 전문 영역을 넘어서, 다른 분야의 기술과 협력 연구하거나(융합 연구), 스스로 다른 분야의 학문을 공부할(통섭 연구) 필요성을 인정한다. 그것은 아마도 외국의 대학 및 연구소에서 그러한 모습을 보았기 때문이며, 외국의 저명한 학자들에서 그러한 연구 태도를 엿볼 수 있기 때문일 것이다. 그렇지만 왜 그러해야 하는지 명확히 이해하지 못하는 연구자라면, 그들은 통섭 연구에 적극적으로 나서기보다 연구비를 얻기 위한 수단으로 그 용어를 채용하는 수준에 머무를 수 있다. 이렇게 통섭에 대한 반대 논의는 한국의 학문 발전을 가로막는 장애물이다.

통섭 연구를 주장하는 윌슨은 저서 『통섭(Consilience)』에서 철학을 상당히 깊이 이해하는 과학자라는 것을 보여주지만, 그는 전문 철학자는 아니다. 그는 자신의 주장을 치밀한 철학적 논리로 주장하고 방어하지 못한다. 특히 환원주의를 제대로 방어하지 않았으며, 오히려 데카르트식의 전통 환원주의를 내세워 논란을 키운 측면도 있다. 그렇지만 윌슨이 하지 못한 환원주의 관련 논의는 앞서 살펴본 처칠랜드 부부의 '이론간 환원'의 개념에서 설명될 수 있다. 그 개념은 여러 학문 혹은 이론 사이에 부합(통섭)이 무엇이며, 그것이 어떻게 가능한 것인지 부드럽게 설명해준다. 더구나 앞서 논의된 수준별 여러 이론 사이의 환원 가능성에 근거하여, 윌슨이 말하는 통섭이 어떻게 가능한지도 해명해줄 수 있다. 그것이 어떻게 그러한지 구체적으로 알아보자.

우선, 윌슨이 저서 Consilience를 주장하는 이유는 이렇다. 연구자들은 자신의 전공 분야를 넘어서 다양한 분야를 공부할 필요가 있다. 그렇게 함으로써 학자들은 '지식의 대통합'을 목표로 나아갈 수 있다. 각기 독립적으로 보이는 여러 학문의 이론들을 서로 부합하도록 만들면, 전체 개념 체계 및 이론 체계의 통일이 이루어질 수 있다는 기대에서이다. 다시 말해서, 여러 분야의 학문이 서로 다른 목적과 방법론을 가지며, 따라서 서로 긴밀한 관련이 없어 보이지만, 인류가 개척한 지식이라는 측면에서 서로 일관성(consistency)을 갖도록 노력할 수 있다. 그러한 노력 중 학자들은 서로 다른 영역들을 넘나들면서 자신의 연구 성과를 다른 영역에 비추어서 이해되는 수준으로 개선 혹은 발전시킬 수 있다. 이것을 윌슨은 학문의 '공진화(co-evolving)'라고 말한다.

한국에 윌슨의 *Consilience*를 소개한 최재천 교수는, 서로 다른 영역의 지식이 상호 스며들어 섞일 수 있으며, 그렇게 해야 한다는 의미에서 '통섭(統攝)'이라고 번역했다고 밝힌다. 그러한 번역은 뭔가 새롭고 신선해 보인다. 그렇지만 그 영어 단어를 사전에서 찾아보면, 평범하게 '부합'이라고 번역된다. 만약 그렇게 책 제목을 달았더라면, 사람들의 관심을 끌기에는 부족함이 있었겠지만, 오해를 줄일 수는 있었을 것 같다. 왜냐하면 '통섭'을 부정적으로 바라보는 여러 저작은 그것을 '포섭' 내지 '포괄'의 의미로도 파악하는 오류(애매어의 오류)를 범하기 때문이다. 그 용어가 이미 한국에서 '통섭'으로 번역되어 널리 사용 중이므로, 여기에서 나는 맥락에 따라서 '통섭'과 '부합'을 혼용해서 사용하겠다.

한국에서 윌슨의 통섭 주장에 반대하거나 저항하는 논의의 쟁점들이 무엇이며, 그것들이 윌슨을 잘 공격하는 논의인지를 비판적으로 검토해보자. 내가 분석하는 그 반대 논의들은 아래와 같다.

쟁점 1 단편적 지식만으로 자연과 인간 사회 모두를 설명할 수 있다는 '환원주의'는 이미 그 정당성을 잃었다. 그런데 윌슨이 여러 분야를 포괄적으로 연구하자는 통섭을 주장하면서, 어떻게 동시에 환원주의를 주장할 수 있을까? 그것은 명백히 모순적이다.[95]

쟁점 2 윌슨은 통섭의 중심에 생물학을 놓아야 한다고 주장한다. 쟁점 1을 설명하지 못한 채, 생물학이 인문학과 사회과학을 '포괄할 수 있다'는 생물학 중심의 환원주의 주장은 수용되기 어렵다.[96]

쟁점 3 윌슨은 통섭을 주장하는 가운데, 인문학과 사회과학이 경

252

험과학에 포괄 즉 포섭되어야 한다고 주장한다. '학문마다 탐구의 목표와 방법론이 다르다'는 독립성 측면에서, 그러한 주장을 수용하기 어렵다.97)

쟁점 4 현대에 각 학문의 영역들은 깊이 있게 전문적으로 연구되고 있다. 그러한 학문을 모두 포괄하여 연구하는 통섭 연구는 '개인 연구자의 시간적 및 공간적 한계'로 인하여 가능하지 않다. 어느 개인 연구자가 그러한 제약으로 인하여 모든 학문을 탐구할 수 없다면, 어떻게 '지식의 대통합' 즉 보편적 통섭이 가능할 수 있겠는가? 이러한 측면에서 통섭의 목표는 '지적 사기'이다.

사실상 『통섭』의 역자조차 서문에서 "통섭과 환원주의는 태생적으로 모순적이다."라고 말한다.98) 위의 쟁점들은 한국의 많은 연구자에게 통섭을 회의적으로 바라보게 만들며, 통섭 연구를 시도하지 말아야 할 목표처럼 보이게 만든다. 그렇지만 일반적으로, 그리고 회의적 시각을 가지는 연구자들조차 통섭 연구는 추진되어야 할 과제라고 말한다. 어떤 연구자는 한국의 특성에 맞는 통섭이 추진되어야 한다고 주장하며, 다른 연구자는 윌슨과 다른 의미의 통섭을 모색할 필요성을 주장하기도 한다. 그런 주장은 학문이 한국적이어야 한다는 의미가 무엇을 말하는지 이해하고 말하는지 의심스럽다. 그런 주장의 맥락에서, 그는 한국적 상대성이론을, 그리고 한국적 양자역학을 주장해야 하지 않을까? 이처럼 학문 연구의 의미가 무엇인지를 이해하지 못하는 사람의 주장처럼 들린다.

인류 지성사에서 우리가 통섭 연구의 사례를 찾아볼 수는 있는가? 여러 분야를 통섭 연구함으로써 어떤 학자가 어떤 성과를 거두었는가? 그리고 앞으로 통섭 연구는 과연 '지식의 대통합'을 이룰 수 있을까? 우리는 이 책 1권, 2권, 3권을 통해서 과거 철학자들이 과학으로부터 어떤 자극과 영감을 받아서 어떤 철학을 제안하였는지 살펴보았다. 또한, 시대마다 과학자들이 어떤 철학적 사고를 하였고, 그럼으로써 자신의 분야에서 큰 성과를 낼 수 있었는지도 살펴보았다. 그리고 앞서 소개했던 학자들이 학문의 경계를 넘어 얼마나 폭넓은 공부를 했는지도 소개하였다. 사실상 이 책의 구성은 지금 여기에서 통섭을 논의하기 위해 의도된 측면도 있다. 여기에서, 1권에서부터 살펴본 과학과 철학의 지성사를 다시 거론하는 것이 필요하지 않겠지만, 설득을 위해 아주 짧게만 거론하자면 다음과 같다.

근대 철학자 데카르트는 유클리드 기하학을 공부하면서, 기하학의 체계처럼 철학도 체계화해야 한다고 생각했다. 그것은 전통 환원주의 체계였다. 뉴턴은 자신의 역학 저서『자연철학의 수학적 원리』를 유클리드 기하학과 같은 공리 체계로 정립하였다. 이것 역시 전통 환원주의 체계였다. 그리고 철학자 칸트는 수학, 유클리드 기하학, 뉴턴 역학 등의 '선험적 종합판단'의 지식이 가능한 근거를 『순수이성비판』에서 형이상학적으로 탐구하였다. 그의 탐구는 당시 유력한 과학에 '부합하는' 환원주의 철학의 탐구였다.

그러나 1900년대에 이르러 칸트의 가정이 옳지 않았다는 것을 드러내는 과학혁명이 있었다. 그것은 세 분야, 즉 수학에서 괴델의 불완전성 이론, 기하학에서 비유클리드 기하학 및 리먼 기하학, 물리학에서 아인슈타인의 상대성이론 등의 혁명적 발전이다. 그러한 과학의 혁명 혹은 발견들은 미국의 실용주의 철학자들, 특히 콰인을 비롯한 일부 철학자에게 칸트의 선험적 종합판단이 존재하지 않는다고 생각하도록 만들었다. 칸트 철학이 현대 과학혁명에 부합하지 못하며, 즉 일관성을 유지하지 못하며, 기초 철학으로서 중요한 의미를 상실했기 때문이다. 콰인은 현대 과학에 '부합하도록' 철학도 전통 환원주의를 버려야 하며, 선험철학의 방법론, 즉 당시 유행하던 분석철학의 선험적 연구 태도 역시 버려야 한다고 주장하였다. 그리고 그는 철학을 학문의 최상 위치에 놓으려던 전통 철학의 신념, 즉 '제1철학'의 이상을 포기하고, '자연화된 인식론'을 연구하자고 제안하였다.

이러한 배경에서 (캐나다 출신) 미국 철학자 처칠랜드 부부는 자연주의 철학인 신경철학을 개척하였다. 그러한 새로운 철학은 현대 발전하는 뇌과학 및 인공지능 연구와 '부합하는' 통섭 연구이다. 이러한 탐구는 '서로 다른 연구 영역의 이론들 사이에 부합(통섭) 혹은 일관성을 고려한 탐구 활동'이다. 이러한 활동을 처칠랜드 부부는 '이론간 환원'이라고 부른다. 이것은 전통 환원주의와 확연히 다른 새로운 환원주의이다. 그들의 주장에 따르면, 여러 학문의 이론들 사이에 환원, 즉 설명, 수정, 제거 등이 일어나며, 그럼으로써 여러 학문 사이에 이론적 부합(통섭)이 일어난다. 윌슨은 저서 『통섭』에서 이렇게 말한다.

> 우리 머릿속에서는 감각 입력과 개념의 자기-조직화(self-organization)에 기반을 둔 실재에 대한 재조직화(re-organizing)가 일어난다. … 외부 존재와 그것에 대한 내부 표상 [사이의] … 왜곡이 있었다. … 과학자들의 주요 작업은 이런 불일치를 진단하고 교정하는 일이다. (124-125쪽)

이렇게 말하는 윌슨은 지식 혹은 과학의 진화와 발달을 기대하는 측면에서, 프래그머티즘을 계승한다고 추정된다. 그는 뇌 내부에서 이론적 진화와 이론간 환원 혹은 통섭(부합)이 어떻게 가능한지를 설명해준다. 그러나 윌슨은 그것을 명확히 지적하기에 부족했다.

이렇게 윌슨이 주장하는 환원주의를 처칠랜드의 이론간 환원의 전망에서 이해해보면, 윌슨의 환원주의 주장은 구제된다. 그러므로 윌슨의 통섭 주장을 제대로 이해하려면, 그 철학적 기초로 처칠랜드의 '이론간 환원'의 전망을 이해해야 한다. 패트리샤 처칠랜드는 『뇌처럼 현명하게(*Brain-Wise*)』(2002)에서, 그리고 폴 처칠랜드는 『플라톤의 카메라(*Plato's Camera*)』(2012)에서 오해가 많은 '이론간 환원'이라는 용어 대신에 '부합(consilience)'을 사용한다. '이론간 환원'이라는 용어가 적지 않은 사람들이 거부감을 가지는 '환원(reduction)'이란 글자를 포함하기 때문인 듯하다. 사람들은 '환원주의'이기만 하면 그 어떤 주장도 거부하는 경향이 있다.

지금까지 대표 인문학 영역인 철학과 여타 과학 영역 사이의 부합(통섭)을 추구해온 역사를 간략히 돌아보았다. 동시에 환원주의 관련 쟁점도 역사적으로 돌아보았다. 이를 통해서, 서로 다른 분야의 학문 사이에 교류와 상호작용은 학문의 발전을 유도하였다는 것이 드러난다. 그렇다면 이러한 처칠랜드 입장은 윌슨의 주장에 반대하는 앞의 쟁점들을 어떻게 방어할 수 있을까?

우선 쟁점 1은 환원주의를 잘못 이해하는 데에서 나온 것임이 드러난다. 새로운 환원주의, 즉 '이론간 환원'의 주장은 결코 전통 환원주의와 다르며, 통섭을 주장하면서 환원주의를 주장하는 것은 모순이 아니다. 이런 측면을 이해하지 못하면, 『통섭』의 번역자도 서문에서 고백하듯이, 통섭과 환원의 주장이 자기모순처럼 보일 수 있다. 이론간 환원이 전통적 환원과 어떻게 다른지는 앞에서 충분히 다루었으므로 다음으로 넘어가자.

쟁점 2의 지적에 따르면, 윌슨은 환원의 중심에 생물학을 놓자고 제안한다. 그것은 인문학과 (물리학이나 화학 같은) 자연과학 사이의 거리가 너무 멀어서 환원적 설명(서로 부합하는 설명)이 어려우므로, 양자 사이에 생물학을 중심에 두자는 이야기이다. 물리학이나 화학이 인문학과 부합하는지를 알아보기에 '설명의 간극'이 아주 멀기 때문이다. 그렇다고 인문학과 자연과학 사이의 부합이 필요하지 않다고 주장할 필요는 없다. 우선 물리학과 화학 같은 기초 과학과 생물학이 서로 부합하도록 만들 수 있다. 다시 말해서, 생물학 이론들이 물리학과 화학에 부합하는 이론으로 구축될 수 있다. 그리고 인문학이나 사회과학은 생물학과 부합하는 이론으로 수정되고 발전될 수 있다. 결국, 인문학과 사회과학, 생물학, 물리학과 화학 등등이 모두 서로 '부합'할 수 있는 이론으로 우리에게 인식될 수 있다.

여기에서 주의해야 할 것이 있다. 그것은 윌슨이 주장하는 환원 혹은 통섭을 결코 물리학으로 생물학을 포괄한다거나 생물학으로 인문학을 '포괄한다'는 의미로 비약하지 말아야 한다. 더구나 통섭을 통해서 인문학이 사라질 것이라고 윌슨이 주장한다고 말하는 것은 억지이다. 이러한 억지는 '통섭'을 '포섭'으로 잘못 이해한 데에서 나온다. 그러므로 '통섭'이란 멋진 번역어는 사람들의 오해를 불러일으키기 쉽다. 그런 오해는 그 용어를 이중적 의미로 해석한 데서 나온다. 윌슨은 이렇게 말한다. "인문학 쪽의 학자들은 환원주의에 드리워진 저주를 걷어내야 한다. 과학자들은 잉카제국의 황금을 약탈하러 온 신대륙 정복자들이 아니다."(365쪽)

쟁점 3의 지적에 따르면, 학문마다 서로 다른 탐구 목표와 방법을 가지므로 독립적이다. 그러므로 다른 학문에 의해 포섭되지 않을 것이다. 이런 쟁점은 앞서 처칠랜드의 이론간 환원 논의에서 살펴보았듯이, 매컬리의 수준간 관계에서 이론들 사이에 독립성이 유지되는지 다루었던 쟁점이다. 앞서 충분히 다루었으므로 여기서 다시 논의할 필요는 없다. 결과만 다시 이야기하자면, 서로 다른 수준의 학문 사이에, 그리고 그 학문이 내놓는 이론들 사이에 어느 정도 독립성이 있지만, 완벽한 독립성은 인간의 지성에 존재하지 않는다. 지식 전체의 일관된 개념 체계를 위해서, 즉 이론의 단순성과 존재론의 단순성을 위해서 이론과 개념은 상호 영향을 주고받는다. (그것이 구체적으로 뇌에서 어떻게 일어나는지는 뒤에서 설명된다.)

쟁점 4에 따르면, 윌슨은 그 책의 부제목으로 '지식의 대통합'을 내세우지만, 개인 연구자의 시간적, 공간적 제약으로 인해서 우리는 통섭 연구로 나아갈 수 없다. 그러므로 '지식의 대통합'인 통섭은 일어나지 않는다. 더구나 한 개인 연구자가 아무리 통섭 연구를 지향하더라도, 평생 공부할 수 있는 양은 극히 제한적이다. 그런데 어떻게 우리가 여러 학문 사이의 완전한 통섭 혹은 보편적 통섭을 이룩할 수 있을까?

이러한 지적 및 의문은 아래와 같은 인간 지성사의 발전을 철저히 외면한다. 우리는 지금 플라톤과 아리스토텔레스가 어떤 연구를 왜 했는지 공부할 수 있다. 그리고 이후 뉴턴이 어떠한 연구를 왜 그렇게 했는지도 알아볼 수 있다. 그들의 생각이 책으로 남아 있기 때문이다. 공부하는 내용이 우리의 뇌에 수정을 일으켜 기억으로 남는다는 점을 고려해보면, 경험하는 내용이 이미 형성된 뇌의 개념과 이론에 수정을 일으킨다고 가정하는 것은 억지가 아니다. 우

258

리가 새로운 경험을 하거나 자신의 전문 영역을 넘어서 공부한 성과는 각자의 뇌에 담긴 개념과 이론의 수정을 일으킨다. 이러한 측면에서 통섭에 반대하는 쟁점 4는 설득력을 갖지 못한다는 것이 드러난다.

더구나 지금 인류는 인쇄물인 책을 넘어 지성사의 혁명적 발전을 이루는 중이다. 여기에서 혁명적 발전이라고 말하는 이유는 인류가 지금까지 겪어보지 못한 변화이기 때문이다. 그러한 급격한 변화는 복잡계(complex system) 연구 분야에서 '특이점(singularity)'이라 불린다. 현재 여러 학자에 따르면, 특히 인공지능의 미래 사회를 말하는 학자들은 인류는 지금 과학기술문명으로 인한 특이점에 들어섰다. 사람들은 전자통신을 이용해서 빠르고 넓게 소통할 수 있다. 그 결과로 수많은 사람은 서로의 뇌에 각인된 개념과 이론을 서로 빠르게 교류하며, 서로를 수정시킬 수 있다. 인간이 다른 동물과 달리 지구를 지배할 수 있었던 힘은 협력하는 능력에서 나왔다. 지금 그 협력은 어느 때보다도 더욱 활발하고 빠르게 진행되는 중이다. 그것은 마치 인류가 공동의 뇌를 통해 학문 발전에 협력하는 것과 같다. 그러한 이유로 인류는 지금 지성의 '특이점'에 들어섰다고 말할 수도 있겠다. 이러한 지적 소통과 그것에 의한 지적 수정과 이론간 통합은 사실상 학술회의 활동에서 오래전부터 이루어지던 일이기도 하다. 이런 이야기는 앞의 윌슨의 인용문, "머릿속에 … 재조직화(re-organizing)가 일어난다. … 과학자들의 주요 작업은 이런 불일치를 진단하고 교정하는 일이다."에서도 있었다. (이러한 주장을 폴 처칠랜드의 『플라톤의 카메라』 5장에서도 볼 수 있다.)

이렇듯이, 윌슨의 '통섭'을 처칠랜드의 '이론간 환원'의 관점에서 바라보면 더 잘 이해가 되고, 여러 불필요한 오해가 사라진다. 그리고 그러한 이해에서 이론들 사이에, 그리고 학문들 사이에 지적 통합이 이루어진다는 '통섭'의 주장은 결코 '지적 사기'가 아니다. 그런데 여기에서 다시 의문이 제기될 수 있다. 생물학자 윌슨이 말하는 '통섭'이 처칠랜드가 주장하는 '이론간 환원'과 같은 의미인가? 메일로 주고받은 소통에서, 패트리샤 처칠랜드는 자신이 주장하는 '이론간 환원'과 윌슨의 '통섭'은 거의 동일 개념이라고 말한다. 그리고 에드워드 윌슨은 패트리샤 처칠랜드의 저서 『뇌처럼 현명하게』의 표지에 이렇게 추천의 말을 써주었다.

건전한 철학은 마음의 본성과 기원에 관한 견실한 이해에 기초하며, 한편 그러한 이해는 (가장 유력한) 신경과학에 의존한다. 패트리샤 처칠랜드는, 열정적으로 그리고 정확히, 그것들을 연결시키는 큰 일보를 내딛었다.

여기에서도 윌슨은 철학의 건전한 발전을 위해 신경과학에 관심을 기울여야 한다고 말한다. 그렇지만 그는 뇌과학이 철학을 포섭하여 철학이 불필요해질 것이라고 주장하지 않는다.

지금까지 윌슨의 통섭 주장을 이해하더라도 마지막 질문을 하나 더 물을 수 있다. 우리는 왜 지식의 대통합을 이루어야 하는가? 여러 학문이 독자적으로 발전하도록 놔둬도 좋지 않은가? 이러한 가능한 질문에 프래그머티즘의 배경에서 다음과 같은 대답이 가능하다. 우리는 완벽한 지식으로서 진리를 얻을 수 없으며, 각자 습득한

앎이 완벽한 진리인지를 알 방법이 없다. 우리가 생존에 더 유용한 혹은 세계를 잘 반영하는 표상 혹은 지식을 얻을 방법은 오직 다양한 여러 정보를 비교해보는 방법뿐이다. 그러한 비교 방법은 개인의 뇌를 넘어 사회적으로 확장될 수 있다. 그러한 비교를 하려면 타 학문을 공부해야 한다.

우리는 소통하는 학술지를 통해서 소규모의 통섭을 이룰 수 있으며, 그것을 점차 더 넓은 혹은 전체 학문 영역으로 확대할 수 있다. 다시 말해서, 여러 학문 분야 사이의 부분적 연결 및 부합을 통해서, 학문 전체의 일관성을 갖춘 '보편적 통섭'으로 나아가는 노정이 가능하다. 그러한 노정을 통해 사회적 동물인 인류는 지적 성장을 추진해왔으며, 지금도 우리가 나아가야 할 방향이다. 그러한 학자들의 노력은 학문마다 어떤 설명이 부족한지, 그리고 어떤 이론을 수정해야 할지를 알려준다. 그러한 노력은 여러 학문의 공동 발전, 즉 여러 학문의 공진화(co-evolving)를 유도해준다. 윌슨은 이러한 생각을 책 마무리에서 이렇게 적었다.

통섭에 대한 탐색은 처음에는 창조성을 구속하는 것처럼 보일지도 모른다. 그러나 그 반대가 맞다. 통합된 지식 체계는 아직 탐구되지 못한 실재 영역을 확인하는 가장 확실한 수단이다. 이것은 이미 알려진 것에 관한 명확한 지도를 제공하며 미래 연구를 위한 가장 생산적인 질문을 창안한다. … 올바른 답변보다 올바른 질문을 던지는 것이 더욱 중요하다 …. 옳은 질문은 그 정답을 알 수 없다 하더라도 주요한 발견의 지침이 된다. (507-508쪽)

이 말을 조금 더 쉽게 이해해보자. 통섭 연구를 하면, 즉 여러 학문을 공부하여 영역들 사이에 뒤섞임이 일어난다면, 어떤 일이 일어날지 생각해보자. 그런 연구 중에 여러 학문 이론들 사이에 서로 비교되는 일이 일어난다. 그렇게 하여 여러 학문 영역들 사이에 상호 부합하는 것도 드러나겠지만, 상호 부합하지 않는 혹은 논리적으로 모순처럼 보이는 것들도 드러날 것이다. 그러므로 통섭 연구는 새로운 질문을 창안하게 만든다. 여러 다른 학문을 공부하며 전체 이론적 통합을 추구하다 보면, 지금까지 인정되던 개념이 실재론적으로 의심될 수 있다. 그러한 의문 혹은 질문은 자체 영역 내에 개념의 수정과 제거(또는 교체)를 유도한다. 그렇게 우리는 타 학문을 바라봄으로써 자기 연구 분야의 무엇이 부합할 수 있는지 없는지를 살펴볼 수 있다.

비유적으로 말하자면, 길을 걷는 우리는 높은 하늘에서 자신의 위치를 내려다볼 위치에 있지 못한다. 그런데도 우리는 자신이 사는 마을 내에 자신이 서 있는 현재 위치를 매우 정확히 알 수 있다. 처음에는 집 주변을 걸으며 주변의 지형을 알아가며, 마을의 더 넓은 많은 곳을 방문하거나, 더 많은 거리를 걸으며, 조각조각의 경험을 통합할 수 있다. 그렇게 해서 우리 뇌에 마을 전체의 지도를 그려낼 수 있다. 마찬가지로, 각자가 독립적으로 연구하는 학자로서 우리는 자신의 학문적 이론이 올바른지 내려다보고 판단할 위치에 있지 않지만, 우리가 남의 학문 이론들을 조각조각 공부하더라도, 그런 것들을 종합하면 자신의 이론이 어느 위치에 있는지, 혹은 어느 정도 설득력이 있는지를 알아볼 수 있다. 그러한 통섭적 학문 연구 태도와 노력은 자신의 이론을 진보하도록 만들어준다.

이상으로 통섭이 어떻게 실제로 가능할 수 있는지를 알아보았다. 그렇지만 지금까지 이야기로 학문 사이에 창의성이 어떻게 나타날 수 있는지, 그리고 창의성 자체가 무엇인지를 신경학에 기초해서 설명하지는 못했다. 또한 과학의 진보를 위해 철학이 필요하다는 것을 지금껏 이야기하지만, 그것이 어떻게 가능한 것인지를 아직 밝히지 않았다. 이제 다시 궁금해진다. 쿤도 이야기했듯이, 과학자는 창의적 연구를 위해 자신의 연구를 철학적으로 생각해야 하는 이유가 무엇인가? 뇌과학에 근거해서, 즉 새로운 표상 이론에 근거해서 창의성이란 무엇이라고 새롭게 말할 수 있는가? 그리고 철학적 사고는 뇌에 어떻게 창의성을 유도하는가? 윌슨이 앞의 인용문에서 말했듯이, "옳은 질문은 … 주요한 발견의 지침이 된다." 질문이 왜 그렇게 중요한가?

이러한 질문에 대답하려면, 인간의 신경계 내에 이미 형성된 개념 체계가 새로운 문제를 풀어낼 창의적 대응도를 어떻게 형성할 수 있는지부터 살펴보아야 한다. 그리고 이러한 이야기는 인간만이 아니라, 소위 의식을 갖지 못한다고 그동안 믿어졌던 동물을 포함하는 가설이어야 한다.

24 장

철학하는 창의적 뇌

모든 분야에서 창조적 사고는 언어로 표현되기 전부터 나타나며, 논리학이나 언어학 법칙이 작동하기 전에 감정과 직관, 이미지와 몸의 느낌을 통해 그 존재를 드러낸다. … 상상력이란 이미 있는 것들을 통합해서 새것으로 만들어내는 능력이다.
_ 루트번스타인 부부, 『생각의 탄생』

■ 신경망 의식

한 사람이 유아적 사고에서 벗어나 사회적 일원으로 성숙한 삶을 살아가려면, 무엇보다 자기조절 역량을 가져야 한다. 이것은 동물의 세계에서도 다르지 않다. 동물들은 먹이를 찾고, 포식자로부터 도망해야 하며, 짝을 찾아 자손을 남겨야 하고, 새끼를 키우고 지켜야 한다. 그러한 모든 활동에서 고등동물은 자신의 습관적 및 충동적 행동을 조절할 수 있어야 한다.

최근 서울 외곽의 떠돌이 개들이 등산객을 위협한다는 소식에 그 개들을 포획하는 여러 방안이 고려되었지만, 그것이 생각처럼 쉽지 않다고 한다. 가장 쉬운 방법으로 먹이로 유인하여 덫으로 잡는 방법이 고려되었지만, 그것은 쉬운 만큼 효과가 거의 없다. 개들이 워

낙 영리하기 때문이라고 하는데, 어떤 영리함인가? 그 영리함은 먹이에 대한 충동을 억제 혹은 조절하는 능력에서 나온다. 경험 없는 멧돼지라면 그런 방식으로 한 놈은 포획할 수 있겠지만, 그놈들도 철창으로 만든 덫에 동료가 포획되는 비극을 한 번이라도 목격한다면 다음엔 쉽지 않다. 그것들 역시 먹이에 대한 충동을 조절할 수 있기 때문이다. 심지어 까치는 자신의 새끼를 지키기 위해 뱀이나 위험한 포식자와 대결하기도 한다. 두려움을 억누르는 충동 조절 능력이 있어 가능한 일이다. 고양잇과 포유류는 덤불 속에 몸을 숨긴 채, 피식자가 가까이 다가올 때까지 뛰어나가고 싶은 충동을 억제하는 인내심을 발휘한다.

동물이 어떻게 충동 행동을 조절할 수 있을까? 충동을 조절하려면 그 결과를 의식할 수 있어야 한다. 그렇다면 그런 동물들이 정말 의식을 가져서, 먹이가 든 철창 틀에 들어가지 않았다는 것인가? 그 동물도 의식을 가졌다고 인정해야 하는가? 의식을 연구하는 현대 신경과학에서 나오는 실험 연구는 "그렇다"라고 말해준다. 자기 조절 능력은 인간만이 아니라 포유류가 일반적으로 가지는 생존 능력이다. 동물은 생각하는 역량으로서 의식을 왜 가져야 했을까? 의식이 동물에게 생존에 유리함으로 어떻게 작용하는가? 아마도 본능 혹은 습관으로만 행동하는 동물이라면, 자기 새끼를 지키기 위해 감히 두려운 포식자와 맞서지 못할 것이다. 우리 인간도 의식적으로 두려움에 맞서는 연습과 훈련을 한다면, 그 두려움을 극복하는 조절 능력을 키울 수 있다. 그것을 가능하게 해주는 것은 바로 의식이다.

풀숲에서 나뭇가지가 부러지는 소리나 그림자가 움직이는 것만으로도 도망해야 하는 동물에게, 그 순간 어떻게 행동할 것인지를 판단하는 데 시간을 지체하는 것은 자신의 생명과 자손의 생명이 걸린 문제이다. 대부분의 경우에 그 동물에게 의식적으로 판단할 여유는 없다. 따라서 그런 동물은 빠른 행동을 위해 무의식 혹은 충동 행동의 습관이 중요하다. 그러나 조금 더 환경을 극복하고 상황을 개선하려면, 동물은 그 습관을 개선할 역량도 갖추어야 한다.

이것은 생각하는 동물 종인 지구 정복자, 호모사피엔스(Homo Sapiens)에게도 마찬가지이다. 농구 선수는 어떤 상황에서 누구에게 공을 패스할 것인지 습관적이며 무의식적인 행동을 열심히 연마한다. 실제 경기에서 의식적으로 판단할 여유는 없다. 그렇지만 어느 선수의 잘못된 무의식적 행동 습관을 고치는 일은 너무 중요해서, 그 팀의 구단주는 그 임무만을 맡는 전문 코치를 채용한다. 그 코치는 선수들이 의식하지 못하는 잘못된 동작 습관을 알려주어, 선수들이 그것을 의식적으로 수정하게 도와준다. 우리의 행동 대부분은 무의식적이며, 무의식적이어야 한다. 그렇지만 그런 무의식적 행동 습관을 수정하는 일이 가능한데 그것은 의식을 통해서이다.

잘못된 습관을 고칠 수 있다는 이유에서, 인류 지성사에서 언제나 인간이 인간답다는 것은 의식적 이성의 역량이라고 잘 인식되어 왔다. 인간은 이성적 동물이라고. 그런데 의식은 신경학적으로 어떤 것이며, 그것이 정확히 우리에게 어떤 진화적 유리함을 주었는가?

* * *

'의식(consciousness)'이 무엇인지 아직 신경학적으로 명확히 밝혀지지 않았다. 그렇지만 자기조절 능력에 관여하는 뇌 영역에 관한 연구는 있었다. 패트리샤 처칠랜드의 『신경 건드려보기』에 따르면, 인간의 경우 자기조절은 전전두 구조물(prfrontal structures)이

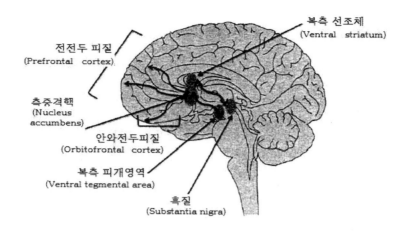

복측 선조체
(Ventral striatum)

전전두 피질
(Prefrontal cortex)

측중격핵
(Nucleus accumbens)

안와전두피질
(Orbitofrontal cortex)

복측 피개영역
(Ventral tegmental area)

흑질
(Substantia nigra)

[그림 4-44] 보상 시스템(reward systems)의 주요 요소를 보여주는 단순한 (내부 모습) 그림. 피질하 구조물들(subcortical structures)과 전전두피질(prefrontal cortex) 사이의 신경 연결(projections)에 특히 주목하라. 편도핵(amygdala)은 보여주지 않았지만, 이것은 두려운 것이 무엇인지 학습을 포함하여, 정서 반응에 중요한 역할을 담당한다. 그리고 해마는 특정 사건에 대한 학습을 위해 필수적이다. 작업 기억(working memory) 역시 보상 시스템 학습에 관여하며, 그 학습에 전전두 영역의 대뇌피질이 관여된다. Mortifolio template(자유다운로드 사이트)에서 가져왔다. (Patricia Churchland, 2013, 237쪽)

기저핵(basal ganglia)과 협동하여 수행한다. [그림 4-44]에서 보여주듯이, 전전두피질과 감정을 조절하는 여러 피질하 구조물들 사이의 연결은 자기조절에 필수적이다. 그러하다는 것은 동물 연구, 건강한 사람 연구, 정신과 질병 연구, 뇌손상 환자 연구 등등의 수많은 실험적 연구에서 드러났다. 강박성 충동장애 환자는 이러한 영역의 활동이 낮은 것을 보여준다. 다시 말해서, 이런 영역의 기능장애는 자기조절 능력 즉 자유의지 능력을 발휘하기 어렵다. 이러한 연구는 우리에게 자유의지가 순수한 비물리적 정신 능력이라는 전통적 믿음을 의심하게 만든다. 이 말은 자유의지가 곧 물질이라고 주장하는 것이 아니다. 다만 자유의지가 충분히 인과적 현상이라는 것을 말할 뿐이다.

앞서 21장, 22장에서 말했듯이, 뇌 내부 신경계 활동은 대부분 무의식적 계산 처리이다. 일반적으로 가정하듯이, 간단한 신경계를 갖는 동물은 자신의 사고를 의식할 수 없다. 그런 존재로부터 진화해온 지구 정복자 인간의 신경계도 자체의 활동 중 대부분을 의식하지 못한다. 동물 신경계는 의식하지 못하는 수준에서도 학습할 수 있다. 아주 간단한 신경계의 학습을 앞서 바다달팽이 군소에서 알아보았다. 그러나 그 수준의 학습은 의식적 활동에 의한 학습과는 수준이 아주 다르다.

성숙한 진화 단계에서, 포유류 뇌는 감각을 수용하는 신경망을 넘어, 더 깊고 높은 수준의 신경망을 갖추었다. 그 신경망은 여러 정보를 통합하고, 추상적 정보를 담아내는 대응도이다. 그런 대응도의 수정 및 교정은 어떻게 일어날 수 있어서 과거의 행동 습관과 다른 행동 습관을 하게 해주는가? 무수한 추상적 정보를 담는, 개념 체계를 담는 신경망은 자신의 생존을 위해 상호 일관성을 갖추어야 하며, 통합적으로 조절되고 수정될 수 있어야 한다. 그리고 대응도를 수정하는 높은 수준의 학습은 의식의 작용을 통해 이루어진다. 즉, 고등동물은 의식적 사고를 통해서 무의식적인 행동 습관을 수정할 수 있다. 이것이 패트리샤 처칠랜드 연구에서 나오는 내 가설적 이야기이다. 이러한 주장을 지지할 만한 의식에 관한 신경학적 근거를 패트리샤는 아래와 같이 정리한다.

1949년 이탈리아 출신의 신경생리학자 주세페 모루치(Giuseppe

Moruzzi, 1910-1986)는 뇌의 알아챔과 연관되는 구조물인 망상활성 시스템(reticular activating system)을 발견하였다. 그는 호레이스 매군(Horace Magoun)과의 공동 연구에서 시상중추핵(central thalamic nucleus)으로부터 대뇌피질로 광범위하게 투사하는 뉴런을 발견하였다(272쪽 그림 4-45). 그러므로 시상중추와 피질 사이의 순환 회로는 의식과 긴밀한 관련이 있는 구조로 가정될 수 있었다. 이러한 배경에서 의식이 무엇인지를 신경학적으로 제안하는 가설이 출현했다.

1989년 샌디에이고 솔크 연구소의 연구원 버나드 바스(Bernard J. Baars, 1946-   )는 자신의 저서 《의식의 인지 이론(*A Cognitive Theory of Consciousness*)》에서 '광역 작업공간 이론(global workspace theory)'을 제안했다. 바스는 다음과 같은 고려에서 그 이론을 제안했다. 첫째, 의식은 여러 무의식적 감각 신호를 고도로 통합한다. 둘째, 감각 신호가 의식화되려면, 그것과 관련된 여러 기억 정보들이 통합되어야 한다. 셋째, 의식은 제한된 능력이다. 우리는 한 번에 하나만 의식할 수 있다. 넷째, 새로운 상황에서 우리는 의식 및 주의 집중을 해야만 한다. 다섯째, 의식되는 정보는 다양한 뇌 기능을 위해 활용될 수 있다. 다시 말해서, 다양한 뇌 기능을 위해 저장된 다양한 정보는 임시적인 작업 기억 상태로 가져와야 한다. 이러한 고려에서 바스는, 의식이 다양한 정보를 통합하고, 우리의 경험을 일관성이 있도록 만들며, 그런 정보들이 다른 문제 해결에도 활용되도록 하는 기능이라고 생각했다. 이러한 바스의 이론에 근거해서 의식이 미약한 환자를 회복시키는 시술 연구 보고가 있었다.

2007년 니콜라스 쉬프와 연구원들(Nicholas D. Schiff, et al.)은

과학 학술지 《네이처(*Nature*)》에 실린 논문 「심한 뇌 외상 후 시상 자극에 따른 행동 개선(Behavioural improvements with thalamic stimulation after severe traumatic brain injury)」에서 의식이 미약한 환자에게 의식을 안정시키는 실험적 시술을 진행하였다. 그들은 시상중추에 전극을 삽입하고, 전기 스위치를 올렸다. 그러자 그 환자는 눈을 뜨고 목소리에 반응하는 반응을 보여주었다. 아쉽게도 그 스위치를 끄자마자 그 행동은 사라졌다. 2개월 후 그들은 삽입된 전극의 스위치를 켜고 끄는 시술을 여러 번 반복했다. 그러자 그 환자의 의식은 상당한 정도로 개선되었다. 나중에는 스위치를 끄더라도 의식 수준이 떨어지지 않는 효과로 개선되었다. 마침내 그 환자는 자신의 치료에 관해 의사와 이야기할 정도로 회복되었다. 쉬프가 이 무모한 실험을 기획했던 것은 다음 이유 때문이다. 심각한 뇌 손상으로 그 환자는 피질들 사이를 연결하는 시상중추 뉴런이 손상되어 피질들 사이의 소통에서 기능장애가 일어났다. 그것은 시상중추가 대뇌 영역들 사이의 연결에서 중요 위치에 있기 때문이다. 시상중추는 전두엽의 각성(arousal) 조절에서 중요 역할을 담당한다. 그것을 전기 자극으로 깨워주면, 신경 연결이 강화되고, 의식 순환 회로가 깨어날 것이다.

뇌의 통합 기능을 상실한 여러 부류의 정신과 증세 환자들이 있다. 양극성 장애(dipolar disorder, 조울증), 다발성경화증(multiple sclerosis), 다양한 형태의 망상을 가지는 조현병(schizophrenia) 환자 등이 그러하다. 신경학자들의 추정에 따르면, 그들은 여러 정보를 통합하는 신경망 연결에 문제가 있다. 뇌영상 관찰실험에서, 그들은 뇌의 다양한 영역들을 연결하는 신경망의 활동이 낮은 것을 보여주기 때문이다. 그런 활동 저하는 여러 정보를 통합하지 못한 결과라고 실험적으로 확인되고 있다.

2011년 프랑스의 인지신경과학자 스타니슬라스 드앤(Stanislas Dehaene, 1965-)은 저서 『뇌의식의 탄생: 생각이 어떻게 코드화되는가?(*Consciousness and The Brain*)』(2014)에서, "의식이란 광역 작업공간의 기능이다."(295쪽)라고 말한다. 그의 의식 이론은 '광역 작업공간 가설'로 불린다. 그의 실험에 따르면, 피검자에게 짧은 시간(약 500밀리초) 특정 글씨를 제시하면 그것을 의식하지 못하지만, 조금 더 긴 시간 제시하면 의식할 수 있다. 그렇게 피검자가 의식하지 못할 경우와 의식했을 경우 뇌의 활성 영역을 뇌파검사기(EEG)를 통해서 확인하였다. 명확히 의식하지 못한 경우에 비해, 피검자가 무언가를 명확히 의식한 경우, 뇌의 광범위한 영역의 피질이 활성된다.[99] 이러한 실험 결과를 어떻게 이해해야 하는가?

드앤의 설명에 따르면, 피질의 여러 부위는 특정한 처리를 위해 특성화되어 있으며, 특정 사물이나 얼굴에만 반응하는 뉴런이 있듯이, 숫자와 같은 추상적 기능을 수행하는 부위도 있다. 그러한 다양한 정보는 광역 작업공간을 통해서 자유롭게 소통되고 공유될 수 있다. 이런 소통을 통해 우리는 주관적 의식을 경험할 수 있다. 진화적으로 뇌가 이러한 능력을 획득한 이유는 아래와 같다. 복잡한 계산 처리를 해야 하는 동물로서는 서로 다른 피질 영역들의 다양한 정보처리 기능을 가져야 하며, 그러한 정보를 통합하고 의사결정 해야 한다. 문제는 그러한 정보들이 서로 충돌할 수 있다. 정보의 통합을 더 잘하도록 도와주는 것이 바로 의식이다. 동물들은 과거의 다양한 정보를 현재 새로운 상황 정보와 통합하여 의사결정을 해야 하며, 더구나 이전까지 없었던 새로운 상황에 옛 정보를 새롭게 통합하여 의사결정 하려면, 뇌는 의식적으로 활동해야 한다. 의식 중 여러 정보를 연결하고 통합하려면, 뇌에 어떤 구조가 있어야 할까?

폴 처칠랜드는 [그림 4-45]와 같이 시상중추 뉴런 띠와 대뇌피질 사이의 순환 회로가 의식과 긴밀한 연관성이 있다는 것을 알기 쉽도록 간략히 그려서 보여준다. 패트리샤 처칠랜드에 따르면, 의식은 시상중추 뉴런 띠의 활동에 따라서 나타난다. 지금까지 연구된 여러 연구를 종합해볼 때, 의식하게 해주는 구조물은 뇌간(brain-stem), 시상중추, 피질 등이 동시적으로 관련되는 경우이다. (의식 관련 더 많은 실험에 관한 소개는 『신경 건드려보기』 9장에서 참조하라.)

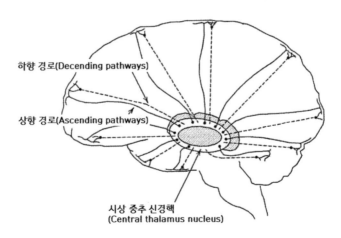

하향 경로(Decending pathways)

상향 경로(Ascending pathways)

시상 중추 신경핵
(Central thalamus nucleus)

[그림 4-45] 시상중추(central thalamus)에서 대뇌피질(cortex)로 순환하는 신경 회로의 도식적 그림. (Patricia Churchland, 2013, 317쪽; Paul Churchland, *The Engine of Reason, the Seat of the Soul*, p.215)

이러한 시상의 띠 모양 뉴런들은 진화론적으로 매우 오래된 구조물이다. 다시 말해서, 이러한 뇌 구조는 모든 포유류 사이에 매우 유사하며, 뇌간과 시상 및 피질 등 의식을 지원하는 연결 구조 역시 유사하다. 이러한 특징을 볼 때, 인간만이 의식을 갖는다는 주장은 신경학적으로 지지받지 못한다. 인간과는 정도와 수준의 차이가 있을 수 있겠지만, 모든 포유류와 대부분 조류가 의식을 가진다는 것은 신경학적으로 설득력이 있다.

전통적으로 그리고 최근까지도 동물이 의식을 가질 수 없다는 주장이 일반적으로 설득력이 있었다. 그 근거로 동물이 언어를 사용하지 못한다는 사실이 흔히 제시되곤 했다. 데카르트는, 동물은 언어가 없으므로 의식을 가질 수 없다고 확신했다. 현대 철학자 데닛(Daniel Dennet, 1942-) 역시 의식을 위해 언어가 필수적이라고 주장한다. 그러나 위에서 이야기한 신경학적 증거는 언어를 지원하는 신경 구조와 긴밀히 연관되지 않는다. 한마디로, 언어는 의식을 위한 기반이 아니라고 추정된다.

신경계 활동은 개별 뉴런 수준에서 일어나는 정보에 의해 작동하지만, 우리는 그 활동을 의식적으로 접근하지 못한다. 진화적으로 신경계 발생 초기의 동물들이 자신의 행동을 의식하고 그것을 수정할 방법을 갖지 못했으며, 우리 역시 대부분의 생리적 상태 및 조절, 그리고 기초적 행동 조절을 의식하지 못한 채 조절한다. 진화의 끝자락에서 우리 포유류는 자신의 신경계 상태를 스스로 알고, 그것을 조절할 능력을 획득하기는 했지만, 그것은 신경계 진화의 긴 역사에서 단지 최근에 등장한 능력이다. 우리는 자신의 시냅스 연결망의 가중치 작용 대부분을 직접 의식하지 못한다.

* * *

사회생활 중 우리는 대부분 무의식적 판단과 행동을 보인다. 예를 들어, 군대와 같은 계급사회 혹은 지위가 있는 조직사회에서 일반적으로 낮은 직위 사람은 높은 직위 사람의 행동을 무의식적으로 모방한다. 직장의 상사가 두 손을 뒷짐 지는 자세를 하고 서서 말한다면, 그의 부하 직원 모두는 그 자세를 따라 하기 쉽다. 그런 모방 행동을 통해서 그는 "나는 당신의 편입니다."라는 의도를 무의식적으로 보여준다. 그럼으로써 그는 상사에게 호감 있게 보일 수 있다. 만약 그렇게 하지 않는다면, 상사는 그 사람을 편안한 상대가 아니라고 무의식적으로 고려할 것이다. 그러므로 영업 직종의 기업에서는 모방하기 태도가 처음 대면하는 고객과 공감하는 소통 기술로 교육되기도 한다. 고객의 무의식 행동을 영업인이 모방한다면, 고객은 호감으로 마주 앉아 대화를 시작할 것이다.

의식적 생각은 그런 무의식적 모방 행동을 멈추게 한다. 다시 말해서, 의식은 (무의식의) 습관 행동을 교정시킨다. 그러므로 무의식 습관 혹은 충동을 조절하기 위해 의식은 필수적이다. 인류는 아주 오래전부터 마음의 고통에서 벗어나는 혹은 문제를 해결하는 방법으로 의식하기가 효과적이라는 것을 경험적으로 터득하고, 그 방법을 문화적으로 전승하고 있다. 그것은 '마음 챙김(mindfulness)'이라 불리며, 그 실천적 방법으로 '명상'이 권장된다. 명상에 입문하는 사람에게 지도자는 언제나 이런 말로 시작한다. "숨을 천천히 들이마셔 보세요. 그리고 콧구멍으로 들어가는 공기 흐름을 느껴 보세요. 오른쪽 어깨의 힘을 빼보세요. 그리고 오른쪽 팔 전체의 힘을 빼고 편안히 하세요." 명상 지도자의 이런 주문만으로 명상의 초보자는 평소 의식하지 못하던 많은 것들을 의식적으로 느낄 수 있고, 조절할 수 있다.

그런 중 그 초보자는 몰입하던 여러 고민을 내려놓는다. 그것을 설명하는 내 가설적 이야기는 다음과 같다. 우리는 한 가지만을 의식할 수 있어서, 그 지시에 따르면서 다른 생각을 동시에 하지 못하기 때문이다. 그러나 만약 평소 집착하던 고민에 주의 집중한다면, 그것은 우리를 더욱 고민에 몰입하도록 만들 수 있다.100) 그것이 강화학습 효과를 일으키기 때문이다. 그렇지만 명상 지도자의 요구대로 호흡에 집중하면서 그 고민에 집중하던 생각을 멈추면, 그 강화학습이 멈추면서 강화학습의 반대 효과가 나타날 수 있다. 그리고 명상 중 의식을 통해 자신이 고민하던 문제를 스스로 해결할 수도 있다. 숨쉬기를 의식하면서 의식하기 연습이 숙달되었다고 판단되면, 그 지도자는 이렇게 주문한다. "이제 숨쉬기에 집중하다가, 다시 여러 생각이 혹 떠오른다면 그것을 외면하지 말고, 마음속에서 그대로 바라보세요. 그것을 객관적으로 바라보세요." 이것은 자신의 고민을 의식하라는 요구이다.

이러한 주문이 어떤 효과를 주는지 이렇게 이해해볼 수 있다. 우리가 고민에 주의 집중하면, 자율신경계의 교감신경 작용으로 무의식적으로 자신의 흥분을 고조시키며, 감정에 몰입하여 충동적 판단과 행동 조절을 더 어렵게 만든다. 그렇지만 호흡을 가다듬으며 자율신경계의 부교감신경 작용을 가동하면, 자신의 흥분 상태를 가라앉히고 자신의 사고를 객관적으로 바라볼 수 있게 만든다. 그렇게 객관적으로 문제를 직시하는 의식만으로 우리 신경계는 해결 방안을 스스로 찾거나 고민에서 벗어나는 인식 전환의 계기를 가질 수 있다. 그런데 어떻게 그럴 수 있다는 것인가?

뇌의 신경망은 자기-조직화하는(self-organizing) 복잡계(complex

system)라서 그러하다. 문제를 의식적으로 직시하는 것만으로, 뇌는 스스로 새로운 연결망을 찾아 재조직한다. 이것이 바로 의식하기 즉 명상하기가 어떻게 창조적 해결을 안내하는지 설명하는 (빠른) 간략한 대답이다. 철학이 시작된 시점부터 철학자들은 문제 해결을 위해 '문제 의식하기'가 효과적이라는 것을 알았다. 그리고 오랫동안 철학자들은 의식하는 좋은 비법으로서 비판적 사고를 연구하고, 실천해왔다. 그들은 자신의 문제를 의식하기를 '반성적 사고' 또는 '비판적 사고'라고 말해왔다. 그들은 비판적 사고를 통해 창의적 개념 및 이론을 얻을 수 있었다. 그리고 그들은 그것이 어떻게 가능한지를 역시 의식하기만으로 찾아보려 하였다. 그러나 그것은 그들이 당시에 밝혀낼 수 있는 주제가 아니었다. 뇌 신경망의 복잡계는 무의식 속에서 자기-조직화를 통해 새로운 개념 및 이론을 찾아내기 때문이다. 다시 말해서, 우리는 자신의 창의적 사고가 어떻게 일어나는지, 반성적으로, 선험적으로, 의식적으로 접근할 수단을 갖지 못한다. 그래서 전통적으로 창의성에 관해 연구하려던 모든 철학적 노력은, 그것이 언어적 분석이든 의식적(이성적) 반성이든, 실패할 수밖에 없었다.

나는 철학적 사고 즉 비판적 사고가 창의적 사고를 안내한다고 주장한다. 그리고 비판적 사고란 의식적 사고이며, 자신의 연구에 대한 철학적 문제를 의식하면, 창의적 문제 해결, 창의적 아이디어, 창의적 관점 등을 발견하게 된다. 그렇다면 의식이 어떻게 창의적 아이디어를 찾도록 해주는가? 더 구체적으로, 비판적 사고가 어떻게 창의적 개념, 즉 새롭고 더욱 유용한 대응도의 신경망을 찾도록 만드는가? 이제 그것을 신경학적으로 이야기해보자.

■ 인공신경망 학습과 창의성[101]

철학의 비판적 사고, 즉 체계적 질문하기가 어떻게 새로운 이론을 창안할 원동력이 되는지를 현대 신경과학 연구 성과에 근거해서 이야기하려면, 불가피하게 그 연구 성과를 간략히 돌아볼 필요가 있다. 이미 이 책의 19-22장에서 신경계의 대응도 신경망에 개념과 이론이 어떻게 조성되고 기능하는지를 알아보았다.

뇌의 대응도가 세계에 대한 표상을 어떻게 담아내는지를 처칠랜드 부부는 '상태공간 표상 이론'으로 설명했다. 폴 처칠랜드의 주장에 따르면, 표상이란 신경세포 집단이 세계에 대해 반응하는 정도, 즉 숫자들의 조합으로 표현된다. 외부로부터 수용기를 통해 신경세포 집단으로 들어오는 입력정보는 숫자 조합의 행렬로, 그리고 시냅스에서 변조되어 출력되는 정보 역시 숫자 조합의 행렬로 표현된다. 그리고 입력정보로부터 출력정보로 변환은 은닉 유닛층 시냅스 가중치의 상태에 의해 결정된다.

신경계는 그 은닉 유닛층 시냅스 연결 상태의 가중치 강도를 조금 더 높게 그리고 낮게 변화시킬 수 있는 가소성을 지녔다. 은닉 유닛층 신경세포들은 경험에 따라 자체의 그물망 연결 상태를 스스로 변화시킨다. 그러한 연결 상태의 변화가 신경망의 학습 결과이다. 이렇게 변화된 시냅스 가중치 상태는 다음의 입력정보를 이전과는 다르게 변조하여, 다른 출력정보를 산출한다. 경험으로 학습된 은닉 유닛층의 시냅스 변조는 다음의 관찰 또는 경험을 위한 배경 믿음의 기반이기도 하다. 즉, 대응도 신경망은 개념과 이론을 담는 구조물이며, 신경계는 그 대응도 신경망을 통해 입력정보를 받아들여, 인지적 및 정서적 처리에 활용하며, 그런 신경망은 입력정보에 대한 함수적 계산 처리를 수행한다.

그러한 처칠랜드의 표상 이론의 관점에서, '창의적 아이디어' 혹은 '창의적 이론'이란, 새롭게 형성 및 수정되는 대응도의 기능, 또는 여러 대응도 사이에 부분적 및 전체적인 새로운 계산 체계라고 말할 수 있다. 그렇다면 새로운 표상 이론에 근거하여, 철학의 비판적 사고가 연구자에게 어떻게 창의적 이론, 즉 참신한 대응도 형성을 촉발하는가?

신경계가 어떻게 새로운 이론적 도구를 가져서 생존에 유리함을 발휘할지 설명하려면, 신경계 시냅스가 어떻게 학습하는지 기초적인 이야기부터 필요하다. 앞서 살펴보았듯이, 아플리시아(군소)는 의식을 갖지 못하는 수준의 미물이지만, 자극에 대한 경험을 습성화와 민감화에 담는다. 이러한 학습은 단지 신경망 연결의 시냅스 강도의 강화 혹은 약화만으로 성취된다. 그러한 학습은 헤브 법칙에 따라 이루어지며, 오류 역전파의 학습 알고리즘인 델타-룰(delta-rule)을 따른다. 이러한 학습 원리에 따르도록 설계된 인공신경망은 스스로 오류를 최소화할 수 있다. 그것은 스스로 목표를 찾아가는 시스템으로, 이것을 '자기-조직화'라고 부른다.

[그림 4-46]은, 임의의 인공신경망 상태가 시냅스 가중치를 수정하면서 안정된 상태에 이르는 과정을 보여준다. 시냅스의 가중치 강도를 강화하고 약화하는 델타-룰을 따르는 것만으로, 인공신경망의 은닉 유닛 시냅스 가중치는 자체의 델타-룰에 따라서 변화될 수 있어서, 신경계는 새로운 예측 기능을 담아낼 수 있다. 과학이론도 그러한 델타-룰에 따라 학습한 신경망의 기능이라고 말할 수 있다. 다시 말해서, 은닉 유닛층 국소 대응도에 조성되는 것이 곧 이론이다.

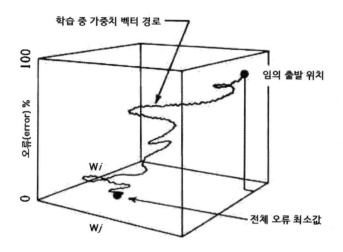

학습 중 가중치 벡터 경로

100

오류(error) %

임의 출발 위치

Wi

0

Wj

전체 오류 최소값

[그림 4-46] 가중치/오류 공간에서 경사 하강(gradient descent)을 보여주는 도식적 그림. (Paul Churchland, 1989, p.201)

    그렇다면 과학자들이 (참신한) 새로운 이론을 어떻게 고안할 수 있는가? 철학의 비판적 사고는 뇌에 어떤 작용을 하여 새로운 국소 대응도 연결망을 형성하도록 하는가? 이런 질문에 대답하기 위해 오류 역전파에 의한 학습과정, 즉 자기-조직화 과정을 이해할 필요가 있다. 신경망의 학습 과정은 시냅스 연결 강도(가중치)를 조금씩 강화 또는 약화하는 수정을 통해 이루어진다. 그런데 은닉 유닛층 신경망의 어느 유닛의 가중치 수정이 오히려 전체 유닛층의 최종 안정 상태에서 멀어질 수 있다. 일부 시냅스 가중치의 강화는 이미 학습된 다른 시냅스들 가중치의 적절한 조합을 깨뜨릴 수 있기 때문이다. 다시 말해서, 시냅스 그물망 전체를 지휘하여 수정하게 할 어떤 지침이 없이, 일부 시냅스 가중치의 수정이 최종 목표를 찾지 못할 수도 있다.

[그림 4-47]에서 볼 수 있듯이 학습된 신경망은 오류 수정에서 전체 최소값(global minimum) 지점 b에 이르지 못하고, 국소 최소값(local minimum) 지점 a에 머무를 수 있다. 그리고 학습규칙에 따라 일부 시냅스 가중치를 변화시키는 학습이 전체 오류 최소값에 이르지 못하고 정체될 수 있다. 그 경우, 인공신경망 연구자는 학습규칙에 요동(fluctuation)을 주어, 즉 일부 시냅스 가중치에 오류값을 부여함으로써, 그 신경망을 재학습시킨다. 그런 재학습을 통해 신경망이 국소 최소값을 벗어나 전체 최소값에 이르게 할 수도 있다.

위의 공학적 기법을 비판적 사고에 비유하여 다음과 같이 생각해 볼 수 있다. 어느 연구자의 신경계 국소 대응도는 자신의 이론 체계를 담는다. 그리고 연구자가 특정 현상을 관찰할 때, 즉 그 이론

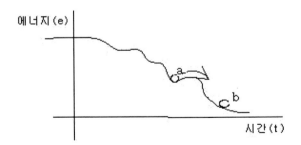

[그림 4-47] 오류 수정에 의해서 전체 시스템의 에너지 값(e)은 점차 감소한다. 그렇지만 일부 구간에서는 국소 최소값(local minimum)에 빠져서 나오지 못할 수 있다. 그 경우에 요동(fluctuation)을 주어 국소 최소값에서 탈출시킬 수 있다.

체계인 국소 대응도를 통해 관찰 및 실험 정보를 입력시키면, 그 체계인 국소 대응도에 잘 수용되는 관찰에 대해 자신의 이론 체계로 이해할 수 있다고 생각할 것이다. 그렇지만 만약 그 국소 대응도에 수용되지 못하는 관찰에 대해서는 자신의 이론적 배경에서 이해할 수 없다고 생각할 것이다. 그럴 경우, 그 연구자는 자신의 이론 체계를 수정할 필요가 있다. 그것을 어떻게 할 것인가? 과학자는 스스로 설명하기 어려운 문제를 만나 이론적 국소 대응도의 일부를 수정하려 하지만, 다른 국소 대응도와의 관계로 인해서 국소 최소값에 머물며, 신경망의 전체 최소값을 찾지 못하고, 곤란에 빠질 수 있다. 그러면 그들은, 인공신경망 인공지능 연구자처럼, 자신의 국소 대응도에 일부러 오류값을 주어 그 대응도를, 즉 근본적 기초 개념을 흔들어보아야 한다. 그렇게 하면 학습 알고리즘에 따라서 국소 대응도는 스스로 전체 최소값을 찾아낼 것이다.

그러한 학습은 자기-조직화를 통해 자발적으로 일어나기 때문에, 필요한 것은 오직 흔들어보기, 즉 의심하기 또는 회의하기이다. 그것을 더욱 효과적으로 할 수 있으려면, 건전한 신경망은 놔둔 채 문제의 신경망을 정확히 흔들어야 한다. 그것을 찾기 위해 우리는 비판적 사고 1을 해야 한다. 어느 곳에 논리적 오류가 있을지를 찾아보는 것이다. 그리고 그 오류 중에서도 다시 신경망의 핵심을 흔들어 새로운 학습을 유도할 필요가 있다. 그것이 바로 비판적 사고 2이다. 즉, 자신이 옳다고 가정하는 기초 개념을 의심해보는 것이다. 물론 비판적 사고는 신경계의 작용으로 일어난다. 그렇지만 우리는 신경계 내에 의식 회로를 가져서 자신의 신경계로 들어온 정보와 저장된 정보를 비교하면서, 무의식적으로 창의적 해결을 찾는다.

* * *

그런 이유에서 우리는 창의적 아이디어 자체가 어떻게 형성되는 지를 자기 생각을 반성하는 것으로, 즉 내성적으로 알 수 없다. 이 러한 내 의견에 동의하는 의견을 뇌 연구자와 다른 철학자에게서도 찾아볼 수 있다. 뇌과학자 낸시 안드레아슨(Nancy C. Andreasen)은 저서 『천재들의 뇌를 열다(*The Creative Brain: The Science of Genius*)』(2005)에서 '보통의 창의성(ordinary creativity)'과 '비범한 창의성(extraordinary creativity)'을 구분하며 이렇게 말한다.102) 비 범한 창의성을 발휘한 사람은 일정 기간 신경계를 확장한다. 비범 한 창의성을 위해 연구자의 뇌에 근본적으로 새로운 신경망의 확장 또는 변조가 일어나야 한다. 그렇게 하려면, 연구자 뇌에 기존 신경 망의 조직 해체(disorganization)가 선행되어야 하고, 그 해체에 이 어서 신경망은 (우리가 의식적으로 파악할 수 없는 방식으로) 자기- 조직화를 이뤄낸다. 그 결과 비범한 창의성을 발휘한 사람은 이전 과 다르게 세계를 파악할 메커니즘, 즉 개념 체계를 갖춘다.

다시 말하지만, 이러한 신경망 집단의 자기-조직화의 수정은 개 인이 반성으로 알 수 있는 의식 수준 이하에서 일어난다.103) 그러 므로 혁신적 이론을 발견한 과학자에게 어떻게 그 창의적 발상을 얻었는지 물어본다면, 아마도 이렇게 대답할 것이다. "하여튼 어떻 게 되었습니다." "나도 알지 못하지만, 그냥 떠올랐습니다." "저절 로 알게 되었습니다." 창의적 신경망의 완성은 의식 이하 수준에서 뇌 스스로 찾아가는 활동의 결과로 나타나기 때문이다. 그러므로 지금까지 철학자들이 (의식 수준의) 논리적 분석을 통해 창의성이 어떻게 나타나는지 탐구하였던 모든 시도는 실패할 수밖에 없었다. 그것을 여러 학자들의 고백에서 알아볼 수 있다.

앞서 3권에서 말했듯이, 과학철학자 포퍼도 저서 『과학적 발견의 논리(*The Logic of Discovery*)』(1934)에서 '과학자가 과학이론을 어떻게 창안하는지'를 논리적으로 명확히 밝힐 수 없음을 인식하고 이렇게 말했다.

　　과학자가 하는 일이란 이론을 내놓고 시험하는 것이 [전부이]다. 그 초기 단계, 즉 어느 이론을 확신하고 창안하는 활동은, 내가 보기에, 그것에 대해 논리적 분석이나 수용을 요청해서 [될 일이] 아닐 듯싶다.

　　또한, 루트번스타인 부부(Robert and Michele Root-Bernstein)는 『생각의 탄생(*Sparks of Genius*)』(1999)의 서문에서 이렇게 말한다.

　　모든 분야에서 창조적 사고는 언어로 표현되기 전부터 나타나며, 논리학이나 언어학 법칙이 작동하기 전에 감정과 직관, 이미지와 몸의 느낌을 통해 그 존재를 드러낸다. … 상상력이란 이미 있는 것들을 통합해서 새것으로 만들어내는 능력이다.

　　그들 부부의 인용에 따르면, 아인슈타인도 이렇게 말했다.

　　나는 직감과 직관, 사고 내부에서 본질이라고 할 수 있는 심상이 먼저 나타난다. 말이나 숫자는 이것의 표현 수단에 불과하다. … 과학자는 공식(수식)으로 사고하지 않는다.

　　위와 같이, 과학철학자 포퍼는 물론, 창의성 전문 연구가, 그리고 가장 창의적인 과학자로 주목받는 아인슈타인까지 창의적 과학이론이 어떻게 제안되는지, 논리적 분석이나 의식적 수준에서 밝힐 수 없음을 고백한다. 그 이유는 무엇인가? 지금까지 신경학적으로 살펴보았듯이, 우리의 과학적 개념과 이론의 기초인 대응도는 의식 이하 수준에서 조성되기 때문이다.104)

이제 끝으로 누군가는 이렇게 물을 수 있다. 그런데 앞에서 통섭 연구가 창의성을 유도한다고 말하고, 여기에서는 비판적 사고가 창의성을 촉발한다고 말하니, 때에 따라서 적당히 둘러대는 것은 아닌가? 그 둘 중 창의성을 위해 정말 필요한 것은 무엇인가?

■ 통섭과 비판적 사고의 창의성

창의성을 위해 통섭 연구와 비판적 사고 중 연구자에게 무엇이 더 중요할까? 나는 창의성을 위해 통섭 연구와 함께, 비판적 사고, 즉 자신의 연구를 철학적으로 사고하는 것이 모두 필수적이라고 생각한다. 통섭 연구를 통해 다양한 분야의 이론 체계를 대응도에 담는 것은 창의성을 위한 자원 확보이다. 그러한 다양한 분야의 이론 연구는 자신의 이론에 결함 및 문제를 발견하게 해주기도 하지만, 그러한 문제 발견을 정확히 바라볼 수 있게 해주는 것은 비판적 사고 1이며, 문제의 대응도 끝개를 정확히 흔들어 여러 대응도의 새로운 자기-조직화를 유도하는 것은 비판적 사고 2의 궁극적 질문하기이다. 그러므로 비판적 사고는 창의성을 위한 원동력이다. 이것을 좀 더 자세히 이야기해보자.

일상적으로 우리는 '창의성(creativity)' 자체가 존재한다고 생각하기 쉽다. 그렇지만 '창의성'의 사전적 정의는 '유익한 새로운 생각'이다. 그리고 유익한 생각이란, 과학에서 새로운 개념 및 이론을 말한다. 그러므로 나는 존재하는 것은 창의성 자체가 아니라, '창의적 개념 및 이론'이라고 생각한다. 그러므로 우리는 이전의 개념 및 이론보다 더 유익한 새로운 개념 및 이론을 어떻게 발견하고 찾아낼 수 있을지를 물어야 한다. 따라서 그런 개념 및 이론을 위한 기반이 있어야 한다. 그것을 마련하려면 통섭 연구가 필요하다. 그리고 새로운 것을 발견하도록 우리는 비판적 질문을 해야 한다.

앞서 안드레아슨의 말을 인용했듯이, "비범한 창의성을 발휘한 사람은 일정 기간 신경계를 확장한다. 비범한 창의성을 위해 연구자의 뇌에 근본적으로 새로운 신경망의 확장 또는 변조가 일어나야 한다." 이 말이 어떤 의미인지 쉽게 이해해보자. 창의성을 발휘하기 위한 기반으로서, 배우는 사람은 일정 기간 세계에 대한 다양한 개념 및 이론을 학습할 필요가 있다. 개념 및 이론이 우리가 세계를 이해하고, 적응할 수 있는 높은 수준의 개념 체계라고 볼 때, 그 체계 자체가 없다면 세계를 이해할 수 없기 때문이다. 그러므로 창의성을 발휘하기 위한 기반으로서, 연구자의 뇌는 학습을 통해 신경계를 확장, 즉 국소 대응도에 개념 체계를 풍부하게 만들어야 한다. 그런 후 그 개념 체계를 획기적으로 재편함으로써, 우리는 세계를 새롭게 이해할 개념 체계를 창조할 수 있다. 그런 개념 체계의 재편은 (의식적인) 비판적 사고를 통해서, (무의식적으로) 신경망들 사이의 새로운 변조를 유도함으로써 가능해진다.

앞서 알아보았듯이, 이러한 이야기는 윌슨이 주장하는 통섭을 통해서도 마찬가지로 설명될 수 있다. 윌슨은 통섭이 창의성을 유도하는 기반이라고 말한다. 다양한 분야를 공부함으로써, 안드레아슨이 말하는, 신경망의 확장이 일어난다. 그리고 우리가 다양한 분야를 공부한다면, 자연스럽게 논리적 일관성이 없는 부분을 발견할 수 있다. 그리고 만약 연구자가 철학을 공부했고, 자신의 학문을 철학적으로 사고할 줄 안다면, 그리고 실제로 비판적 질문을 한다면, 그의 뇌는 신경망들 사이의 연결을 새롭게 확대하고 변조하는 신경계 본래의 임무를 수행할 것이다. 그 결과 그 연구자의 뇌는 세계를 새롭게 볼 새로운 개념 체계, 이전보다 여러 분야를 통일적으로 설명해줄 이론 체계를 발견할 것이다.

이러한 이해로부터, 나는 연구자가 창의성을 발휘하기 위해 통섭 연구를 해야 하며, 비판적 사고를 할 수 있도록 철학 공부를 해야 한다고 주장한다. 우선 통섭 연구, 즉 자신의 전문 분야를 넘어서는 다양한 분야의 공부는 창의성을 위한 기반이다. 다양한 분야를 공부하여 그 배경 지식을 자기 뇌의 국소 대응도에 저장하는 것은 그것을 활용하기 위해 필수적이다. 한마디로, 창의성은 아무 내용 없이 생각만으로 하늘에서 뚝 떨어지지 않는다. 무언가 아는 것이 없이 창의적 아이디어가 나올 수는 없다. 그리고 다양한 배경 지식을 갖추어야만 비로소 연구자는 그것들 사이의 논리적 일관성을 물어볼 수 있을 것이다. 그런 후 연구자는 스스로 지극히 당연하게 여기는 가정 및 핵심 개념을 회의 또는 의심하며, 자신의 기초 개념을 새롭게 구축할 수 있다. 즉, 자기가 가정하는 이론 체계의 핵심 개념 또는 이론을 흔들어보는 것이다. 예를 들어, 시간이 무엇인가, 그리고 공간이란 무엇인가? 이러한 질문을 통해서 지금까지 명확히 안다고 가정되었던 자신의 기초 개념이 바뀌면, 그것과 부합하도록 자신의 이론 체계의 그물망 전체에 수정이 '자기-조직화된다.' 아마도 아인슈타인이 그렇게 했을 것 같다.

이러한 나의 가정 및 주장을 지지하는 이야기를 독일 괴팅겐 대학 의대 교수이며 신경생물학자인 게랄트 휘터(Gerald Hüther)의 저서 『창의성과 행복한 삶(Etwas mehr Hirn, bitte)』(2015)에서도 볼 수 있다. 그는 행복한 삶을 위해서 창의적으로 사고하는 능력이 중요하다는 것을 뇌과학에 근거하여 주장한다. 뇌가 창의적으로 문제를 해결하면, 우리가 고민하는 고통에서 벗어나 행복한 삶을 영위할 수 있기 때문이다. 그에 따르면, "뇌가 변화에 적응하고 재구성되는 내부 과정을 우리가 직접적으로 인식할 수는 없다. 하지만 … 뇌가 안정을 되찾았다는 것은 … 뇌 안의 특정 신경망 패턴에 변화가 생겼기 때문이다. 즉, 뇌의 활동은 … 신경생물학자들이 '일관성(coherence)'이라고 부르는 역동적인 동시에 지속적으로 변하는 심리적 파동과 같다."(92쪽) 창의적 문제 해결을 위해 우리는 "무엇보다도 … 먼저 우리의 기존 신념에 대해 스스로 의문을 가질 수 있어야 한다."(95쪽) 그는 그것이 어떻게 그러할 수 있는지 설명하지 않는다.

　나는 그것을 이렇게 설명하려 한다. 질문 혹은 의심, 더 정확히 말해서, 문제를 의식하면, 신경망은 기존 신념을 낳은 신경망을 흔들어 신경망들 사이의 재조직화를 유도한다. 그것만으로 신경망들 사이의 연결 구조를 새롭게 구축하여, 새로운 이해와 해결을 제공해줄 신경망을 구축한다.

　이러한 내 주장을 조금 더 이해하기 쉽도록, 가정적으로 뉴턴의 국소 대응도를 이해해보자. 뉴턴은 학생 시절 (당시 교육 상황으로) 주로 아리스토텔레스 천문학을 공부하면서, 갈릴레이 천문학도 공부했다. 그러므로 뉴턴은 아리스토텔레스의 관점에서 상식적 개념과 이론을 가지고 있으면서 동시에 갈릴레이 이론을 공부한 상태라

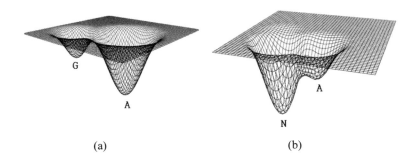

(a)   (b)

[그림 4-48] 국소 대응도의 기능을 보여주기 위한 상징적 그림, (a) 이론 G보다
이론 A가 유력하였으나, 아래의 꼭짓점 부위인 끌개(attractor)에 요동을 주면 신
경계는 자기-조직화(self-organizing) 기능에 따라 새로운 이론 그물망을 형성한
다. 그 결과 (b)에서 새로운 이론 N이 확대되었고, 이론 A는 축소되어 N에 흡수
통합된다.

고 가정해보자. [그림 4-48]은 그러한 뉴턴의 뇌에 형성된 국소 대
응도의 함수적 기능을 상징적으로 보여주는 그림이다. (a)에서 왼쪽
웅덩이 G는 갈릴레이 이론이며 오른쪽 웅덩이 A는 아리스토텔레
스 이론을 가리킨다. 학생 뉴턴의 국소 대응도는 두 이론 사이에
일치점이 적어 통합된 하나의 체계로 문제를 원활히 해결하지 못하
는 상태에 있었다. 그러므로 대부분의 자연 현상에 대해서는 아리
스토텔레스처럼 생각하고, 일부 현상들에 대해서는 갈릴레이처럼
추론할 것이다. (이렇게 이론 혹은 개념 체계를 웅덩이에 비유하는
이야기는 최재천 교수의 통섭 주제 강의에서도 약간 다른 맥락에서
언급된다.)

　만약 학생 뉴턴이 비판적 질문을 던져 웅덩이 아래 핵심 개념,
즉 끌개(attractors)를 흔든다고 가정해보자. 예를 들어, '운동'이란

무엇인가? 운동은 어떻게 일어나는가? 물체는 왜 떨어지는가? 나의 지식은 어떻게 체계화되어야 하는가? 이러한 궁극적 질문을 통해서 그의 국소 대응도는 스스로 새로운 모습, 즉 새로운 개념 체계를 조성할 것이다. 그렇게 하여, 뉴턴의 국소 대응도는 (b)와 같이 변조될 것이다. 아마 뉴턴이 그러했을 것 같다. 어떻게 그러할 수 있는가?

자신이 당연하게 가정하는 핵심 개념을 흔든다는 것은 꼭짓점인 끌개를 흔들어보는 것과 같다. 그런데 그렇게 흔들기만 하면 새로운 국소 대응도가 형성되는가? 신경망에 요동을 주기만 하면 전체 국소 대응도는 새로운 학습을 통해서 오류 전체 최소값을 스스로 찾아낼 것이다. 신경계는 자기-조직화 시스템이다. '자기-조직화 시스템'이란 현재 수학, 물리학, 컴퓨터공학 등에서 이론적으로 널리 활용되는 개념이다. 과학의 발전을 창의성과 관련지어 볼 때, 복잡계(complex system) 이론은 우리가 이제까지 알 수 없었던 새롭고 신선한 통찰을 얻게 해준다(Miller, 1996). 신경 연결망을 흔들어주는 것만으로도 신경계는 스스로 새로운 연결망을 조직화한다.105)

인간의 뇌는 어느 명확한 외부 조절 없이, 지속적이며 자동적으로 새로운 사고의 틀인 신경망을 탄생시킨다(Andreasen, 2005; Fox and Friston, 2012). 이러한 자동적 자기-조직화를 통해서 신경망인 상위 수준의 과학이론과 하위의 과학이론은 상호 조율하며, 이러한 조율을 통해서 그물망은 상호 적절하지 않은 이론의 신경망 부분을 수정, 교정 또는 제거하여 전체적 통합적 체계를 갖춰나간다(Patricia Churchland, 2002). 이렇게 형성되는 신경망 전체는 우리가 소위 '개념 체계' 또는 '이론 체계'라 부르는 우리의 전체 배경지식의 그물망을 새롭게 형성할 것이다.

* * *

3권에서 알아보았듯이, 지금까지 창의적 과학 연구 방법에 관한 탐구는 주로 포퍼(Popper), 쿤(Kuhn), 헴펠(Hempel), 라카토슈(Lakatos) 등 과학철학자들이 제안한 과학의 논리적 '탐구 과정'과 관련된 가설적 주장들이었다. 그 가설적 주장들은 어떠한 연구 과정 또는 접근법이 창의성을 발휘하게 해준다고 가정한다. 그러한 창의성 탐구 경향 혹은 접근법을 나는 '창의성 과정 접근법(Process Approach of Creativity)'이라 부르겠다. 그러나 이러한 창의성 과정 접근법은 실질적으로 창의적 이론이 어떻게 나타나는지에 관심 두지 않는다.

그들과 달리, 나는 새로운 이론을 창안했던 과학자들의 '철학적 사고 능력'에 초점을 맞춘다. 그 과학자들은 대부분 과학 외에도 철학을 공부한 경험이 있으며, 자신의 학문을 비판적으로 사고할 줄 알았다. 그들의 비판적 사고는 (낡은) 과학이론에서 핵심적 기초 개념과 원리에 회의하고, 의문을 제기하여, 스스로 새로운 창의적 개념 및 가설을 얻게 해준다. 그러므로 이렇게 말할 수 있다. "질문이 창의적 아이디어를 낳는다."106)

앞서 살펴보았듯이, 신경철학자 처칠랜드 부부의 '상태공간 표상 이론'의 관점에서 전망해보면, '창의적 이론'이란 새로운 포괄적 설명과 예측을 제공하는 새로운 신경망 대응도에 담긴다. 이런 이해에서, 철학의 비판적 질문은 (낡은) 이론을 담은 대응도의 오류를 수정하도록 촉발하여, 새로운 대응도를 탐색하도록 만드는 원동력이다. 이렇다면 창의적 가설을 얻으려는 과학자는 비범한 창의성(extraordinary creativity)을 위해 자신이 연구하는 학문의 기초 가정을 흔들어보아야 한다. 그 과학자는 철학의 비판적 질문을 통해

290

자신의 낡은 기초 가정인 대응도를 흔들고, 그 결과 새로운 개념 체계의 대응도를 얻을 수 있기 때문이다. 이렇게 창의성을 발견하는 방법을 나는 '창의성 비판적 사고 접근법(Critical Thinking Approach of Creativity)'이라 부르겠다.

지금까지 창의적 과학 연구 방법과 관련하여 발전된 논의들은 주로 과정 중심 접근법 혹은 절차 중심의 탐구 태도였다. 그런 접근법은 창의적 이론이 어떻게 제안되는지를 해명하려는 시도를 보여주지 못한다. 그 방법을 따르는 과학교육 연구자들은 "과학자들이 특정한 논리적 절차를 따르기만 하면 그것이 곧 창의적 이론을 탄생시켜줄 것이다."라고 막연히 가정한다. 다시 말해서, 그들은 과학자들이 일반적으로 수행하는 표준적 과정 또는 절차가 있으며, 그 과정 또는 절차를 따라가면 창의적 이론이 나타날 것이라고 막연히 기대한다. 그렇게 기대하도록 만드는 창의성 과정 접근법은 다음과 같은 두 가지 결정적 곤란을 갖는다.

첫째, 지금까지 과학철학자들의 논쟁을 통해 드러났듯이, 그 어느 논리적 추론 과정도 실제 과학자들의 창의적 이론 탐구 절차를 포괄적으로 설명하지 못한다.

과학사의 여러 창의적 성과의 사례들을 해명하는 여러 주장, 즉 검증주의, 반증주의, 패러다임 교체, 연구 프로그램 등의 여러 가설은 나름의 설득력을 보여주기도 하지만, 동시에 그 한계가 드러나기도 했다. 적어도 지금까지 그런 접근법은 과학의 창의성을 성공적으로 설명한 가설을 얻지 못하고 있다.

둘째, 과학자들이 어떠한 연구 절차를 따르는 것과 창의적 이론을 제안하는 것은 다른 문제이며, 서로 긴밀히 관련되어 있지도 않다.

과학자들이 연구 과정에서 관찰을 먼저 하고 이론적 가설을 제안하는 과정을 거치든, 혹은 가설적 제안을 먼저 하고 실제 검증 또는 반증의 사례를 찾는 과정으로 이루어지든, 아니면 기존의 이론 체계 내에서 새로운 문제풀이 과정을 추진하든, 혹은 기존의 이론 체계를 버리고 새로운 이론 체계를 모색하고 난 이후 문제풀이 과정을 추진하든, 그 어느 과정도 새로운 이론의 고안이 어떻게 나타날 수 있는지를 설명하지 못한다. 이러한 회의적 시각에서, 과학 방법론의 무정부주의, 즉 "아무렇게나 하자."는 제안도 있었다.107)

이렇게 창의적 과정 접근법의 여러 시도가 성공하기 어려웠던 이유는, 그 접근법이 창의성의 원동력이 어디에서 기원하는지 관심을 기울이지 않았기 때문이다. 따라서 그 접근법은 특정 (주장되는) 절차를 따름에도 불구하고, 오직 소수 과학자만이 창의적이며, 대부분은 그렇지 못한 이유를 설명하지 못한다(Miller, 1996). 한마디로, 그 접근법은 창의적 이론이 어떻게 도출되는지 전혀 대답해줄 가능성이 없다. 그 접근법을 따르는 철학자들은 지금까지 '창의성'이 무엇인지에 대해 (공허한) 사전적 정의를 넘어서는 실질적이고 구체적인 이해에 기초하였는지조차 의심된다.

* * *

나는 보통의 창의성(ordinary creativity)과 비범한 창의성(extra-ordinary creativity)을 구분하면서(Andreasen, 2005)(물론 이 양자

사이에 엄격한 구분 기준을 설정하려는 입장은 아니다), 비범한 창의성을 발휘했던 과학자들이 왜 '철학적 사고'를 했는지에 관심을 둔다.108) 그 과학자들 대부분은 과학 이외에 철학을 공부한 경험이 있으며, 따라서 자신의 학문에 대해 철학적으로, 즉 비판적으로 사고할 줄 아는 과학자였다(Fisher, 2001). 다시 말해서 그들은 자신의 연구를 철학적으로 접근할 수 있었다.

심리학자 하워드 가드너(Howard Gardner)는 저서 『열정과 기질 (*Creating Minds*)』(1993)에서 다음과 같이 아인슈타인의 창의성에 비판적 사고가 필요했음을 지적한다.

[아인슈타인은] 당시 물리학의 지배적인 패러다임과 의제를 그대로 받아들이지만은 않았기 때문에 획기적인 업적을 남길 수 있었다. 대신 그는 제1원리로 돌아가 가장 근본적인 물음을 제기하고 단순하면서도 가장 포괄적인 설명 원리를 찾고자 했다.

홍성욱과 이상욱은 저서 『뉴턴과 아인슈타인, 우리가 몰랐던 천재들의 창조성』(2004)109)에서 다음과 같이 말한다.

천재적인 과학자로 이름을 남기려면 문제를 풀어내는 능력만큼이나 풀이가 가능한 문제를 만들어내는 능력 또한 탁월해야 한다. 뉴턴은 바로 이 점에서 창조성을 발휘했다고 할 수 있다. … 뉴턴의 이런 문제의식과 창조적 실험은 이전 학자들의 연구를 비판적으로 읽어내는 습관을 통해 길러졌다.

나는 과학 연구자가 창의적 과학이론을 제안하기 위해 비판적,

즉 반성적 사고가 중요하게 요구되며, 그것이 왜 그러한 것인지를 신경철학적 측면에서 해명하려 시도했다. 이러한 해명을 위해 비판적 사고가 무엇인지도 밝혔으며, 그것을 다음 두 가지로 구분한다.

> 비판적 사고 1 어느 논증에 대해, 그것의 타당성(일관성) 또는 적절성 검토하기
>
> 비판적 사고 2 지금까지 당연하다고 가정해온 핵심 개념 및 이론을 의심하기

앞서 밝혔듯이, 나는 '비범한 창의성'에 관심을 두며, 그것이 위의 둘째 비판적 사고, 즉 기초 개념에 의문하기가 비범한(혁신적) 창의성의 원동력이라고 주장하려 한다. 철학의 비판적 사고는 (낡은 또는 지배적인) 과학이론 내의 핵심 기초 개념과 원리에 대한 회의와 의문이다. 나는 앞의 책 1-3권에서 이것이 어떻게 창의성을 유도할 수 있었는지 과학철학사의 사례에서 찾아보았다.

질문하기 또는 의심하기를 아무렇게나 해야 할 것은 아니다. 앞선 연구자들이 어떤 의심을 했고, 왜 했는지 등을 알아야 한다. 그래서 자신의 학문 연구 외에 통섭 연구가 필요하고 철학을 공부해야 한다. 그 결과 자신의 연구에 적절히 철학적 질문을 할 수 있어야 한다. 그것을 위해 이 네 권의 책이 도움이 되기를 바란다.

끝으로, 비판적 사고는 개인의 수준에서만 일어나는 것은 아니다. 누군가의 뇌에 담긴 개념이 소통을 통해 다른 사람의 뇌에 담긴 개념을 수정하는 일이 가능하며, 그것이 교육 효과이다(이에 관한 구체적 논의는 폴 처칠랜드의 『플라톤의 카메라』 5장 참조). 그렇다면 소통을 통해 사회적으로 비판적 사고가 일어날 수 있다고 생각

할 수 있다. 사회 구성원이 다양한 전문 지식을 갖추고, 그 구성원이 공개적으로 비판적 사고를 한다면, 그 사회의 여러 문제를 해결할 능력을 제공해줄 것이다. 그런 의미에서 한국 사회에서 구성원들이 비판적 사고를 할 수 있는 소양, 즉 철학적 공부가 있어야 한다. 실천적으로, 사회적 구성원의 소양으로서 철학교육을 어떻게 할 것인지 이제 찾아보아야 한다. 그런 철학교육을 통한 비판적 사고는 그 사회의 학문을 발전시키고, 민주적 사회를 발전시키는 원동력이 될 것이기 때문이다. 그런 사회는 특정인의 재능에 기대기보다, 집단 지성의 창의성을 안내하고, 그 구성원의 재능을 더 많이 발휘하도록 해준다.

[이 책을 읽은 독자에게]

※ 이 책을 잘 읽었다면 아래 질문에 대답할 수 있어야 한다.

1. 튜링은 어떤 철학적 고려에서 미래 계산기가 지성을 가질 것으로 확신했는가?
2. 폰 노이만은 현대 범용 컴퓨터 모델을 창안하고서도, 어떤 고려에서 그 모델에 만족할 수 없었는가? 비판적 사고 1과 비판적 사고 2를 고려하여 각각 이야기해보자.
3. 뇌의 발달은 신체와 어떤 관계로 이루어지는가?
4. 신경망은 계산 처리를 고려할 때, 우리의 추론은 어떻게 이루어질까?
5. 뇌에 정보의 저장은 어떻게 이루어지는가, 그리고 그것에 대한 계산은 어떻게 이루어지는가?
6. 플라톤의 철학적 문제와 아리스토텔레스의 철학적 문제에 신경철학은 어떤 대답을 내놓았는가?
7. 저자는 창의적 사고를 위해 무엇이 필요하다고 주장하는가?

※ **함께 독서한 사람들과 토론해보자.**

8. 저자의 관점을 지지한다면, 한국의 교육을 어떻게 수정해야 할까?
9. 창의성을 향상하는 교육에 어떤 교과목을 공부해야 할까?
10. 그 외에 이 책을 읽고 나름의 의문이나 생각이 무엇인가?

[더 읽을거리]

에릭 캔델, 『기억을 찾아서: 뇌과학의 살아 있는 역사 에릭 캔델 자서전』, 전대호 옮김, RHK, 2014 (Eric R. Kandel, *In Search of Memory*, 2006)

패트리샤 처칠랜드, 『뇌과학과 철학: 마음-뇌 통합과학을 향하여』 박제윤 옮김, 철학과현실사, 2006. (Patricia Churchland, *Neurophilosophy: Toward a Unified Science of the Mind-Brain*, 1986)

패트리샤 처칠랜드, 『뇌처럼 현명하게: 신경철학 연구』, 박제윤·김두환 옮김, 철학과현실사, 2015. (Patricia Churchland, *Brain-Wise: Studies in Neurophilosophy*, 2002)

패트리샤 처칠랜드, 『신경 건드려보기: 자아는 뇌라고』, 박제윤 옮김, 철학과현실사, 2014. (Patricia Churchland, *Touching a Nerve: The Self as Brain*, 2013)

폴 처칠랜드, 『플라톤의 카메라: 뇌 중심 인식론』, 박제윤 옮김, 철학과현실사, 2016. (Paul Churchland, *Plato's Camera: How the Physical Brain Captures a Landscape of Abstract Universals*, 2012)

존 에이거, 『수학 천재 튜링과 컴퓨터 혁명』, 이정 옮김, 2003. (Jon Ager, *Turing and the Universal Machine: The Making of the Modern Computer*, Icon Books UK; Totem Books USA, 2001)

박정일, 『추상적 사유의 위대한 힘, 튜링 & 괴델』, 김영사, 2010.

장 라세구, 『튜링: 인공지능 창시자』, 임기대 옮김, 동문집, 2003. (Jean Lassègue, *Turing*, Les Belles Lettres, 1998)

스타니슬라스 드앤, 『뇌의식의 탄생: 생각이 어떻게 코드화되는가?』,

박인용 옮김, 한언, 2017. (Stanislas Dehaene, *Consciousness and the Brain*, 2014)

로버트 루트번스타인 · 미셸 루트번스타인, 『생각의 탄생: 다빈치에서 파인먼까지 창조성을 빛낸 사람들의 13가지 생각 도구』, 박종성 옮김, 에코의 서재, 2007. (Robert Root-Bernstein and Michéle Root-Bernstein, *Sparks of Genius*, 1999)

데이비드 리빙스턴 스미스 엮음, 『생물학이 철학을 어떻게 말하는가: 자연주의를 위한 새로운 토대』, 뇌신경철학연구회 옮김, 철학과현실사, 2020. (David Livingstone Smith, *How Biology Shapes Philosophy: New Foundations for Naturalism*, 2002)

바나 바쇼 · 한스 뮐러 엮음, 『현대 철학적 자연주의』, 뇌신경철학연구회 옮김, 철학과현실사. (Bana Bashour and Hans D. Muller ed., *Contemporary Philosophical Naturalism and Its Implications*, 2013)

에드워드 윌슨, 『통섭: 지식의 대통합』, 최재천 · 장대익 옮김, 사이언스북스, 2005. (Edward O. Wilson, *Consilience, The Unity of Knowledge*, 1998)

미첼 월드롭, 『카오스에서 인공생명으로』, 김기식 · 박형규 옮김, 범양사, 2006. (Mitchell Waldrop, *Complexity*, 1992)

제리 카플란, 『인공지능의 미래: 상생과 공존을 위한 통찰과 해법들』, 신동숙 옮김, 한스미디어, 2017. (Jerry Kaplan, *Artificial Intelligence: What Everyone Needs to Know*, 2016)

레이 커즈와일, 『마음의 탄생: 알파고는 어떻게 인간의 마음을 훔쳤는가?』, 윤영삼 옮김, 크레센도, 2020. (Ray Kurzweil, *How to Create a Mind: The Secret of Human Thought Revealed*, 2012)

주(註)

1) 이러한 철학 주제를 여기서 다루지 않지만, 관심이 있는 독자를 위해 책을 소개한다. 엘리엇 소버, 『생물학의 철학』; 최종덕, 『생물철학』; 데이비드 리빙스턴 스미스 엮음, 『생물학이 철학을 어떻게 말하는가』; 바나바쇼·한스 뮐러 엮음, 『현대 철학적 자연주의』.

2) 독자들은 중고등학교 시절에 지수함수 도표를 활용하여 수학적 계산을 했던 경험이 있을 것이다. 또한 과거 공학자들이 자주 사용했던 계산자도 일종의 열람표를 자의 형태로 만든 '아날로그 계산기'이다.

3) https://en.wikipedia.org/wiki/Alan_Turing 2019.07.01.

4) *Mind* 49, 1950, pp.433-460.

5) https://en.wikipedia.org/wiki/John_von_Neumann 2019.07.01.

6) John von Neumann, *The Computer and the Brain*(Second edition, with a foreword by Paul M. Churchland and Patricia S. Churchland), New Haven and London: Yale University Press, 1958, 1986, 2000.

7) 세즈노스키의 주요 저서로 패트리샤 처칠랜드와 함께 쓴 *The Computational Brain*(1999)이 있다.

8) 나는 2004년 한국에서 철학과 대학원생으로 인공신경망 인공지능을 공부하는 공대 대학원 수업을 청강할 수 있었다. 내가 보기에 당시에도 그 수업의 대학원생들은 풀이 죽어 있었다. 어느 날 내가 철학을 공부하면서 왜 그 과목을 공부하는지를 발표할 기회가 있었다. 그 발표에서 나는 미래 인공지능은 인공신경망이어야 하는 이유를 철학의 인식론적 입장에서 설명하였다. 내 발표에 학생들은 갑자기 얼굴이 밝아지며 박수로 고마움을 표시했다.

9) Demis Hassabis, et. al., "Mastering the game of Go with deep neural networks and tree search", in *Nature*, vol. 529, 2016, pp.484-489.

10) https://biz.chosun.com/site/data/html_dir/2017/06/02/2017060201847.html 2021.04.20.

11) 여기에서 신경계에 대한 간략한 내용은 Patricia Churchland(1986)에서 필요한 만큼만을 간추린 것이다. 더 자세한 내용은 그 책의 번역서 『뇌과학과 철학』(2006)에서 참조.

12) 헬름홀츠의 절묘한 실험 장치는 Patricia Churchland(1986), 51쪽 참조.

13) 개에게 먹이를 주면서 반복해서 종소리를 들려주면, 그 개는 종소리만으로도 침을 흘리는 반응을 보여준다. 이것을 '고전적 조건화'라고 부른다.

14) Patricia Churchland(1986), 112-114쪽 참조.

15) Patricia Churchland(1986), 151-152쪽 참조.

16) 이원론은 다양한 종류로 나뉘므로 여기서 이렇게 단순하게 이야기하는 것이 적절하지 않을 수 있다. 그렇지만 이 책이 전문 철학자와 논쟁하려는 목적의 저술이 아니므로, 이런 수준에서 이야기한다. 이원론에 관한 자세한 처칠랜드의 논의를 『뇌과학과 철학』, 8장, 9장에서 살펴볼 수 있다.

17) 이 절과 이후의 절의 내용의 상당 부분은 박제윤(2010)에서 가져왔다.

18) Patricia Churchland(2002a), 408쪽. 이 용어는 패트리샤의 책에 처음 등장하지만, 그 용어는 원래 폴에 의해서 나왔다고 그들은 대화에서 밝혔다.

19) 이것을 정당화 맥락과 발견의 맥락으로 구분해서 다루어야 한다는 주장도 있었다. 그렇지만 나에게 그 구분이 그다지 의미 있게 다가오지 않는다. 정당화란 발견의 비밀을 밝혀냄으로써 결국 해소될 수 있기 때문이다.

20) Patricia Churchland(2002a), 408-409쪽.
흄의 인식론 과제를 위와 같이 표현한다면, 전통 선험철학에 사로잡혀 있는 어느 철학자는 충분히 아래와 같이 제동을 걸 수 있다. 무엇을 표상하는 것은 인간인 우리이며, 뇌가 아니다. 따라서 위와 같은 말은 범주 오류(category mistake)이다. 이러한 반대에 아래와 같은 답변이 가능하다. 과거의 전통적 범주 체계가 자연종(natural kinds)은 아니다. 아리스토텔레스가 말했듯이, 우리가 세계의 무엇을 인식하려면, 그것을 나누는 범주 체계를 선험적으로 갖춰야 한다. 그런 후에야 우리는 그러한 범주를 통해 세계를 분별할 능력을 지니기 때문이다. 그렇지만 전통적 분류 체계가 영원한 진리이거나 혹은 불변의 것은 아니다.
콰인이 말했듯이, '믿음의 그물망'이 달라짐에 따라 우리는 세계를 바라보는 새로운 관점을 가지기 때문이다. 그러므로 처칠랜드의 표현을 '범주 오류'라고 말하려면, 그 표현이 현재 믿음의 그물망, 즉 과학적 지식 체계에 어떻게 어울리지 않는지를 지적할 수 있어야 한다. 그러나 위의 처칠랜드 표현은 현재의 과학에 아주 잘 부합한다. 오늘날 우리가 고색창연한 전통 철학의 범주 체계를 따라야 할 필연적 이유는 없다. 더구나 현대 신경과학의 입장에서, '나'의 존재가 무엇인지 새롭게 규정될 수 있다. 신경과학의 관점에서 인지적 주체는 곧 뇌라고 말할 수 있기 때문이다. 더구나 신경계의 계산 처리 기능을 탐구하는 관점에서, 의식 이하 수준의 인지 기능은 학술적으로 중요한 탐구 과제이다. 그러한 고려에서 '뇌 혹은 신경계가 표상한다'라고 말할 수 있다.

21) 이러한 이야기는 콰인-뒤엠 논제(Quine-Duhem Thesis)를 구체적으로 해명해준다. 뇌의 신경 연결망이 경험된 정보에 의해 세계를 바라보고 이해하는 계산적 또는 추론적 기능을 수행하기 때문이다.

22) 그것에 대해 흄은 '관념(idea)'이란 말을 사용했으며, 데카르트는 '사고(thought)'란 말을 사용했고, 칸트는 '개념(concept)'이란 말을 사용했다.

23) Frege(1919) 참조.

24) 이러한 생각을 쿤에게서 가져왔다. 그의 관점에 따르면, 새로운 패러다임은 과거의 이론이 갖는 결함마저도 해명해줄 강력한 이론의 구성이어야 한다. Kuhn(1970), 10쪽 참조.

25) 한국에서 '표상(表象)'이란 다양한 의미로 사용된다. 첫째, 표상이란 어떤 사물 혹은 개념을 떠올리거나 연상할 때마다 의식되는 무엇이다. 둘째, 위와 반대로, 추상적 개념에 적용되는 구체적 사물을 가리키는 말로도 사용된다. 예를 들어, "비둘기는 평화의 표상이다."라고 말할 경우, 표상이란 말은 '상징'과 같은 의미로 사용된다. 셋째, 실천적 행동에서 본받을 만한 대상 혹은 인물을 가리키기도 한다. 예를 들어, "백범 김구는 내 삶의 표상이다."라고 말할 경우, 표상이란 말은 '본보기'와 같은 의미로 사용된다. 지금 우리의 관심은 첫째 의미에서 표상에 관한 문제, 즉 신경계가 세계를 어떻게 표상하는가의 문제이다. 철학에서 표상이란 '내적/외적 세계 혹은 사물을 가리키는 내용'을 말한다.

26) 용어 'representation'에 대해서, 철학에서는 '내적/외적 세계에 대한 인식 내용'으로 '표상' 또는 '재현'이라 번역하며, 전자공학에서는 '세계에 대한 부호화 또는 부호화한 것'으로 '표현'이라 번역한다. 자연화된 인식론을 지지하는 이 책은 두 용어의 우리말을 구분해 사용할 필요성을 느끼지 않는다. 앞으로 '표상'과 '표현'이란 두 용어를 동일하게 혼용하겠다.

27) Packard and Teather(1998b).

28) O'Keefe and Dostrovsky(1971). 그 외에도 무수히 많은 후속 연구가 있다.

29) Donald Hebb, *The Organization of Behavior*, 1949, p.62. Patricia Churchland(2002a), 496쪽에서 재인용.

30) Leslie A. Real, "Animal choice behavior and the evolution of cognitive architecture", *Science* 253, 1991, pp.980-986.

31) Martin Hammer, "An identified neuron mediates the unconditioned stimulus in associative olfactory learning in honeybees", *Nature* 366(4), 1993, pp.55-63.

32) P. R. Montague, P. Dayan, and T. J. Sejnowski, "Foraging in an un-certain environment using predictive Hebbian learning", in J. D. Cowan, G. Tesauro, and J. Alspector, eds., *Advances in Neural Information Processing Systems*, 6, San Mateo, Calif.: Morgan Kaufan Publishers, 1993.

33) 이것에 대한 더 구체적 논의를 Schultz, Dayan, and Montague(1997)에서 참조.

34) Patricia Churchland(2002a), 431쪽 참조.

35) Patricia Churchland(2002a), 433쪽 참조. 저자의 이해에 따르면, 가설 (a)와 가설 (b)는 서로 충돌하지 않는다. 가설 (a) 특정 속성이 단일 뉴런에 표상되며, 가설 (b) 그런 뉴런들이 집단으로 세계의 속성을 표상하기 때문이다. 결국, 두 가설은 표현되는 특성의 단위, 즉 정보의 단위인 프레임(frame)을 어떻게 설정하느냐의 문제에 따라 입장이 갈린다.

36) 이런 이야기를 Paul Churchland(1979, 1981, 1989); Patricia Chruchland (1986); Chruchland and Sejnowski(1992)에서 살펴볼 수 있다. 그중 가장 요약적인 설명을 Paul Chruchland(1989), ch.5에서 볼 수 있다.

37) 이런 신경적 표상, 즉 숫자들 조합으로 표현되는 표상이 과연 실제 세계에 대한 표상인가라는 의문과 관련한 논의를 Patricia Churchland (2002b)에서 볼 수 있다.

38) 이것에 대한 더 구체적인 논의는 Churchland and Sejnowski(1990, 1992)에서 참조.

39) 신경망의 계산 기능을 좌표공간에서 벡터 변환이라고 모델링한 것은 펠리오니즈와 이나스 그리고 퍼켈(Pellionisz, Llinás, and Perkel, 1977)의 연구가 처음은 아니다. 그에 앞서 인공신경망을 초기에 연구했던 피츠와 매컬록(Pitts and McCulloch, 1947)의 연구가 있다. 또한 그 벡터 행렬 접근은 로젠블라트(Rosenblatt, 1962)가 지각 작용에 활용했다. 그 이후의 연구를 코호넨(Kohonen et al., 1977), 앤더슨과 모저(Anderson and Mozer, 1981), 그리고 발라드(Ballard, 1986)에서 볼 수 있다. 펠리오니즈-이나스-퍼켈 접근의 훌륭한 면은 벡터로부터 텐서 분석을 추상적으로

형식화하고 그것을 표상적 개념으로 일반화했다는 점에 있다(Patricia Churchland, 1986, 10장).

40) 이 절의 내용은 박제윤(2012)에서 가져왔다.

41) 이러한 점에서 믿음의 거미줄을 주장했던 콰인 역시 전통적 관점에서 온전히 빠져나오지는 못했으며, 처칠랜드의 관점과 구분된다(2011년 2월 처칠랜드 부부와의 대화 중).

42) 이러한 지적을 다음에서 볼 수 있다. Pinker and Prince(1988), pp.73-193; Pinker and Prince(1996), pp.307-362.

43) Fuster(1995); Patricia Churchland(2002a), 467쪽 참조.

44) Nieuwenhuys et al.(1981); Patricia Churchland(2002a), 468쪽 참조.

45) 신체의 각 근육 상태들에 대한 감각. 우리는 일반적으로 명확히 의식하지 못하더라도 팔과 다리 등에서 근육에 가하는 힘의 상태 등을 스스로 인지할 수 있다.

46) Paul Churchland(1989), pp.154-156 참조.

47) 인간 이외에 여러 동물이 예측 능력을 가지고 있다는 관점과 사례들을 아래에서 찾아볼 수 있다. 최재천(2001) 참조.

48) Churchland and Sejnowski(1999), p.75.

49) Patricia Churchland(1986), 179-215쪽 참조.

50) Wernicke(1874).

51) Kolb and Whishaw(1984).

52) Jackson(1864).

53) '중력'이란 개념은 사실 "모든 사물은 중력장에 놓인다."라는 문장으로 표현되며, 그 반대도 가능하다. 그 개념을 이해하지 못하고, 그 일반화를 말할 수 없으며, 일반화를 모르는데, 개념만 알 수는 없다. 사실상 개념과 일반화는 같은 것의 두 이름일 뿐이다.

54) 이러한 접근을 아래에서 찾아볼 수 있다. "인간의 마음의 상태와 움직임을 가장 분명히 드러내는 것이 인간의 언어이다. 그러므로 언어의 구조와 기능을 밝히는 것이 인지과학의 목표에 잘 부합하는 일이다."(이정민, 2001)

55) 에델만(Edelman, 1992)은 대응도들 사이에 '재입력'이 있으며, 그것이 개념적 도식의 통일성을 조성한다고 주장한다.

56) 스티븐 호킹, 『그림으로 보는 시간의 역사』, 1998, 15쪽 참조.

57) 여기 논의는 박제윤(2009)에서 가져왔다.

58) 이런 논의를 특히 Patricia Churchland(1990, 2002a)에서 잘 알아볼 수 있다.

59) 처칠랜드가 무엇을 제거될 대상으로 지목하는지 다음의 말에서 알아볼 수 있다. "심리학적 현상들에 대한 우리의 상식적 개념은 근본적으로 틀린 이론을 조성하며, 그 이론의 원리들과 존재론은 완성될 신경과학에 의해 마침내 부드럽게 환원되기보다 제거될 것이다. … (1) 상식적 심리학의 원리적 요소들: 명제 태도(믿음, 욕망 등)와 (2) 그러한 요소들이 형성되는 합리성의 개념"(Paul Churchland, 1989, p.1)

60) Paul Churchland(1989), ch.9 참조.

61) Paul Churchland(1989), p.88 참조. 클락은 첫째를 Oaksford and Chater(1991)에서, 둘째를 Paul Churchland(1989, ch.10)에서, 셋째를 Churchland and Sejnowski(1990), Clark(1990)에서, 넷째를 Clark(1990)에서 가져왔음을 밝힌다.

62) 이것과 동일 관점에서 나온 쟁점에 관한 연구로 이영의(2004)를 참조.

63) Clark(1996), pp.91-100 참조.

64) 폴 처칠랜드는 논문 「통속심리학에 대한 클락의 연결주의 변론(Clark's Connectionist Defense of Folk Psychology)」(1996)에서 클락의 주장을 분석하고, 그 주장에 정면으로 응수한다. 여기에서는 그 세부적인 논의를 생략한다. 자세한 논의는 박제윤(2009)에서 참조.

65) 이런 견해는 Paul Churchland(1989), pp.2-6; Patricia Churchland(1986), 299쪽에서 참조.

66) 이런 쟁점의 논의를 이영의(1994)와 고인석·이중원(2007)에서 찾아볼 수 있다.

67) Patricia Churchland(1986), 7-9장 참조.

68) Paul Churchland and Patricia Churchland(2001), pp.42-43 참조.

69) 구체적인 논의는 박제윤(2008) 참조.

70) 이론간 관계에서 이런 환원적 논의를 Patricia Churchland(1982)에서 볼 수 있다.

71) 클락은 한편으로는 그 양립 가능성을 주장하면서도 사실상 그 주장을 아래와 같이 스스로 부정하기도 한다. "미래 인지과학의 설명 도구가 '현재 상식의 문장적 범주'에 기댈 것이 거의 혹은 전혀 없다는 처칠랜드(Paul Churchland, 1989, p.177)의 근본적 믿음은 따라서 내가 전적으로 분명히 긍정하는 것이다."(Clark, 1996, p.97)

72) Edelman(1992), 9장 참조.

73) 보다 자세한 논의는 박제윤(2008) 참조.

74) Paul Churchland(1989), pp.20-21 참조.

75) Patricia Churchland(1982), p.1045 참조.

76) 이 절의 내용은 박제윤(2007)에서 가져왔다.

77) 고인석(2000).

78) Nagel(1961), 338쪽.

79) 이영의(1994).

80) Patricia Churchland(1986), 315-400쪽에서 제시된 마음과 뇌의 관계 혹은 심신의 관계에 대한 다양한 관점을 참조.

81) 제거적 유물론은 다음에서 잘 나타난다. Paul Churchland(1979, 1981, 1984); Patricia Churchland(1982, 1986); Paul Churchland and Patricia Churchland(2001).

82) Paul Churchland(1979), pp.1-2.

83) 이런 논증을 처칠랜드의 논문(Paul Churchland, 1981)이 명확히 보여준다.

84) Paul Churchland(1979), p.114.

85) McCauley(1986), p.194.

86) McCauley(1996), p.41.

87) 매컬리는 이러한 주장이 라우단(Laudan, 1977)의 관점에서 비롯되었다고 밝힌다. McCauley(1996), p.192.

88) McCauley(1986), p.189 참조.

89) Paul Churchland and Patricia Churchland(2001), pp.420-421.

90) Patricia Churchland(1986), 9장 참조.

91) Chruchland and Sejnowski(1990), p.349.

92) 매컬리는 미래 심리학 이론을 '인지심리학'으로 호칭했지만, 처칠랜드는 포더(J. A. Fodor)가 지지하는 명제태도의 분석 차원에서 탐구되는 인지심리학을 배격한다는 점에서 필자는 '신경심리학'으로 바꾸었다. 실제로 폴 처칠랜드는 신경과학에 기초한 심리학의 탐구를 '신경심리학'이라 칭하고, 신경과학에 기초한 인지심리학의 탐구를 '신경인지심리학(neuro-cognitive science)'이라 칭하며, 그 연구 가능성과 전망을 설명하기도 하였다. Paul Churchland(1984), pp.224-240 참조.

93) Patricia Churchland(1986), 8-9장.

94) 『조선일보』, 2014년 2월 10일자, 「최보식이 만난 사람: 이인식」. http://news.chosun.com/site/data/html_dir/2014/02/09/2014020902608.html 이인식은 '통섭'이 아니라 '융합'이어야 한다고 주장하지만, 그의 저서 『지식의 대융합』에서 그의 주장은 통섭과 융합 연구의 구분이 없다. 그는 융합의 대표 연구 분야로 인지과학을 꼽지만, 내 생각에, 사실 인지과학은 수십 년 이상 여러 분야 학자의 토론과 함께, 근원적 물음을 던지는 철학적 탐색을 요구한다는 측면에서, 통섭 연구의 대표 분야이다. 그가 소개하는 다른 연구들은 모두 새로운 제품 개발을 위해 여러 분야의 협력이 요구된다는 측면에서 융합 연구로 구분될 수 있다. 기술의 융합이 어떻게 구현되고, 되어야 하는지는 홍성욱 엮음, 『융합이란 무엇인가』에서 잘 소개된다. 나는 통섭 연구는 학문 사이의 관계에서, 그리고 융합은 기술 수준 사이의 관계에서 요구되는 것으로 구별한다. 한국 여러 대학의 융합연구원은 모두 기술 수준의 협력적 연구이며, 따라서 대부분 계약직 연구원을 채용한다. 긴 호흡으로 학문을 통섭 연구하는 기관이라고 보기 어렵다. 제품 개발이 끝나면 해고될 연구원들이기 때문이며, 관련이 없는 다른 분야의 연구자들은 참여하지 않는다.

95) 이런 견해를 『통섭』의 옮긴이 서문(17쪽)에서 볼 수 있으며, 이것이 다른 학자의 논란을 불러일으키는 측면이 있다. 그 논란을 박승억의 글 「통섭: 포기할 수 없는 환원주의자의 꿈」과 김지하의 글 「최재천, 장회익 교수에게 묻는다」(『지적 사기와 통섭』) 등에서 볼 수 있다. 이들은 모두 '환원주의'에 대한 부정적 시각을 가지며, 그런 시각은 '이론간 환원'의 의미, 즉 최근 환원주의 논의를 이해하지 못하여 나왔다고 보인다.

96) 이런 견해를 『조선일보』, 2014년 2월 10일자, 「최보식이 만난 사람: 이인식」, 이남인의 글 「인문학과 자연과학은 어떻게 만날 수 있는가?」(『지적 사기와 통섭』), 131쪽, 162쪽, 그리고 이남인, 『통섭을 넘어서』, 245쪽 등에서 볼 수 있다.

97) 이런 견해를 이남인, 『통섭을 넘어서』, 131쪽, 249쪽, 259쪽, 268쪽, 272쪽 등에서 보여준다. 이남인의 주장에 따르면, 인문학 또는 철학은 본래적으로 경험적 연구 방법을 따르지 않으며, 철학이 생물학의 경험적 연구로 통합되어야 한다는 윌슨의 전망에 그는 동의할 수 없다고 말한다. 그러나 앞서 소개하였듯이, 철학자 처칠랜드는 생물학의 경험적 연구를 철학에 어떻게 활용하여 연구할 수 있는지를 잘 보여준다. 물론 처칠랜드는 철학자로서 특별한 경우를 제외하고는 철학 연구를 위해 생물학 연구에 직접 나서지는 않는다. 윌슨 역시 통섭을 위해 철학자가 직접 생물

학 연구를 하라고 제안하는 것은 아니다.

98) 아마도 공동 역자인 장대익 교수의 서문으로 추정된다.

99) Dehaene(2014), 330쪽 참조.

100) 이런 측면에서 의식하기를 '주의 집중'과 구별할 필요가 있어 보인다. 대부분 동물의 의식에 관한 실험 연구는 주의 집중하는 순간 뇌의 반응을 살피는 실험으로 구성된다. 그러나 만약 의식하기와 주의 집중을 구분해야 한다면, 그러한 실험적 연구에서 의식에 관한 연구 성과를 기대하기 어려울 것 같다. 우리는 무엇을 열중할 때도 의식함이 없이 그 행동이나 생각에 주의 집중한다.

101) 여기 내용은 박제윤(2013)에서 가져왔다.

102) 나는 '보통의 창의성'을 이미 가진 개념 및 이론 체계 내에서 새로운 문제를 해결하는 것으로 보며, '비범한 창의성'을 새로운 개념 및 이론 체계를 발견하는 것으로 본다.

103) 이러한 견해에 대한 반대를 와이즈버그(Weisberg, 1999)에서 볼 수 있다. 그는 그 이유로 비범한 창의성을 발휘했던 학자들의 말과 글이 실제 그들의 것인지, 아니면 이전 학자들의 것을 활용한 것인지 신뢰할 수 없기 때문이라고 말한다.

104) 이러한 의견에 동의하는 견해를 맨들러(Mandler, 1994)에서 볼 수 있으며, 이 의견에 반대하여 창의성에 의식이 핵심이라는 주장을 펜로즈(Penrose, 1989)에서 볼 수 있다.

105) 이러한 측면에서 우리의 호기심 역시 신경망을 흔드는 역할을 할 것이다. 우리가 세계에 대해 호기심을 갖게 된다면, 그것은 곧 신경망에 피드백을 주어 새로운 조직화를 유도할 것이기 때문이다. 그러므로 새로운 발견을 위해 연구자들에게 호기심을 가지라는 조언은 언제나 있었다. 그리고 그것이 왜 긍정되는지도 이제 설명된다. 물론 이러한 측면에서, 기존의 유력한 이론에 대해 명확히 오류를 지적하는 비판적 사고 1 역시 신경망에 피드백을 주어 새로운 신경망을 조성하는 효과를 발휘할 것으로 추론된다.

106) 『중앙일보』의 2021년 4월 12일자 칼럼에서 카이스트의 신임 총장 이광형 교수는 "학생들은 이제 공부 덜하고 독서와 질문하게 해야" 한다고 말한다. 그리고 케임브리지 대학 과학철학자 장하석 교수는 창의성의 기반은 다양성이라고 주장한다. "정답을 넘어서는 창의력을 발휘하려면 정답이 아닌 삶을 살아야 하고, 공부 잘해서 일류대학 나와서 취직 잘한 모범생의 모델을 가지고는 턱없이 부족하다." 그 이유를 신경철학적

으로 해명하자면, 창의성을 위해 흔들어야 할 대응도 자원을 가져야 한다고 말할 수 있다. 그래서 통섭이 필요하다.

107) 파이어아벤트(Feyerabend, 1993)는 창의적 발견을 위해 그 어떤 제약도 두지 말자고 설득한다는 측면에서, 기본적으로 새로운 가설이 어떻게 제안되는지 해명할 수 없는 한계를 인식했다고 평가될 수 있다.

108) 이러한 입장에 대한 반대 견해를 와이즈버그(Weisberg, 1999)에서 볼 수 있다. 그의 관점에 따르면, 평범한 사고를 통해서 비범한 사고가 충분히 도출될 수 있다. 그 대표적 사례로는 피카소의 작품 《게르니카》와 왓슨과 크릭의 DNA 발견이 있다. 그러나 저자의 관점에 따르면, 피카소의 비범한 창의성을 설명하려면, 그의 특정한 작품의 탄생보다 그의 새로운 미술적 관점 자체가 어떻게 탄생될 수 있었는지에 초점을 맞춰야 한다. 또한 왓슨과 크릭이 노벨상을 받았던 것은 그의 노력에 대한 성과라는 점에서, 그 성과에 대한 인정만으로 비범한 창의성에 포함되기는 어렵다. 와이즈버그가 스스로 인정하듯이, 그는 당시의 믿음이나 사고방식으로부터 새로운 분기점을 마련한 연구를 사례로 들었어야 했다.

109) 일부 학자들은 '창조성'과 '창의성'의 의미를 구분하며, 지금의 논의에 '창의성'이 적절한 어휘라고 지적할 것이다. 그러나 본 연구의 의도를 정확히 전달하기 위해 그 용어의 명확한 구분이 반드시 필요한 것은 아니다. 더구나 여기 인용에서까지 원저자의 용어가 수정될 필요는 없다.

후 기

　앞서 이야기했듯이, 이 책을 쓰는 데 긴 세월이 걸렸다. 쓰려던 부분을 이야기하려니 정작 그것에 관한 공부가 부족하다는 인식이 있어, 번역서를 몇 권 출판하며 부족함을 보충해야 했다. 그리고 막연히 하려던 이야기의 맥락을 연결하기 어렵다는 것을 발견하고, 다시 책을 읽고 인터넷을 검색하며 공부해야 했다.

　처음부터 이 책은 쉽게 읽히면서도 어느 정도 깊은 내용을 다루겠다는 목표에서, 이야기하듯 쓰려고 하였다. 그런 목표를 1권과 2권에서 어느 정도 이룬 것 같다. 그런데 3권에서 갑자기 어려워지고, 4권은 전문 분야의 이야기를 다루는 것처럼 구성되었다. 특히 3권에서 현대 과학철학을 처음 접하는 독자에게 그러하게 보일 수 있다. 그렇지만 사실 현대 철학 논의는 현대 과학이 발전한 만큼 복잡해지는 측면이 있다. 나는 그것을 철학 비전공 독자를 위해 가능한 한 단순하고 어렵지 않게 다루려고 노력하였다. 또한 4권에서 컴퓨터 및 인공지능 발달의 역사와 현대 뇌과학 및 신경철학에 관해 다소 전문적인 이야기를 다루어, 읽기 힘들게 만들었다고 누군가는 지적할 것 같다. 하지만 정작 읽어보면 그렇지도 않다는 것을 독자가 발견하였기를 바란다.

이 책은 과학철학사를 다루는 책이다. 여러 권으로 편집된 철학사 책들 대부분은 처음에 페이지가 많지만, 점차 적은 페이지로 구성되고, 마지막 현대는 아주 적은 페이지로 구성되는 것을 보여준다. 그렇지만 이 책은 그 반대로, 점차 두꺼워지는 책으로 구성되었다. 나는 이런 편집이 적절하다고 생각한다. 고대의 철학 이야기가 현대에 어울리지 않는 측면이 많으며, 학문이 발달함에 따라서 현대 철학도 이야기할 부분이 더 많아지기 때문이다. 그리고 지금의 시대에 부합하는 철학이기 때문에 독자에게 더 도움이 되는 철학 이야기이기도 하다. 그리고 4권에서의 이런 철학 이야기는 현재 진행형의 논의들이다.

특별히 4권의 이야기에서 독자는, 현대 인공지능(AI)이 어떤 철학의 인식론 문제를 해결하고 있으며, 따라서 얼마나 끔찍스러운 능력을 발휘할 수 있는지를 잘 이해했기를 바란다. 지금 다가오는 인공지능 사회, 4차 산업혁명 시대를 레이 커즈와일은 『특이점이 온다』에서 (다소 논란이 되고 있기는 하지만) '특이점'에 들어서는 사회로 규정한다. 더 쉽게 말해서, 인공지능의 발달로 아주 급격히 변화하는 사회로 진입하는 중이라고 한다. 요즘 한국에서 인기 있는 유발 하라리의 책 『호모 데우스』에서는 인간이 신이 되는 세계로 진입하는 중이라고 말한다. 그들의 주장 및 전망의 중심에 인공지능(AI)이 있다. 그런데 그 인공지능의 시대가 왜 그렇게 특별한지를 독자는 이 책 4권에서 특별히 인식하였기를 바란다. 인공지능이 어떻게 창의적일 수 있는지, 즉 독창적 개념을 가질 수 있고, 독창적 일반화, 즉 가설을 가질 수 있는지를 이해할 수 있어야 한다. 더 쉽게 말해서, 지금 인공지능은 인간이 볼 수 없고 상상조차 할 수 없는 개념과 일반화를 가질 수 있다는 의미이다. 이미 우리가 살아가는 시대는 그런 세계에 진입하는 중이다. 이 시대를 살아가는 우리는 그것을 과학철학의 눈으로 올바로 인식하여, 지금 벌어지는 가까운 미래의 삶을 대비할 필요가 있다. 이제 인공지능이 학문 연구에 필수적인 시대가 되었다고 말할 수 있다.

그러므로 인공지능의 발달 수준은 한 국가 혹은 사회의 경쟁력과 관련되며, 끔찍한 빈부 격차가 국가들 사이에, 기업들 사이에, 그리고 개인들 사이에서도 벌어질 것으로 전망된다. 그렇게 전망되는 미래 사회에 두 가지 준비가 필요해 보인다. 하나는 한 사회의 구성원들 사이에 어떤 사회제도를 준비하고 합의할 것인지 문제이다. 다른 하나는 구성원들이 미래를 위해 어떤 준비를 할 것인지, 다시 말해서 어떤 교육을 할 것인지 문제이다. 그런 중요하고도 시급한 두 문제 해결을 위해 필요한 것이 바로 창의적 사고일 것이다.

* * *

2011년 8월 대전 한국과학기술원(KAIST)에서 열린 제5회 아시안 사이언스 캠프(ASC)에 참석했던 과학 노벨상 수상자 7명(조레스 알표로프, 고바야시 마코토, 더글러스 오셔로프, 고시바 마사토시, 리위안저, 아론 치에하노베르, 로저 콘버그)은 한국 사회에 이렇게 조언했다. 창의성을 기르기 위해 "아무것도 믿지 말라. 항상 의심하라!" 2021년 4월 한 일간지에, 한국과학기술원 총장에 취임한 이광형 교수는 「학생들은 이제 공부 덜하고 독서와 질문하게 해야」라는 제목의 글을 실었다. 여기에서 "공부 덜하라"는 말은 전공 공부에만 전념하지 말고 넓게 세상을 볼 통섭적 공부를 하라는 말로 나는 해석한다. 그리고 "질문하게 해야" 한다는 말은 철학의 비판적 사고를 통해 키워질 수 있다고 생각한다.

지금 한국에서는 거의 모든 연구 기관에 '창의'라는 용어를 앞에 붙이며, 그렇지 않더라도 창의성이 매우 중요하다고 강조한다. 그러나 정작 창의성 자체가 무엇인지 반성은 없고, 그것을 위해 지금 무엇을 실천할 것인지 관심이 적다. 그래서 현재 교육은 창의성을 키우는 방향과는 거의 무관한 방향으로 진행되고 있다. 이 책에서 결론으로 이야기했듯이, 창의적 사고를 위해 필요한 것이 통섭 공부와 함께 비판적 사고이다. 통섭 공부 혹은 연구를 위한 소양으로 인문계와 자연계의 구분을 없애거나 줄여야 한다는 것은 거의 진행되고 실천되는 중인 것 같다. 그렇지만 비판적 사고를 키우는 교육은 전혀 진행되지 않는 것 같다.

그렇다고 이 책을 읽고 누군가 다음과 같은 상황을 만들지 않기를 나는 미리 이야기해두고 싶다. 비판적 사고를 위해 철학을 교육해야 하므로 철학과 졸업생들에게 교사 자격증을 주어 중등학교 교사로 채용하자는 제안 같은 것 말이다. 이런 제안이 적극적인 것이기는 하지만, 대학의 학부 과정을 공부한 수준에서 철학을 가르친다는 생각은 경계되어야 한다. 한국에서 철학 공부가 그리 만만치 않아서, 적어도 박사를 마치는 정도는 되어야 어느 정도 나름 철학적 사유를 할 수 있을 것 같기 때문이다. 실제로 프랑스와 독일 등의 고등학교 과정에서 철학 교육은 박사학위를 받은 교사에 의해 진행된다고 한다. 더구나, 이 책에서 보여주고 강조하였듯이, 과학이나 여타 학문에 관한 공부 없이 이루어지는 철학 공부는 거의 어리석은 철학으로 인도될 가능성이 크다. 다른 전공 학부 과정을 마친 후 철학을 본격적으로 공부하도록 하는 것은 철학 교사 육성을 위한 좋은 방안이 될 것 같다. 그러므로 철학 교사 육성 문제는 지금 서둘러 시작해도 짧지 않은 세월을 기다려야 한다. 게다가 지금 한국에서 철학과는 폐과되는 중이라서, 그나마도 철학자 양성조차 어려운 상황으로 가고 있다. 그렇지만 현재 사범대 학생들이 졸업 후 철학을 공부하게 한다면, 훌륭한 철학 교육자를 양성하는 일이 가능할 수도 있을 것 같다.

철학자 박제윤

jeyounp@naver.com

참고문헌

Ager, Jon(2001). *Turing and the Universal Machine: The Making of the Modern Computer*. Icon Books UK and Totem Books USA. (이정 옮김. 『수학 천재 튜링과 컴퓨터 혁명』. 몸과 마음, 2003)

Anderson, J. A. and M. C. Mozer(1981). "Categorization and selective neurons". in J. A. Anderson and G. E. Hinton, *Parallel Models of Associative Memory*.

Anderson, S. W., A. Bechara, H. Damasio, D. Tranel and A. R. Damasio(1999). "Impairment of social and moral behavior related to early damage in human prefrontal cortex". *Nature Neuroscience* 2, 1032-1037.

Andreasen, Nancy C.(2005). *The Creative Brain: The Science of Genius*. A Plume Book. (유은실 옮김. 『천재들의 뇌를 열다』. 허원미디어, 2006)

Aune, Bruce(1970). *Rationalism, Empiricism, and Pragmatism: An Introduction*. New York: Random House.

Bacon, Francis(1620). *Novum Organum*. (진석용 옮김. 『신기관』. 한길사, 2001)

Baer, John(1998). "The Case for Domain Specificity of Creativity".

Creativity Research Journal 11(2), 173-177.

Bak, Per(1996). *How Natural Work: The Self-organized Criticality.* (정형채·이재우 옮김. 『자연은 어떻게 움직이는가: 복잡계로 설명하는 자연의 원리』. 한승, 2012)

Ballard, William W.(1986). "Stages and rates of normal development in the holostean fish". *Journal of Experimental Zoology: Developmental and Cellular Biology* 238(3), 337-354.

Baars, Bernard J.(1989). *A Cognitive Theory of Consciousness.* Cambridge University Press.

Bashour, Bana and Hans D. Muller eds.(2013). *Contemporary Philosophical Naturalism and Its Implications.* (뇌신경철학연구회 옮김. 『현대 철학적 자연주의』. 철학과현실사, 2021)

Bechtel, William(1988). *Philosophy of Science: An Overview for Cognitive Science.* London: Lawrence Erlbaum Associates.

Bechtel, William and Adele Abrahamsen(1991). *Connectionism and the Mind: An Introduction to Parallel Processing in Networks.* Cambridge, MA: Blackwell Publishers.

Becker, Madelle(1995). "Nineteenth-Century Foundation of Creativity Research". *Creativity Research Journal* 8(3), 219-229.

Bernecker, S. and Fred Dretske eds.(2000). *Knowledge: Readings in Contemporary Epistemology.* Oxford University Press.

Borchert, Donald M. ed.(2005). *Encyclopedia of Philosophy*, 2nd ed. Thomson Gale, Macmillan Reference.

Briskman, Larry(1981). "Creative Product and Creative Process in Science and Art". *Inquiry* 23(1), 83-106.

Bullock, T. H.(1984). "Comparative neuroscience holds promise for quiet revolutions". *Science* 225, 473-478.

Buchler, Justus ed.(1955). *Philosophical Writings of Peirce.* Dover

Publications.

Carnap, Rudolf(1936). "Testability and Meaning". *Philosophy of Science* 3, 419-471.

Carnap, Rudolf(1934, 1959). *The Logic of Scientific Discovery*. Basic Books. (박우석 옮김. 『과학적 발견의 논리』. 고려원, 1994)

Carnap, Rudolf(1950). *Logical Foundations of Probability*. The University of Chicago Press.

Carnap, Rudolf(1966). *Philosophical Foundation of Physics: An Introduction to the Philosophy of Science*. Basic Books. (윤용택 옮김. 『과학철학 입문』. 서광사, 1993)

Carson, Shelley(2010). *Your Creative Brain: Seven Steps to Maximize Imagination, Productivity, and Innovation in Your Life*. Harvard Health Publications, Harvard University.

Chalmers, A. F.(1978, 1982, 1999). *What is This Thing Called Science?* Open University Press. (신중섭 외 옮김. 『과학이란 무엇인가?』. 서광사, 2012)

Churchland, Patricia S.(1982). "Mind-brain reduction: New light from the philosophy of science". *Neuroscience* 7, 1041-1047.

Churchland, Patricia S.(1986). *Neurophilosophy*. Cambridge, MA: The MIT Press. (박제윤 옮김. 『뇌과학과 철학』. 철학과현실사, 2006)

Churchland, Patricia S.(1987). "Epistemology in the age of neuroscience". *The Journal of Philosophy* Vol. 84, No. 10, Eighty-Fourth Annual Meeting American Philosophical Association, Eastern Division, 544-553.

Churchland, Patricia S.(1990). "Is neruoscience relevant to philosophy?". *Canadian Journal of Philosophy: Supplementary* Vol. 16, 323-341.

Churchland, Patricia S.(1992, 1999). *The Computational Brain*. Cambridge, MA: The MIT Press.

Churchland, Patricia S.(2002a). *Brain-Wise: Studies in Neurophilo-sophy*. Cambridge, MA: The MIT Press. (박제윤 옮김. 『뇌처럼 현명하게: 신경철학 연구』. 철학과현실사, 2015)

Churchland, Patricia S.(2002b). "Neural worlds and real worlds". *Natural Reviews Neuroscience* 3(11), 903-907.

Churchland, Patricia S.(2003). "The neural mechanism of moral cognition: A multiple-aspect approach to moral judgment and decision-making". *Biology and Philosophy* 18, 169-194. the Netherlands: Kluwer Academic Publishers.

Churchland, Patricia S.(2005). "Moral decision-making and the brain". *Neuroethics: Defining the Issues in Theory, Practice, and Policy.* ed. Judy Illes. Oxford University Press.

Churchland, Patricia S.(2013). *Touching a Nerve: The Self as Brain.* (박제윤 옮김. 『신경 건드려보기: 자아는 뇌라고』. 철학과현실사, 2014)

Churchland, Patricia S. and Terrence J. Sejnowski(1990). "Neural Representation and Neural Computation". *Philosophical Perspectives* Vol. 4, 15-48.

Churchland, Patricia S. and Terrence J. Sejnowski(1992, 1999). *The Computational Brain.* Cambridge, MA: The MIT Press.

Churchland, Paul M. and Patricia S. Churchland(2002). "Neural worlds and real worlds". *Nature Reviews Neuroscience* 3, 903-907.

Churchland, Paul M.(1979). *Scientific Realism and the Plasticity of Mind.* Cambridge: Cambridge University Press.

Churchland, Paul M.(1981). "Eliminative Materialism and the Propositional Attitudes". *The Journal of Philosophy* Vol. 78, No. 2, 67-90.

Churchland, Paul M.(1984, revised 1988). *Matter and Consciousness.* Cambridge: The MIT Press. (석봉래 옮김. 『물질과 의식: 현대심리 철학입문』. 서광사, 1992)

Churchland, Paul M.(1989). *A Neurocomputational Perspective: The Nature of Mind and the Structure of Science.* Cambridge, MA: The MIT Press.

Churchland, Paul M.(1996a). "McCauley's Demand for a Co-level Competitor". *The Churchlands and their Critics.* ed. R. N. McCauley. Cambridge, MA: The MIT Press, 222-231.

Churchland, Paul M.(1996b). "Clark's connectionist defense of folk psychology". *The Churchlands and their Critics*, 250-255.

Churchland, Paul M.(1996c). "Fodor and Lepore: State-space semantics and meaning holism". *The Churchlands and their Critics*, 272-277.

Churchland, Paul M.(1996d). "Second reply to Fodor and Lepore". *The Churchlands and their Critics*, 278-283.

Churchland, Paul M.(1996e). *The Engine of Reason, the Seat of the Soul: A Philosophical Journey into the Brain.* Cambridge, MA: The MIT Press.

Churchland, Paul M.(2012). *Plato's Camera: How the Physical Brain Captures a Landscape of Abstract Universals.* Cambridge, MA: The MIT Press (박제윤 옮김. 『플라톤의 카메라: 뇌 중심 인식론』. 철학과현실사, 2016)

Churchland, Paul M. and Patricia S. Churchland(2001). "Intertheoretic Reduction: A Neuroscientist's Field Guide". *Philosophy and the Neurosciences: A Reader.* Blackwell, 41-54.

Churchland, Paul M. and Patricia S. Churchland(1998). *On the Contrary: Critical Essays, 1987-1997.* Cambridge, MA: The MIT

Press.

Clark, Andy(1990). "Connectionism, competence and explanation". *British Journal for the Philosophy of Science* 41, 195-222.

Clark, Andy(1996). "Dealing in future: Folk psychology and the role of representations in cognitive science". *The Churchlands and their Critics*, 86-103.

Clark, Andy(2001). *Mindware: An Introduction to the Philosophy of Cognitive Science*. New York and Oxford: Oxford University Press.

Clark, E. and C. D. O'Malley(1968). *The Human Brain and Spinal Cord: A Historical Study Illustrated by Writings from Antiquity to the 20th Century*. Berkeley and Los Angeles: University of California Press.

Collingwood, Robin George(1945, 1960). *The Idea of Nature*. Oxford: Clarendon Press. (유원기 옮김. 『자연이라는 개념』. 이제이 북스, 2004)

Cottrell, Garrison(1991). "Extracting features from faces using com-pression network: Face, identity, emotions and gender recognition using holons". in D. Touretzky, J. Elman, T. Sejnowski and G. Hinton eds. *Connectionist Models: Proceedings of the 1990 Summer School*. San Mateo, CA: Morgan Kaufmann.

Cottrell, Garrison W. and Janet Metcalfe(1990). "EMPATH: face, emotion, and gender recognition using holons". *NIPS'90: Proceedings of the 3rd International Conference on Neural Information Processing Systems*, 564-571.

Cottrell, Garrison W. and M. K. Fleming(1990). "Face recognition using unsupervised feature extraction". in *Proceedings of the International Neural Network Conference*. Paris.

Cummins, Robert and Denise D. Cummins eds.(2000). *Minds, Brains, and Computers: The Foundations of Cognitive Science An Anthology*. Blackwell Publishers.

Darwin, Charles(1859). *On the Origin of Species by Means of Natural Selection*. (송철용 옮김. 『종의 기원』. 동서문화사, 2016)

Descartes, René(1644). *Principia philosophiae*. apud Ludovicum Elzevirium. (원석영 옮김. 『철학의 원리』. 아카넷, 2012)

Dehaene, Stanislas(2014). *Consciousness and the Brain*. (박인용 옮김. 『뇌의식의 탄생: 생각이 어떻게 코드화되는가?』. 한언, 2017)

Dennett, D.(1978). *Brainstorms: Philosophical Essays on Mind and Psychology*. Cambridge, MA: MIT Press.

Edelman, Gerald(1992). *Bright Air, Brilliant Fire: On the Matter of the Mind*. Basic Books. (황희숙 옮김. 『신경과학과 마음의 세계』. 범양사, 2006)

Einstein, Albert(1922). *The Meaning of Relativity*. Princeton and Oxford: Princeton University Press. (고종숙 옮김. 『상대성이란 무엇인가』. 김영사, 2011)

Einstein, Albert(1923). "Fundamental ideas and problems of the theory of relativity". in *Lecture Delivered to the Nordic Assembly of Naturalists at Gothenburg*.

Einstein, Albert(1961). *Relativity: The Special and the General Theory*. translated by Robert W. Lawson. New York: Three Rivers Press. (장헌영 옮김. 『상대성이론: 특수상대성이론과 일반상대성이론』. 지식을 만드는 지식, 2008)

Farber, I., W. Peterman and P. S. Churchland(2001), "The view from here: the non-symbolic structure of spatial representation". *The Future of Cognitive Science*. ed. J. Branquinho. Oxford: Oxford University Press.

Feyerabend, Paul(1975, 1988, 1993). *Against Method*. London: NLB, Atlantic Highlands, Humanities Press. (정병훈 옮김. 『방법에의 도전』. 한겨레, 1987)

Feyerabend, P. K.(1981). *Realism, Rationalism & Scientific Method: Philosophical Papers* Vol. 1. Cambridge: Cambridge University Press.

Fisher, Alec(2001). *Critical Thinking: An Introduction*. Cambridge University Press. (최원배 옮김. 『피셔의 비판적 사고』. 서광사, 2010)

Fodor, J. and E. Lepore(1992). *Holism: A Shopper's Guide*. Oxford, Cambridge: Blackwell Publishers.

Fodor, J. and E. Lepore(1996). "Paul Churchland and state space semantics". *The Churchlands and their Critics*, 145-162.

Fodor, Jerry A.(1975). *The Language of Thought*. New York: Crowell. (Paperback ed.(1979). Cambridge, MA: Harvard University Press.)

Fox, P. T. and K. J. Friston(2012). "Distributed processing: distributed function?". *Neuroimage* 61, 407-426.

Frege, Gottlob(1919). "Function and concept". *Translating from The Philosophical Writings of Gottlob Frege*. eds. Peter Geach and Max Black. Oxford: Bail Blackwell.

Fuster, J. M.(1995). *Memory in the Cerebral Cortex*. Cambridge: The MIT Press.

Gardner, Martin ed.(1966). *Rudolf Carnap Philosophical Foundations of Physics: An Introduction to the Philosophy of Science*. New York and London: Basic Books, Inc. Publishers.

Gardner, H.(1993). *Creating Mind: An anatomy of creativity seen through the lives of Freud, Einstein, Picasso, Stravinsky, Eliot,*

Graham, and Gandhi. New York: Basic. (임재서 옮김.『열정과 기질: 거장들의 삶에서 밝혀낸 창조성의 조건』. 북스넷, 2004)

Gettier, Edmund L.(1963). "Is justified true belief knowledge?". *Analysis* 23, 121-123(Oxford: Blackwell Publishers). (Reprinted in Sven Bernecker and Fred Dretske eds.(2000). *Knowledge: Readings in Contemporary Epistemology.* Oxford University Press)

Gillispie, Charles Coulston(1988). *The Edge of Objectivity.* Princeton University Press. (이필렬 옮김.『객관성의 칼날: 과학 사상의 역사에 관한 에세이』. 새물결, 1999)

Godfrey-Smith, Peter(2003). *An Introduction to the Philosophy of Science: Theory and Reality.* Chicago and London: The University of Chicago Press.

Hammer, Martin(1993). "An identified neuron mediates the unconditioned stimulus in associative olfactory learning in honeybees". *Nature* 366(4), 55-63.

Hanson, Norwood Russell(1958). *Patterns of Discovery: An Inquiry Into The Conceptual Foundations of Science.* UK: the Press of the University of Cambridge. (송진웅·조숙경 옮김,『과학적 발견의 패턴: 과학의 개념적 기초에 대한 탐구』. 사이언스북스, 2007)

Hawkins, Robert D. and Eric R. Kandel(1984). "Steps toward a cell-biological alphabet for elementary forms of learning". in G. Lynch, J. L. McGaugh and N. M. Weinberger eds.(1984). *Neurobiology of Learning and Memory,* 385-404.

Hebb, Donald O.(1949). *The Organization of Behavior: A Neuropsychological Theory.* New York: Wiley.

Heisenberg, Werner(1958, 1959). *Physics and Philosophy.* (최종덕 옮김.『철학과 물리학의 만남』. 도서출판 한겨레, 1985)

Heisenberg, Werner(1969). *Der Teil und das Ganze: Gesspräche im*

Umkreis der Atomphysik. (김용준 옮김. 『부분과 전체』. 지식산업사, 1982, 1995, 2005, 2016)

Heisenberg, Werner(1990). *Physics and Philosophy.* (구승회 옮김. 『하이젠베르크의 물리학과 철학』. 도서출판 온누리, 1993, 2011)

Hempel, Carl G.(1966). *Philosophy of Natural Science.* Princeton University Press. (곽강제 옮김. 『자연과학의 철학』. 서광사, 2010)

Hempel, Carl G.(1966). *Philosophy of Natural Science.* Englewood Cliffs, NJ: Prentice-Hall. (김유항 옮김. 『과학철학』. 인하대학교 출판부)

Henry, John(2012). *A Short History of Scientific Thought.* Macmillan. (노태복 옮김. 『서양과학사상사』. 책과 함께, 2013)

Herschbach, Dudley(2008). "Einstein as a Student". in *Einstein for the 21st Century*, Princeton University Press.

Hirstein, William(2004). *On The Churchlands.* Canada: Wadsworth.

Hudson, Donnal L. and Maurice E. Cohen(2000). *Neural Networks and Artificial Intelligence for Biomedical Engineering.* New York: Institute of Electrical and Electronics Engineers.

Hume, D.(1737, 1748). *An Enquiry Concerning Human Understanding.* reprinted in 1964. Chicago: The Great Books Foundation. (김혜숙 옮김. 『인간의 이해력에 관한 탐구』. 지식을 만드는 지식, 2012)

Hume, D.(1911, 1920, 1926). *A Treatise of Human Nature: In Two Volumes*, Volume 1. London and Toronto: J. M. Dent & Sons LTD; New York: E. P. Dutton & CO. (이준호 옮김. 『인간 본성에 관한 논고』. 서광사, 2008)

Hüther, Gerald(2015). *Etwas mehr Hirn, bitte.* (김의철 옮김. 『창의성과 행복한 삶』. 교육과학사, 2018)

Jackson, F.(1982). "Epiphenomenal qualia". *Philosophical Quarterly*

32, 127-136.

Jackson, J. Hughlings(1864). "Loss of speech with hemiplegia on the left side, valvular disease, epiloptiform convulsions affect the side paralyzed". *Medical Times Gazette* 2, 166. (Reprinted in James Taylor ed.(1932). *Selected Writings of John Hughlings Jackson.* 2 vols. London: Staples Press)

James, William(1907). *Pragmatism.* (정해창 편역.『실용주의』(대우고 전총서 022). 아카넷, 2008, 2015)

Jason, G.(1989). *The Logic of Discovery.* New York: Peter Lang.

Kandel, Eric R.(2006). *In Search of Memory.* (전대호 옮김.『기억을 찾아서: 뇌과학의 살아 있는 역사 에릭 캔델 자서전』. RHK, 2014)

Kaplan, Jerry(2016). *Artificial Intelligence: What Everyone Needs to Know.* (신동숙 옮김.『인공지능의 미래: 상생과 공존을 위한 통찰과 해법들』. 한스미디어, 2017)

Kaas, J. H., M. Sur and J. T. Wall(1981). "Modular segregation of functional cell classes within the postcentral somatosensory cortex of monkeys". *Science* Vol. 212, Issue 4498, 1059-1061.

Keeley, Brian L. ed.(2006). *Paul Churchland.* Cambridge: Cambridge University Press.

Kim, Jaegwon(1988). "What is 'naturalized epistemology'?". *Philosophical Perspective* vol. 2, *Epistemology*, 381-405.

Kohonen, T., P. Lehtiö, J. Rovamo, J. Hyvärinen, K. Bry and L. Vainio(1977). "A principle of neural associative memory". *Neuroscience* 2(6), 1065-1076.

Kolb, B. and I. Q. Whishaw(1984). "Decortication abolishes place but not cue Learning in rats". *Behavioral Brain Research* 11(2), 123-134.

Kornblith, Hilary(1985). "Introduction: What is naturalistic epistemology?". *Naturalizing Epistemology*. ed. H. Kornblith. Cambridge, MA: The MIT Press.

Kuhn, Thomas(1962, 1970). *The Structure of Scientific Revolutions*, 2nd ed. Chicago: University of Chicago Press. (김명자·홍성욱 옮김. 『과학혁명의 구조』. 까치, 1999, 2013, 2015)

Kuhn, Thomas S.(1992). *The Copernican Revolution*, revised edition. (정동욱 옮김. 『코페르니쿠스 혁명』. 지식을 만드는 지식)

Kurzweil, Ray(2012). *How to Create a Mind: The Secret of Human Thought Revealed*. (윤영삼 옮김. 『마음의 탄생: 알파고는 어떻게 인간의 마음을 훔쳤는가?』. 크레센도, 2020)

Lakatos Imre(1978). *The Methodology of Scientific Research Programmes*. (신중섭 옮김. 『과학적 연구 프로그램의 방법론』. 아카넷, 2002)

Lassègue, Jean(1998). *Turing*. Les Belles Lettres. (임기대 옮김. 『인공지능 창시자 튜링』. 동문집)

Lawson, A. E.(2001). "Promoting Creative and Critical Thinking Skill, College Biology". *Bioscene* 27(1), 13-24.

Levitin, Daniel J.(2006). *This Is Your Brain*. Mati Pub. (장호연 옮김. 『뇌의 왈츠 세상에서 가장 아름다운 강박』. 도서출판 마티)

Locke, John(1690). *Locke: An Essay Concerning Human Understanding*, selections, No. 12, Chicago: The Great Books Foundation.

Locke, John(1690, 2013). *Two Treatises of Government*: A Translation into Modern English. (마도경 옮김. 『시민정부론』. 다락원, 2009)

Long, A.(1987). *The Hellenistic Philosophers*. Cambridge: Cambridge University Press.

Losee, John(1972, 2001). *A Historical Introduction to the Philosophy of Science*. Oxford University Press. (최종덕·정병훈 옮김. 『과학 철학의 역사』. 도서출판 한겨레, 1986; 동연출판사, 1998)

Mandler, G.(1994). "Hypermnesia, incubation, and mind popping: On remembering without really trying". in C. Umilita and M. Moscovitch. *Attention and Performance* XV. Cambridge, MA: MIT Press.

McCauley, Robert N.(1986). Intertheoretic relations and the future of psychology, *Philosophy of Science* Vol. 53/2, 179-199.

McCauley, Robert N.(1996). "Explanatory Puralism and The Co-evolution of Theories in Science". *The Churchlands and their Critics*, 17-47.

McClellan III, James E. and Harold Dorn(1999). *Science and Technology in World History: An Introduction*. The Johns Hopkins University Press. (전대호 옮김. 『과학과 기술로 본 세계사 강의』. 모티브북스, 2006)

McCulloch, W. S. and W. Pitts(1943). "A logical calculus of the ideas immanent in nervous activity". *Bulletin of Mathematical Biophysics* 5, 115-133.

McGurk, H. and J. MacDonald(1976). "Hearing lips and seeing voices". *Nature* Vol. 264(5588), 746-748.

Miller, A. I.(1996). *Insight of Genius: Imagery and Creativity in Science and Art*. New York, NY: Copernicus. (김희봉 옮김. 『천재성의 비밀: 과학과 예술에서의 이미지와 창조성』. 사이언스북스 2001)

Morris, Kline(1980). *Mathematics: The Loss of Certainty*. (심재관 옮김. 『수학의 확실성』. 사이언스북스)

Moruzzi, Giuseppe and Horace W. Magoun(1949). "Brain stem reticular formation and activation of the EEG". *Electroencephalogr.*

Clin. Neuro. 1, 455-473.

Munitz, Lenore B.(1981). *Contemporary Analytic Philosophy*. (박영태 옮김. 『현대 분석 철학』. 서광사)

Nagel, Ernest(1961). *The Structure of Science*. New York and Burlingame. (전영삼 옮김. 『과학의 구조』. 아카넷)

Nagel, Thomas(1974). "What is it like to be a bat?". *Philosophical Review* 83, 435-450.

Newton, Isaac(1687). *Mathematical Principles of Natural Philosophy*. translated Andrew Motte, 1729. revised Florian Cajori, 1934. *Sir Isaac Newton's Principia*. Vol. 1, *The Motion of Bodies*, Vol. 2, *The System of the World*. (이무현 옮김. 『프린키피아 1, 2, 물체들의 움직임』. 교우사)

Newton, Isaac(1704). *Optics*. Commentary, Nicholas Humez. ed., Octavo, 1998. Opticks or, a treatise of the reflexions, refractions, inflexions and colours of light: also two treatises of the species and magnitude of curvilinear figures. Palo Alto, Calif.: Octavo.

Nickles, T.(1980). "Introductory Essay: Scientific Discovery and The Future of Philosophy of Science". in Thomas Nickles ed. *Scientific Discovery, Logic, And Rationality*. Dordrecht, Holland and Boston.

Nieuwenhuys, R., J. Voogd and C. van Huijzen(1981). *The Human Central Nervous System: A Synopsis and Atlas*. New York: Springer-Verlag.

Oaksford, M. and N. Chater(1991). "Against logicist cognitive science". *Mind and Language* Vol. 6/1, 1-18.

O'Keefe, J. and J. Dostrovsky(1971). "The hippocampus as a spatial map. Preliminary evidence from unit activity in the freely moving rat". *Experimental Brain Research* 34, 171-175.

Olds, James and Peter Milner(1954). "Positive reinforcement produced by electrical stimulation of septal area and other regions of rat brain". *Journal of Comparative and Physiological Psychology* 47(6), 419-427

Packard, M. and L. Teather(1997), "Double dissociation of hippocampal and dorsal-striatal memory systems by posttraining intracerebral injections of 2-amino-5-phosphonopentanoic acid". *Behavioral Neuroscience* 111, 543-551.

Packard, M. and L. Teather(1998). "Amygdala modulation of multiple memory systems: hippocampus and caudate-putamen". *Neurobiology of Learning and Memory* 69, 163-203.

Pellionisz, A.(1985). "Tensorial aspects of the multidimensional approach to the vestibulo-oculomotor reflex and gaze". *Adaptive Mechanisms in Gaze Control*. eds. A. Berthoz and G. Melvill Jones. Amsterdam: Elsevier, 231-296.

Pellionisz, A., R. Llinás and D. H. Perkel(1977). "A computer model of the cerebellar cortex of the frog". *Neuroscience* 1977, 2(1), 19-35.

Penfield, W. and T. Rasmussen(1950). *The Cerebral Cortex of Man: A Clinical Study of Localization of Function.* Macmillan.

Penrose, Roger(1989). *Emperor's New Mind.* Oxford University Press. (박승수 옮김. 『황제의 새 마음』. 이화여자대학교 출판부, 1996)

Pinker, S. and A. Prince(1988). "On language and connectionism: Analysis of a parallel distributed processing model of language acquisition". *Cognition* 28, 73-193.

Pinker, S. and A. Prince(1996). "The nature of human concepts/ evidence from an unusual source". *Communication & Cognition* Vol. 29, 3/4, 307-362.

Pinker, Steven(1994). *The Language Instinct.* (김한영 · 문미선 · 신호

식 옮김. 『언어 본능: 정신은 어떻게 언어를 창조하는가?』. 도서출판 그린비)

Pinker, Steven(1997). *How the Mind Works?* (김한영 옮김. 『마음은 어떻게 작동하는가?』. 동녘사이언스, 2007)

Pitts, W. and W. S. McCulloch(1947). "How we know universals: the perception of auditory and visual forms". *Bulletin of Mathematical Biophysics* 9, 127-147.

Popper, Karl(1934). *The Logic of Discovery.* translation of *Logik der Forschung.* London: Hutchinson, 1959. (박우석 옮김. 『과학적 발견의 논리』. 고려원, 1994)

Popper, Karl R. and John C. Eccles(1977). *The Self and Its Brain,* Parts 1 and 2. Berlin: Springer-International.

Prinz, Jesse J.(2002). *Furnishing the Mind: Concepts and Their Perceptual Basis.* Cambridge, MA: The MIT Press.

Putnam, Hilary(1967). "The Nature of Mental States". *Art, Mind, and Religion.* eds. W. H. Capitan and D. D. Merrill. Pittsburgh University Press, 37-48.

Putnam, Hilary(1981). "Why reason can't be naturalized". *Realism and Reason: Philosophical Papers* Vol. 3. Cambridge: Cambridge University Press, 229-247.

Quine, Willard V. O.(1951). "Two dogmas of empiricism". *The Philosophical Review* 60, 20-43. (Reprinted in W. V. O. Quine (1953). *From a Logical Point of View.* Harvard University Press; second, revised edition 1961) (허라금 옮김. 『논리적 관점에서』. 서광사, 1993)

Quine, Willard V. O.(1948). "On what there is". *From a Logical Point of View.* Cambridge, MA: Harvard University Press, 1-19.

Quine, Willard V. O.(1960). *Word and Object.* Cambridge, MA: MIT

Press.

Quine, Willard V. O.(1969). "Epistemology Naturalized". *Ontological Relativity and Other Essays*. New York: Colombia University Press, 69-90.

Quine, Willard V. O.(1970). "On the reason for indeterminacy of translation". *The Journal of Philosophy* vol. 67.

Quine, Willard V. O.(1978). *The Web of Belief*. New York: Random House. (정대현 옮김. 『인식론: 믿음의 거미줄』. 종로서적)

Quine, Willard V. O.(1990). *Pursuit of Truth*. Cambridge, MA: Harvard University Press.

Ramsey, William, Stephen, Stich and Joseph Garon(1990). "Connectionism, eliminativism and the future of folk psychology". Philosophical Perspectives 4. *Action Theory and Philosophy of Mind*, 499-533.

Real, Leslie(1991). "Animal choice behavior and the evolution of cognitive architecture". *Science* 253(5023), 980-986.

Root-Bernstein, Robert and Michéle(1999). *Sparks of Genius*. Boston, MA: Houghton Mifflin Co. (박종성 옮김. 『생각의 탄생: 다빈치에서 파인먼까지 창조성을 빛낸 사람들의 13가지 생각 도구』. 에코의 서재, 2007)

Rose, John(1972, 2001). *A Historical Introduction to the Philosophy of Science*. Oxford University Press. (최종덕 옮김. 『과학철학의 역사』. 동연, 1999)

Rosenblatt, F.(1958). "The perceptron: A probabilistic model for information storage and organization in the brain". *Psychological Review* 65, 368-408. (Reprinted in James A. Anderson and Edward Rosenfeld eds.(1988). *Neurocomputing: Foundations of Research*. Cambridge, MA: MIT Press, 89-114)

Rosenblatt, F.(1962). *Principles of Neurodynamics: Perceptrons and the Theory of Brain Mechanism*. Washington, D.C.: Spartan Books.

Ross, W. D. translated. *The Metaphysics* of Aristotle. New York: Random House.

Rumelhart D. E. and J. L. McClelland(2000). "On learning the past tenses of english verbs". *Mind, Brains, and Computers: The Foundations of Cognitive Science An Anthology*. Robert Cummins and Denise Dellarosa Cummins eds. Blackwell.

Rumelhart D. E., J. L. McClelland and the PDP Research Group (1986). *Parallel Distributed Processing: Explorations in the Microstructure of Cognition*, Vol. 1: Foundations, Cambridge, MA: MIT Press/Bradford Books.

Rumelhart, D. E., G. E. Hinton and R. J. Williams(1986a). "Learning internal representations by error propagation". in Rumelhart, McClelland and the PDP Research Group(1986), chapter 8.

Rumelhart, D. E., G. E. Hinton and R. J. Williams(1986b). "Learning representations by back-propagating errors". *Nature* 323, 533-536.

Russell, Bertrand(1905). "On denoting". *Logic and Knowledge*. Robert C. Marsh ed.(1956). New York: The Macmillan Co.

Russell, Bertrand(1911). "Knowledge by acquaintance and knowledge by description". *Mysticism and Logic and Other Essays*(1919). London: George Allen and Unwin LTD.

Russell, Bertrand(1940). *An Inquire into Meaning and Truth*. London.

Salmon, Wesley C.(1967). *The Foundations of Scientific Inference*. University of Pittsburgh Press. (양승렬 옮김. 『과학적 추론의 기초』. 서광사, 1994)

Salmon, Wesley C.(1984). *Logic*. Prentice-Hall.

Schiff, Nicholas D. et al.(2007). "Behavioural improvements with thalamic stimulation after severe traumatic brain injury". *Nature* 448(2), 600-604.

Schultz, Wolfram(1998). "Predictive reward signal of dopamine neurons". *Journal of Neurophysiology* 80(1), 1-27.

Schultz, W., P. Dayan and P. R. Montague(1997). "A neural substrate of prediction and reward". *Science* 275, 1593-1599.

Searle, John R.(1980). "Minds, brains, and programs". *Behavioral and Brain Science* 3(3), 417-457.

Sejnowski, Terrence J. and C. R. Rosenberg(1987). "Parallel networks that learn to pronounce English text". *Complex Systems* 1, 145-168.

Sejnowski, Terrence J. and Patricia S. Churchland(1989). "Brain and cognition". *Foundations of Cognitive Science*. Michael I. Posner ed. Cambridge, MA: The MIT Press.

Smith, David Livingstone(2002). *How Biology Shapes Philosophy: New Foundations for Naturalism*. (뇌신경철학연구회 옮김. 『생물학이 철학을 어떻게 말하는가: 자연주의를 위한 새로운 토대』. 철학과현실사, 2020)

Sober, Elliott(1948). *Philosophy of Biology*. (민찬홍 옮김. 『생물학의 철학』. 철학과현실사, 2000)

Steptoe, A.(1998). *Genius and The Mind*. Oxford University Press. (조수철 외 옮김. 『천재성과 마음』. 학지사, 2008)

Sternberg, R. J. and T. I. Lubart(1999). "The Concept of Creativity: Prospects and Paradigms". in R. J. Sternberg ed. *Handbook of Creativity*. Cambridge, UK and New York: Cambridge University Press.

Taylor, Charles(1971). "Interpretation and the sciences of man". *Review of Metaphysics* 25, 1-32, 35-45. (Reprinted in Charles Taylor(1985). *Philosophical Papers*: Vol. 2. *Philosophy and the*

Human Sciences. Cambridge: Cambridge University Press)

Thompson, R. F.(1967). *Foundations of Physiological Psychology*. New York: Harper and Row.

Turing, A. M.(1937). "On computable numbers, with an application to the Entscheidungsproblem". *Proceedings of the London Mathematical Society* 42, 230-265.

Turing, A. M.(1950). "Computing machinery and intelligence". *Mind* 59, 433-460.

von Békésy, G.(1960). *Experiments in Hearing*. New York: Mc-Graw-Hill.

von Neumann, J.(1956). "Probabilistic logics and the synthesis of reliable original from unreliable components". in C. E. Shannon and J. McCarthy eds. *Automata Studies*. Princeton, NJ: Princeton University Press.

von Neumann, J.(1958, 1986, 2000). *The Computer and the Brain*. (second ed.) New Haven and London: Yale University Press.

Waldrop, Mitchell(1992). *Complexity*. (김기식 · 박형규 옮김. 『카오스에서 인공생명으로』. 범양사)

Weisberg, R. W.(1999). *Creativity: Understanding Innovation in Problem Solving, Science, Invention, and Arts*. Hoboken, NJ: John Wiley & Sons. (김미선 옮김. 『창의성: 문제 해결, 과학, 발명, 예술에서의 혁신』. 시그마프레스, 2009)

Wernicke, C.(1874). *Der aphasische Symptomenkomplex*. Breslau: Cohn & Weigert.

Wilkes, Kathleen(1984). "Pragmatics in science and theory in common sense". *Inquiry* 27(4), 339-361.

Wilson, Edward O.(1998). *Consilience: The Unity of Knowledge*. (최재천 · 장대익 옮김. 『통섭: 지식의 대통합』. 사이언스북스, 2005)

Winogard, S. and J. Cowan(1963). *Reliable Computation in the Presence of Noise*. Cambridge, MA: MIT Press.

고인석(2000). 「과학이론들 간의 환원」. 『과학철학』 3(2), 21-48.

고인석·이중원(2007). 「현대 생물학의 환원주의적 존재론에 대한 성찰」. 『과학철학』 10(1), 113-137.

권용주·정진수·박윤복·강민정(2003). 「선언적 과학지식의 생성 과정에 대한 과학철학적 연구: 귀납적, 귀추적, 연역적 과정을 중심으로」. 『한국과학교육학회지』 23(3), 215-228.

김기현(2000). 「자연화된 인식론과 인식 규범의 자연화」. 『철학적 분석』 2, 101-120.

김기현(1995). 「자연화된 인식론과 '연결'」. 한국분석철학회 편. 『철학적 자연주의』. 철학과현실사, 77-103.

김도식(1995). 「자연주의적 인식론의 한계」. 한국분석철학회 편. 『철학적 자연주의』. 철학과현실사, 126-149.

김도식(2000). 「전통적 인식론에서 자연화의 대상은 무엇인가」. 『철학적 분석』 2, 79-100.

김도식(2004). 『현대 영미 인식론의 흐름』. 건국대학교 출판부.

김도식(2008). 「자연화된 인식론의 의의와 새로운 '앎'의 분석」. 『철학적 분석』 17, 93-115.

김동식(1995). 「자연주의 인식론의 철학적 의의」. 한국분석철학회 편. 『철학적 자연주의』. 철학과현실사, 39-76.

김동식(1999). 「반표상주의: 어떻게 읽을 것인가?」, 『언어·표상·세계』. 철학과현실사, 15-45.

김동식(2002). 『프래그머티즘』. 아카넷.

김영건(1990). 『비트겐슈타인과 자연주의 철학』. 서강대학교 철학과 박사학위논문.

김영남(1994). 『콰인의 자연주의 인식론』. 고려대학교 철학과 박사학위논문.

김영정(1996). 『심리철학과 인지과학』. 철학과현실사.

김왕동·성지은(2009). 「창의적 인재육성의 근본적 한계와 당면과제」. 과학기술정책연구원, 32.

김유신(2012). 『양자역학의 역사와 철학: 보어, 아인슈타인, 실재론』. 이학사.

김현승(2010). 「과학의 창의성에 대한 철학적 접근: 창의성 연구와 과학적 발견의 관계를 중심으로」. 『과학철학』 13(2), 117-146.

데이비드 흄. 『인간이란 무엇인가』. 김성숙 옮김. 동서문화사, 2009.

르네 데카르트. 『철학의 원리』(대우고전총서 6). 원석영 옮김. 아카넷, 2012.

루트비히 비트겐슈타인. 『논리철학 논고』. 이영철 옮김. 책세상, 2020.

박영태(1996). 「과학적 실재론과 진리」. 『언어·표상·세계』. 철학과현실사, 109-123.

박정일(2010). 『추상적 사유의 위대한 힘: 튜링 & 괴델』(지식인 마을 36). 김영사.

박제윤(1988). 『기술이론에 있어서의 존재론적 문제: 러셀과 콰인을 중심으로』. 인하대학교 철학과 석사학위논문.

박제윤(1993). 「연결주의의 철학적 정당성」. 『정보과학기술』, 176-181.

박제윤(2006). 『과학적 사고에 날개를 달아주는 철학의 나무 1』. 도서출판 함께.

박제윤(2007). 『과학적 사고에 날개를 달아주는 철학의 나무 2』. 도서출판 함께.

박제윤(2008). 「이론간 환원과 제거주의」. 『과학철학』 11(2), 147-171.

박제윤(2009). 「표상의 역할과 환원적 제거주의」. 『과학철학』 12(1), 95-124.

박제윤(2010). 『신경철학의 인식론』. 인하대학교 철학과 박사학위논문.

박제윤(2012). 「처칠랜드의 표상이론과 의미론적 유사성」. 『인지과학』 23(2), 133-164.

박제윤(2013). 「창의적 과학방법으로서 철학의 비판적 사고: 신경철학적 해명」.『한국과학교육학회지』33(1), 144-160.

박제윤(2015). 「홀리스틱 교육의 철학적 기초: 지식 체계에 대한 신경철학의 해명」.『홀리스틱교육연구』19(2), 61-81.

박제윤(2016). 「홀리스틱 교육과 창의적 방법: 신경철학의 해명」.『홀리스틱교육연구』20(4), 19-48.

박제윤(2016). 「통섭의 인문학을 접목한 정신교육 콘텐츠 개발 방향」.『정신전력연구』34, 1-35.

백도형(2003). 「제거주의와 인지적 자살 논변」.『인지철학』14(4), 65-70.

백성혜(2001). 「아르키메데스는 무엇을 발견했을까?」.『화학교육』28(4), 60-67.

백성혜·김윤기·홍예윤·황신영(2012). 「기체입자운동론에 관련된 과학자들의 창의적, 비판적 사고과정에서 나타난 과학철학적 관점의 변화가 과학교육에 주는 함의」.『과학철학』15(1), 79-99.

백성혜·이상희(2011). 「과학의 본성과 과학교육: 과학자의 창의적 사고과정에 대한 이해와 교육에의 적용문제 고찰」. 한국과학철학회 2011년 학술대회논문집, 99-134.

버트런드 러셀.『서양철학사』. 서상복 옮김. 을유문화사, 2020.

스티븐 호킹.『그림으로 보는 시간의 역사』. 김동광 옮김. 까치, 1998.

아리스토텔레스.『형이상학』. 김재범 옮김. 책세상, 2018.

아이작 뉴턴.『아이작 뉴턴의 광학』. 차동우 옮김. 한국문화사, 2018.

양일호·정진수·권용주·정진우·허명·오창호(2006). 「과학자의 과학지식 생성 과정에 대한 심층 면담 연구」.『한국과학교육학회지』26 (1), 88-98.

오종환(1999). 「실용주의에서의 진리와 객관성」,『언어·표상·세계』. 철학과현실사, 46-85.

윤보석(2009).『컴퓨터와 마음: 물리 세계에서의 마음의 위상』. 아카넷.

이남인(2015).『통섭을 넘어서: 학제적 연구와 교육의 활성화를 위한 철학적 성찰』. 서울대학교 출판문화원.

이경화・성은현・최병연・박춘성・전경원・하종덕・한순미(2009).「초 등학교 중학년의 창의성 교육 혁신 방안 연구」.『창의력 교육연구』 9(2), 35-67.

이상욱(2010).「과학자의 창조성은 어디에서 오는가」. 한양대학교 과 학철학교육위원회.『이공계 학생을 위한 과학기술의 철학적 이해』. 한양대학교 출판부, 637-656.

이상원(2007).「패러다임과 과학의 창의성」. 2007년 한국과학철학회 발표집, 190-198.

이영의(1994).「환원론과 인지과학」.『철학연구』 34(1), 173-190.

이영의(2002).「처칠랜드의 연결주의적 과학철학」.『철학탐구』 14, 127-148.

이영의(2004).「무엇이 적절한 연결주의 과학철학인가?」.『철학적 분 석』 9, 33-63.

이정민(2001).「의미 표상과 인지」.『인지과학』. 서울대학교 인지과학 연구소, 155-174.

이원택・박경아(1996).『의학신경해부학』. 고려의학.

이인식(2008).『지식의 대융합』. 고즈윈.

임레 라카토슈 지음, 존 워럴・그레고리 커리 엮음.『과학적 연구 프 로그램의 방법론』. 신중섭 옮김. 아카넷, 2002. (Imre Lakatos, *The Methodology of Scientific Research Programmes*, Cambridge University Press, 1970)

정병훈(2007).「과학적 합리성의 자연화: 제한적 합리성의 의의와 한 계」.『철학연구』 79, 223-252.

정영철(2018).『4차 산업혁명은 통섭과 융합이 주도한다』. 휴먼싸이언 스.

조인래(2006). 「철학 속의 과학주의: 과학철학의 자연화」. 『과학철학』 9(2), 1-33.

조장희·김영보(2018). 『뇌영상으로 보는 뇌과학』(Newton Highlight 82). 아이작뉴턴.

존 로크. 『시민정부론』. 마도경 옮김. 다락원, 2009.

존 로크. 『인간 오성론』. 이재한 옮김. 다락원, 2009.

찰스 다윈. 『종의 기원』. 박동현 옮김. 신원문화사, 2003.

천현득(2006). 「규범적 자연주의와 도구적 합리성」. 『과학철학』 9(2), 101-134.

최재천(2001). 「동물의 인지」. 『인지과학』. 서울대학교 인지과학연구소, 497-538.

임마누엘 칸트. 『순수이성비판』. 백종현 옮김. 아카넷, 2006.

플라톤. 『국가』. 김혜경 옮김. 생각정거장, 2016.

플라톤. 『소크라테스의 변명』. 최홍민 옮김. 고구려미디어, 2011.

홍병선(2002). 「인식론에서의 자연화, 그 철학적 함축」. 『과학철학』 8, 161-184.

홍성욱(2003). 「과학적 창조성, 천재를 어떻게 이해할 것인가」. 『과학사상』, 2003 여름.

홍성욱·이상욱(2004). 『뉴턴과 아인슈타인, 우리가 몰랐던 천재들의 창조성』. 창비.

홍성욱 엮음(2012). 『융합이란 무엇인가: 융합의 과거에서 미래를 성찰한다』. 사이언스북스.

황희숙(1988). 「인식론의 자연화」. 『철학논고』, 37-46.

황희숙(1993). 『인식론적 자연주의와 규범의 문제: Goldman과 Laudan을 중심으로』. 서울대학교 철학과 박사학위논문.

[Websites]

Churchland, Paul M.: https://en.wikipedia.org/wiki/Paul_Churchland

Churchland, Patricia S.: https://patriciachurchland.com/

Clark, Andy: http://www.philosophy.ed.ac.uk/people/clark/publications.
  html

The Center for Naturalism: http://www.naturalism.org/

https://en.wikipedia.org/wiki/Main_Page

http://en.wikipedia.org/wiki/McGurk_effect

http://joongang.joinsmsn.com/article/aid/2011/08/12/5610468.html?cloc
  =nnc

추천사

　'철학하고 싶어 하는 과학자'에게 이 책『철학하는 과학, 과학하는 철학』은 가뭄에 단비 같은 소중한 길잡이다. 그 옛날 철학과 과학은 한 몸에서 태어났건만 어느덧 따로 떨어져 산 지 너무 오래돼 이젠 사뭇 서먹서먹하다. 에드워드 윌슨의『통섭(Consilience)』을 번역해 내놓은 지 얼마 안 돼 철학하는 분들 앞에서 강연할 기회를 얻자 통섭의 만용에 젖어 이렇게 도발했던 기억이 난다. "선생님들은 그동안 철학하신다며 인간이 어떻게 사고하는지에 대해 설명하시며 사셨습니다. 그런데 이제 생물학은 인간의 뇌를 직접 들여다보기 시작했습니다. 저희들이 만일 엉뚱한 사실을 발견하면 선생님들 평생 업적이 자칫 한순간에 날아가버릴지도 모릅니다. 이제는 모름지기 철학을 하시려면 적어도 뇌과학 정도는 공부하셔야 하지 않을까요?" 철학자 박제윤은 이 책에서 철학의 시작으로부터 과학의 발전과 더불어 철학이 어떻게 변해왔는지를 살펴보며, 결국 뇌와 인공지능 연구와 철학의 통합에 다다른다. 철학과 과학은 오랜 시간 돌고 돌아 결국 다시 한 몸이 되고 있다. 철학하고 싶어 하는 과학자와 과학하고 싶어 하는 철학자 모두에게 짜릿한 희열을 선사하리라 믿는다.

_ **최재천**(이화여대 에코과학부 석좌교수)

　고대 자연철학이라는 동일한 부모로부터 출발한 철학과 과학은 현대에 이르러 경쟁적 세계관을 제시하고 있는 것으로 보인다. 역사를 통해 많은 철학자가 과학자로 활동해왔고 마찬가지로 많은 과학자도 철학자로 활동하면서, 양 분야는 경쟁적이지만 상호 의존적인 미묘한 관계를 형성해왔다. 과학에 대한 철학적 성찰은 크게 과학의 한계에 주목하면서 과학과 철학을 구분하려는 접근과 과학과 철학의 경계를 넘어서려는 자연화된 접근으로 구분된다. 이 책은 후자에 속하는데 네 권에 걸쳐서 고대, 근대, 현대의 대표적인 과학사상 및 과학사상가를 중심으로 과학적 철학과 과학에 대한 철학적 성찰이 수행되어온 방대한 역사를 다루고 있다. 특히 4권은 신경과학을 인지와 마음을 설명하는 데 적용하는 신경망 이론과 신경철학의 대가인 처칠랜드 교수의 이론을 집중적으로 다루고 있어서, 이 책을 과학철학의 역사에 관심이 있는 분들에게 좋은 안내서로 추천해 드린다.

_ 이영의(고려대 철학과 객원교수, 전임 한국과학철학회 학회장)

과학기술 발전을 위한 창의성 기반이 바로 '생각하는 방법'으로서 철학이다. 과학과 철학은 본래 같은 뿌리에서 나왔지만, 각 분야의 지식을 빨리 따라잡기 위한 학습 방법으로 추진되어온 것이 바로 분야의 세분화였다. 그런데 이러한 세분화는 분야 간 장벽을 만들고, '장님 코끼리 만지기' 식의 불통을 낳았다. 근년에 들어서는, 융합, 통섭 등을 지향하는 본래의 포괄적 이해 방향은 다시금 근본을 생각하게 만들고 있다. 이에 저자는 두 문화(인문학과 과학) 간 불통을 안타까워하다가 이번에 좋은 책으로 융합과 통섭을 향한 나침반 역할을 하고자 이 책을 집필한 것으로 생각한다. 이 책의 일독을 강력하게 추천한다.

_ 김영보(가천대 길병원 신경외과, 뇌과학연구원 교수)

이 네 권의 책은 과학의 영역과 철학의 영역을 오랫동안 넘나들며 사유해온 저자의 경험에서 생성된 공부와 사유의 기록이다. 또 대학이라는 울타리 안과 밖에서 오랫동안 강의해온 저자의 경륜을 반영하듯 서술의 눈높이는 친절하다. 독자는 역사의 흐름 속에서 철학과 과학이 서로 어떻게 영향을 미치며 발달해왔는지, 그리고 서로에게 어떤 흥미로운 물음과 도전을 던지는지 자연스럽게 깨닫게 될 것이다.

_ 고인석(인하대 철학과 교수, 전임 한국과학철학회 학회장)

예비 과학교사들이 처음으로 접하는 과학교과교육 이론서인 과학교육론 교재에는 과학철학 분야가 가장 먼저 포함되어 있다. 그 이유는 예비 과학교사들이 과학철학을 배움으로써 과학의 본성적인 측면을 이해할 수 있고, 그에 따른 과학의 다양한 방법론을 이해하여 실제 학교 현장에서 과학을 가르칠 때 과학교과의 특성에 맞는 교수학습 전략을 창의적으로 개발하기를 기대하기 때문이다. 십여 년간 사범대학 과학교육과에서 과학교육론을 가르치면서, 가장 첫 장에 제시되는 과학철학을 어떻게 가르칠지에 대한 고민으로 늘 마음이 편치 않았다. 과학철학이 과학교육의 목표를 설정하고 내용을 조직하고 교수학습 전략을 모색하는 데 가장 중요한 방향을 제시해준다는 것은 분명하게 알고 있으나, 그동안 이를 어떻게 예비 과학교사들과 그들의 눈높이에 맞게 수업을 통해 공유할 수 있을지에 대한 좋은 해결책을 찾지 못했기 때문이다. 이러한 현실에서 이 책은 교육대학이나 사범대학 과학교육과에서 가르치는 교수님들이나 과학교육론을 배우는 예비 과학교사들이 과학교육에서 과학철학을 배워야 하는 이유와 그 의미를 명확하게 알려주는 반가

운 책이라고 할 수 있다. 더 나아가 초중등학교 현장에서 과학을
가르치는 선생님들에게도 과학철학 분야에 쉽게 다가갈 수 있는 용
기를 불러일으켜줄 수 있는 책이라고 생각한다.

_ 손연아(단국대 과학교육과 교수, 단국대부설통합과학교육연구소 소장)

수많은 사람들이 '과학은 비인간적이다'라는 잘못된 개념을 가지
고 있는데, 여기에는 과학을 비난하는 것으로 연명한 일부 인문학
종사자에게도 책임이 있다. 과학이 결코 만능은 아니지만 진리에
다가가는 강력한 방법이고, 과학을 긍정하는 철학은 인간의 제한적
인식에 풍성함을 더해주며 삶의 길잡이가 되어준다. 박제윤 교수는
이 멋진 책에서 건전한 과학과 건강한 철학이 소통하였던 역사를
보여주고, 현재의 뇌과학과 신경철학을 소개하여, 미래를 전망하도
록 도와준다. 두려움과 후회에서 한 걸음 나와서 희망과 기대로 미
래를 바라보는 모든 이들에게 이 책을 추천한다. 특히 꿈을 지닌
과학도에게는 더욱 강력하게 추천한다.

_ 김원(인제대 상계백병원 정신건강의학과 교수)

박제윤

철학박사. 현재 인천대학교 기초교육원에서 가르치고 있다. 과학철학과 처칠랜드 부부의 신경철학을 주로 연구하고 있다.

주요 번역서로『뇌과학과 철학』(2006, 학술진흥재단 2007년 우수도서),『신경 건드려보기: 자아는 뇌라고』(2014),『뇌처럼 현명하게: 신경철학 연구』(2015, 문화체육관광부 2015년 우수도서),『플라톤의 카메라: 뇌 중심 인식론』(2016),『생물학이 철학을 어떻게 말하는가』(공역, 2020, 대한민국학술원 2020년 우수도서) 등이 있다.

철학하는 과학, 과학하는 철학

뇌와 인공지능의 철학

1판 1쇄 인쇄	2021년 6월 5일
1판 1쇄 발행	2021년 6월 10일
지은이	박 제 윤
발행인	전 춘 호
발행처	철학과현실사
출판등록	1987년 12월 15일 제300-1987-36호

서울특별시 종로구 대학로 12길 31
전화번호 579-5908
팩시밀리 572-2830

ISBN 978-89-7775-849-0 93400
값 16,000원

잘못된 책은 바꿔 드립니다.